南黄海辐射沙脊群海域水动力沉积环境与滩涂围垦研究

黄惠明　王义刚◎著

NANHUANGHAI
FUSHE SHAJIQUN HAIYU
SHUIDONGLI CHENJI HUANJING
YU TANTU WEIKEN YANJIU

河海大学出版社
HOHAI UNIVERSITY PRESS
·南京·

内容提要

本书围绕江苏沿海尤其是南黄海辐射沙脊群海域的水沙环境演化及趋势的关键技术问题，融汇理论分析、数值模拟、模型试验、现场监测等先进手段和技术，开展江苏近岸海域水动力过程与人类围垦活动的响应、泥沙分布及输运、淤泥质潮滩及近岸沙洲稳定性、辐射沙脊群围垦布局、新型沿海围垦环境变化监测分析等关键技术研究。

本书对研究海岸演变、沿海动力环境与地形变化的响应、滩涂围垦的利用与保护工作的专家、学者有一定的借鉴意义，也可供高等院校相关专业的教师和研究生参考。

图书在版编目(CIP)数据

南黄海辐射沙脊群海域水动力沉积环境与滩涂围垦研究 / 黄惠明，王义刚著. -- 南京 ：河海大学出版社，2020.11

ISBN 978-7-5630-6283-6

Ⅰ. ①南… Ⅱ. ①黄… ②王… Ⅲ. ①围海造田—研究—江苏 Ⅳ. ①S277.4

中国版本图书馆 CIP 数据核字(2020)第 014950 号

书　　名	南黄海辐射沙脊群海域水动力沉积环境与滩涂围垦研究
书　　号	ISBN 978-7-5630-6283-6
责任编辑	成　微
校　　对	余　波
封面设计	徐娟娟
出　　版	河海大学出版社
地　　址	南京市西康路 1 号(邮编:210098)
网　　址	http://www.hhup.com
电　　话	(025)83737852(总编室) (025)83787769(编辑室) (025)83722833(营销部)
经　　销	江苏省新华发行集团有限公司
排　　版	南京布克文化发展有限公司
印　　刷	广东虎彩云印刷有限公司
开　　本	787 毫米×1092 毫米　1/16
印　　张	13.25
字　　数	339 千字
版　　次	2020 年 11 月第 1 版　2020 年 11 月第 1 次印刷
定　　价	80.00 元

前 言

2009 年 6 月，《江苏沿海地区发展规划》经国务院批准成为国家战略，这不仅反映出江苏沿海资源在当前东部经济持续高速发展中具有的重要作用，更说明江苏海洋经济虽然欠发达但是具有巨大的发展潜力。2010 年 6 月国家发改委公布《长江三角洲地区区域规划》，更进一步明确了苏北地区的产业发展定位和规划，在现阶段国内经济面临产业转型升级的关键时期，再次凸显了国家对江苏沿海开发融入长三角地区产业一体化发展的重视，这也是江苏在全国区域发展大格局中形成具有“连接南北、沟通东西”的重要战略地位的重大契机所在。

根据习近平总书记指出的“扎实推进长三角一体化”“海洋是高质量发展战略要地”的重要指示，“十四五”时期将是江苏省由高水平全面建成小康社会向基本实现社会主义现代化迈进的关键时期，也是实现海洋经济高质量发展、建设海洋强省的重要时期。现阶段，加快发展海洋经济、建设海洋强省，对于更好地服务“强富美高”新江苏建设、加快江苏沿海地区发展、加强与周边地区和长江中上游地区的联合与协作、缩小江苏沿海南北区域经济发展的差距、指导及促进现阶段江苏沿海经济全面发展具有十分重要的意义，也对江苏沿海资源的可持续有效开发利用和保护提出了更高的要求。

根据江苏近海海洋综合调查与评价专项(908 专项)的调查，江苏沿海滩涂资源十分丰富，更具有独特的典型性。立足江苏沿海海域丰富的滩涂资源，围绕滩涂资源的科学可持续高效开发利用和保护的核心目标，建立海域滩涂合理、可持续的利用及保护并行机制，是现阶段江苏省促进海洋经济发展和保护的有效途径和独特优势。然而，自 20 世纪 80 年代初在江苏沿海地区开展了海岸带与海涂资源调查之后，由于江苏沿海海洋环境条件特殊，地质地貌复杂多变，调查难度和获得实时有效资料的难度较大，沿海地区基本再无系统的科研与调查。直至 2006 年江苏省 908 专项才又进行了新一轮的江苏近海海岸综合调查和评价，获得了新的历史时期沿海基础资料，然而，近 30 年江苏海岸带调查的断层依然无法全面弥补。关于江苏沿海大范围的浪、潮、流等水动力环境的研究依然相对薄弱；江苏沿海核心滩涂资源——辐射沙脊群的泥沙来源、输运和输沙仍然未有全面、科学的论断；浪-潮-流联合作用下的泥沙起动、输移、沉积对岸滩演变的影响也还需要不断深化探讨；不同类型海岸型态的演变、冲淤趋势及速率的变迁、对现有港口航道的正常运行以及潜在港口航道的开发利用、滩涂资源有效保护利用的影响等依然存在相当的不确定性。

针对上述问题和现实需要，本书紧紧围绕江苏沿海尤其是南黄海辐射沙脊群海域的水沙环境演化及趋势的关键技术问题，融汇理论分析、数值模拟、模型试验、现场监测等先进的手段和技术，开展江苏近岸海域水动力过程与人类围垦活动的响应、泥沙分布及输运、淤泥质潮滩及近岸沙洲稳定性、辐射沙脊群围垦布局、新型沿海围垦环境变化监测分析等关键技术研究，以期为江苏沿海滩涂资源可持续科学开发利用和保护提供科学的支撑。

本书由国家自然科学基金项目(51979096)、国家科技支撑计划(2012BAB03B01)以及中央高校基本科研业务费专项资金(B200204036)联合资助完成。

本书的出版得到诸多老师和学生的共同协助，在此向丁贤荣、李熙、林祥、康彦彦、尚进、祝慧敏、陈斌、朱明敏、袁春光、王晴、张薇娜、韩君君表示衷心的感谢！

作者

2020 年 9 月

目 录

第一篇 南黄海辐射沙脊群海域沉积环境特征

第二篇　江苏东部沿海水动力环境特征

第三篇 江苏东部海域物质输运规律

第四篇 江苏海陆分界及特征潮面

第五篇 江苏围垦规划工程与水沙环境变迁响应

·第一篇·

南黄海辐射沙脊群海域沉积环境特征

第 1 章

南黄海辐射沙脊群研究简述

1.1 辐射沙脊群形态

南黄海辐射沙脊群位于江苏省海岸以东，是世界上唯一以海岸浅滩为顶点向海呈辐射状分布的潮流沙脊，也是世界上最大的潮间带辐射状水下沙脊，属于罕见的海岸地貌形态。辐射沙脊群具有丰富的滩涂资源，合理开发可使我国沿海地区土地面积增加，对缓和人地矛盾及实现可持续发展具有十分重要的战略意义。我国对南黄海辐射沙脊群的研究始于 20 世纪 50 年代末，由于该区域水动力条件复杂，脊槽多变，航海危险，因此现场调查研究困难重重。1958 年江苏省水利厅第一次绘出了辐射沙脊群基本轮廓，1979 年海军航行部绘制出了辐射沙脊的分布图。20 世纪 80 年代以来，学者们开展了一系列调查研究，这些研究为认识辐射沙脊群提供了详实的基础资料，现已有大量文献问世。辐射沙脊群研究意义重大，研究问题复杂，研究前景广阔，引起了众多水利和泥沙工作者的重视和研究。

南黄海辐射沙脊群在众多文献中又被称为辐射沙洲、辐射状沙脊、潮成沙体、江苏潮流脊、江苏指状潮流脊、江苏岸外沙脊群等。辐射沙脊群区域由 70 多个大小沙体组成，其中面积超过 1 km^2 的有 50 个。各条沙脊高低不等且形态各异，沙脊之间被深槽所间隔，深槽坡陡、水深。多数沙脊的近岸部分在低潮位的时候出露，成为了规模不等的沙洲。0 m 以上的沙洲面积达 2 100 多 km^2。整个沙洲大致以弶港为顶点，呈 160°扇面向北、东北、东、东南方向辐射状分布，其规模巨大，形态特殊，并且具有北大南小的不对称格架。沙洲不仅存在 10 多条大型沙脊(条子泥、东沙、亮月沙、太平沙、毛竹沙、外毛竹沙、蒋家沙、牛角沙、河豚沙、太洋沙、火星沙、冷家沙及腰沙等)，更存有 4 条大规模的近岸深水潮汐通道(西洋、黄沙洋、烂沙洋和小庙洪)。

南黄海辐射沙脊群规模庞大，对于其尺度大致存在 4 种不同的观点：长约 199.6 km、宽约 140 km；长约 200 km、宽约 90 km；长约 200 km、宽约 140 km；长约 250 km、宽约 140 km[1-4]。不同学者由于判断标准不同，对尺度的判断难免有所差异，但大致都认为是 200 km×100 km 左右。

1.2 辐射沙脊群形成时间

辐射沙脊群规模庞大，其形成与发展经历了漫长的时间过程。学者们通过各种方法(如潮波系统、海侵海退过程、地层层序、矿质成分、泥沙来源等)研究了辐射沙脊群的形成时间，得出了不同的结论。各研究成果见表 1.2-1。

表 1.2-1　关于辐射沙脊群的形成时间的研究成果

形成时间	研究者	依据/观点
10 000～8 500 aBP	王建等[5]	对 15 000 aBP 以来 30 个典型时期的海岸线情况下的东中国海潮波系统进行了数值模拟，认为大约 10 000～8 500 aBP 之间已经具备发育的动力条件
约 8 000 aBP	陈报章[6]	8 000 aBP 前后的冰后期海面上升，形成了河口湾形状，M_2 系统潮波由旋转流变为往复流，长江携带的泥沙发育成潮成沙体
7 000～5 000 aBP	李从先等[7]	最大海侵线的时代约为 7 000～5 000 aBP 前，而辐射沙脊群陆上延续部分位于最大海侵线以东，故形成的年代当在此之后
5 000 aBP	张家强[8]	分析了苏北(江苏省北部)近代潮成沙体分布区的地层层序，认为苏北近代潮成沙体的沉积时间应在冰后期海退阶段，开始发育的时间大约在 5 000 aBP
4 000 aBP	张光威[9]	通过对最接近潮流沙脊的 QC2 钻孔各项指标的分析和比较，据其层位和沉积相序组合判定，南黄海陆架沙脊最早形成年代为 4 000 aBP
2 000 aBP	杨子赓[10]	在全新世海相层潮流沙脊的南部向南约 100 km、水深 31.7 m 处的海底发现贝壳砂层，年代在(2135±220)aBP
最近 100 多年	万延森[11]	在 1182—1855 年的 727 年间，黄河大量泥沙入海，使岸线向海推进约 90 km，并堆积了大面积的水下三角洲，促使沙脊的发展

注：10 000～8 500 aBP，表示距今 10 000～8 500 年。

由表 1.2-1 可见，学者们对于辐射沙脊群的形成时间未有定论。以海侵海退过程为依据的观点无法重现，只是一种猜测，因此不能作为令人信服的结论；以地层层序、矿质成分为依据的观点，因钻孔采样成本高昂，无法在庞大的辐射沙脊群普遍进行，故结论具有偶然性和单一性，无法适用于整个庞大的辐射沙脊群；以泥沙来源为依据的观点，认为巨大的辐射沙脊群仅仅是由于黄河几百年的泥沙提供就能形成，这个假设令人怀疑。只有以潮波系统为依据的观点才具有一定的合理性，但还不够完善，没能阐述辐射沙脊群在庞大而复杂的潮波系统中具体形成的过程。因此，若能重现辐射沙脊群在潮波系统中形成的过程，那么确定其形成时间这个问题就迎刃而解了。

1.3　辐射沙脊群形态与潮动力联系

辐射沙脊群的形成机理以及潮流场的特性一直是吸引学者们的重要课题。弄清形成机理以及潮流场，能够更合理地保护和开发辐射沙脊群的滩涂资源和航运资源，实现资源的可持续利用。

1.3.1　辐射状沙脊群形成机理

辐射状沙脊群形成的机理多年来一直是研究争论的焦点，并存在着两个对立的观点：

(1) 局部地形决定了辐射状潮流

苏北地区海岸线开阔，水下岸坡宽浅，这就为辐射沙脊群的形成提供了前提。辐射沙脊群是以弶港为顶点呈辐射状分布的。弶港呈喇叭口状，这一特殊地貌形态是导致潮流辐聚辐散的根本原因。因此，这个观点认为苏北地区的特殊岸线以及海底地形控制了潮流场，使得潮流场产生辐聚和辐散，进而为辐射沙脊群的形成和发展提供了必要条件[12]。

(2) 辐射状潮流决定了辐射状沙脊

辐射状潮流的产生与苏北沿海的局部地形无关，它是由于东海传入的前进潮波与山东半岛对入射潮波反射而形成的逆时针旋转潮波交汇，产生了大潮差、强潮流的环辐射状潮流场。当有充足的泥沙进入辐射状潮流场中时就会被塑造成辐射沙脊群[13]。

众多研究表明，第一种观点有待商榷。江苏沿海的局部地形相对于辐射沙脊群海域的尺度显得很小，并不能影响整个辐射沙洲海域的潮流场的分布，即使局部地形能够控制和改变潮流场，那么几千年来潮流场往复冲刷也会改变局部地形的格局。故，第二种观点相对更为合理，只有潮流场自身呈现辐射状分布，才能够稳定存在上千年，并且逐步控制着沙洲的形成。

1.3.2 潮流场的研究

辐射沙脊群海域的潮流场为辐射状潮流场，此观点已被越来越多的学者认可。夏综万等[14]和朱玉荣等[15]对南黄海辐射沙脊群区的现代潮流场进行了研究，证明了辐射状潮流场存在的客观性。夏综万等对黄海的 M_2 进行数值模拟，采用差分长宽各约 20 km 的网格（掩盖了海底的沙脊、海沟之类的信息，只反映出一种渐变的海底地形），模拟出了辐射潮流分布。朱玉荣等用接近计算自然陆架坡度的均匀倾斜海底（完全消除海底沙洲地形对潮流场的影响），对南黄海辐射沙脊群区的潮流椭圆和潮流场进行数值模拟，结果表明辐射状潮流场不依赖于海底地形而存在。另一方面，诸裕良等[16]和宋志尧等[17]认为局部的往复流和环流也有利于沙脊的形成。诸裕良等基于多站潮位及潮流多日连续观测资料，应用二维潮流数学模型，采用 10 km 步长的网格对南黄海辐射沙脊群海域潮流运动进行了大、中、小潮长时间序列连续数值模拟，得出结论为该海域的大潮差、辐射状潮流场及一定强度的定向往复流营造了辐射状的沙脊群，潮流是辐射沙脊群发育的基本动力。宋志尧等首次应用三维潮流数学模型进行潮流脊水动力问题的分析和探讨，结果表明辐射沙脊群各深槽受定向往复潮流作用（流速普遍在 0.5～2.5 m/s），其底层流速具有旋转流特征，其横断面在潮流运动中大都会出现次生横向环流或滚流，其地形坡折处也存在着近 0.5 m/s 的上升流和下切流，这些不仅有利于沙脊的塑造，也极有利于沙脊的发育。除此之外，Zhang 等[18]用辐射沙脊群水域潮流场、波浪场和风暴流场的数值模拟结果解释了黄海海底辐射沙脊群形成演变的动力机制，即潮流形成—风暴破坏—潮流恢复。汪亚平等[19]认为长江与黄河的交互作用为江苏岸外沙洲提供了丰富的泥沙来源，而两大潮波的辐聚以及辐合带的迁移则是将整个岸外沙脊群塑造成辐射形态的动力因素。

既然辐射状潮流场是客观存在的，那么其长期稳定性也成为了研究重点。一些学者认为古代就已存在辐射状潮流场，并长期存在至今。赵娟等[20]认为，古潮流的研究揭示了潮成砂区内同样存在辐聚辐散的古潮流场，其顶点位于东台附近。张东生等[21]对古海岸情况下的 M_2 潮波传播进行数值试验，首次给出了 7 000 a 前的 M_2 潮波分布，结果表明控制古河口地区以及现代辐射沙脊群地区的是同一个潮波系统，而这同一潮波系统也提供了特定的动力条件，从而可以维持现代的黄海海底辐射沙脊群。

这些关于辐射沙脊群海域潮流场的研究成果，都能够证明辐射状潮流场的客观存在以及长期稳定性[22]。然而，这些潮流场的研究还不够完善，在潮流场的模拟过程中并没有考虑到几千年以来海岸线的变化、海平面变化等，没有阐述潮流场几千年以来的变化过程。同时，在潮流场的模拟中并没有加入泥沙的模拟，没能阐述泥沙与潮流场的相互作用以及长期演变的渐变过程。因此，这也成为今后研究工作的一个方向。

1.4　辐射沙脊群粒度特征及物质来源

1.4.1　粒度特征

辐射沙脊群的物质主要是质纯均一、分选好的细砂，中值粒径范围 0.25～0.062 5 mm[22]。东沙沙脊群的沉积物主要有砂、砂质粉砂和粉砂质砂三种类型[23]。条子泥二分水滩脊断面沉积物的中值粒径和平均粒径均以 0.062 5～0.031 25 mm 为主。高潮滩柱状样中的沉积物以粉砂为主，其次为砂，黏土含量最少；中值粒径在 0.062 5～0.031 25 mm 之间，平均粒径基本在 0.044 2～0.022 1 mm 之间变化。苦水洋东侧沙脊钻孔显示主要以粉砂为主，其次为砂，平均粒径在 0.277 4～0.011 0 mm 之间波动，平均值为 0.038 5 mm。西洋潮流通道底质中最主要的是细砂级的沉积物。西太阳沙沙脊北缘沉积物主要由极细砂和粉砂质砂组成，含少量砂质粉砂和粉砂质黏土，平均粒径介于 0.233 3～0.007 8 mm 之间，均值为 0.071 8 mm。烂沙洋水道主要以粉砂组分为主(>0.062 5 mm)。

辐射沙脊群海域独特的水动力条件以及复杂的物质来源导致辐射沙脊群的粒度变化范围广、组成成分复杂，这也说明了想要通过物质组成来分析辐射沙脊群的形成过程是十分困难的。不同强度的潮流携带着不同粒径的泥沙，通过粒径分布来验证潮流的分布也是研究方向之一。

1.4.2　物质来源

河流携带泥沙入海，海流搬运泥沙，二者都可能成为辐射沙脊群物质来源的途径。目前，关于辐射沙脊群的物质来源通常存在着以下 5 种观点，见表 1.4-1。

表 1.4-1　关于辐射沙脊群物质来源的研究成果

物源	研究者	研究方法	观点
长江、黄河	周长振等[24]	分析砂体沉积物垂直分布特征	沉积物的上部是黄河带来的陆源物质，下部是古长江三角洲的物质，古长江三角洲是沙脊发育的基底
	李成治等[25]	对比矿物组合资料	
	黄易畅等[26]	对比沙脊沉积物与黄河长江沿岸物质	
	Wang 等[27]	分析重矿物和黏土矿物样本	主体来自长江，北部物质来自黄河补给
长江	仲德林等[28]	分析美国地球资源技术卫星多谱段相片	物质基础是古长江水下三角洲
	傅命佐等[29]	分析沉积物粒度、矿物、孢粉、沉积结构	沉积物主要是古长江入海物质
黄河、淮河	张光威[30]	对钻孔样品进行测试	物质的来源应为黄河和淮河

续表

物源	研究者	研究方法	观点
其他地方	杨长恕[31]	分析沿岸流的动力条件、沉积物的粒度特征及砂体规模与分布	本身就是一个独立的巨大的潮成三角洲
	赵松龄[32]	分析来自苏北平原和长江三角洲地区若干钻孔所含海相地层以及岩心粒度	是独立的“沙漠堆积体”
	陈报章[33]	对比较沉积学进行研究	是埋藏潮沙体的发展延续
	尤坤元等[34]	研究区冲出的老壳发现于深槽海底	泥沙来自沙洲底部老沉积侵蚀
长江、黄河及其他地方的混合	万延森等[35]	对江苏近岸海区的悬浮泥沙取样、浅地层探测和水深测量资料进行分析	来源于各新老河流，有古长江、古黄河、古淮河和古长江沉积混合物，还有当地底质
	王建等[36]	总结前人研究成果，结合钻孔的岩相分析及数值模拟结果	来源于不同时代不同类型的沉积物与河流、海流、潮流、风暴流及风等动力带入物质的混合物

对于辐射沙脊群的物质来源这一问题，研究者主要从形态特征或者沉积物的粒度、矿物组成等进行推测。这些推测或多或少具有主观性，而且即使相同的探测资料也具有多解性。因此，虽然争论多年，但还未有定论。单纯研究物质成分的方法已经驻足不前，只有将不同河流所提供的物质来源结合特定的辐射状潮流场，进而将形成的沙脊群形状进行比对，才能成为另一种有效的研究途径。

1.5 辐射沙脊群的演变

辐射沙脊群处于复杂的水动力环境中，潮流的走向影响着辐射沙脊群的演变，而沙脊的演变又反作用于潮流的走向，沙脊的演变与潮流相互依存、相互影响，构成了辐射沙脊群海域的水沙动态平衡。水动力是因，沙脊演变是果，因而，研究辐射沙脊群的演变也有助于研究该海域水动力环境变迁。

1.5.1 整体演变

在水动力的影响下，辐射沙脊群整体处于动态平衡状态，又在几十年的时间尺度上发生着演变。辐射沙脊群的发育将会经历 4 个阶段：暗沙→明沙→成岛→陆[37]。弶港海岸是强烈淤进型海岸，近年来近岸浅水区淤浅，新沙洲形成。当滨海明沙向岛屿方向演化之后，随着沙岛的形成，处于辐射沙脊群中心区域的条子泥将自然并陆。辐射沙脊群的演变趋势整体上处于萎缩和破碎状态，除沙洲中心及陆岸岸滩仍有淤积外，大部分沙洲处于侵蚀状况，同时沙洲有整体向陆迁移的趋势。另外，江苏海岸是一个沉积物准封闭系统，辐射沙脊群海域整体缺少外来泥沙的供给，在全球性海平面上升的情况下，侵蚀海岸线的长度将增加，辐射沙脊群区的外围沙洲将因侵蚀而向中心区退缩，辐射沙脊群的总面积势必逐渐缩小，但巨大的沙脊群内部的调节作用可以使一部分沙洲在海面上升过程中得以淤高，并在一定时期内继续存在。

1.5.2 局部演变

沙脊群枢纽地区处于不断的增长、扩张过程；南部区域堆积与侵蚀作用较弱，沿岸潮滩向海淤进；而北部区域变化较强烈，并继续脊槽相间的模式。死生港在最近几年向西移动了5 km。西洋和陈家坞槽均处于冲刷状态，东沙近30年来面积有所缩小且有外围向中央收缩的趋势。沙洲群在向南移动的同时也具有明显的东移趋势。东沙东移强于南移，条子泥东移和南移均有一定幅度，亮月沙、小阴沙、竹根沙等小型沙洲以向南—南东移动为主[38]。条子泥将分段完成并陆过程。弶港地区海岸将继续淤积增长向海推进，终将成为海岸向海突出段。大东沙与西沙趋于连成一体，以弶港为顶点，拼陆的可能性较大。水道及其之间的沙洲普遍存在逐渐向南偏移的趋势。北部沙洲区的变迁，活动强度明显强于南部，沙洲的地形基本上与其流场相适应。近年来外毛竹沙已经向北延伸30 km；蒋家沙向北偏东延伸11 km；而毛竹沙与太平沙之间的菱形"无名沙"向北延伸约11 km，而蒋家沙南部被侵蚀[39]。亮月沙在整体南退的趋势下，同时还叠加了较为明显的东西摆动韵律。条子泥相对稳定区域主要分布在弶港近岸边滩及二分水滩脊。近几十年西太阳沙主体位置基本稳定[40]。

辐射沙脊群在缺少外部泥沙供给的条件下，整体演变可以总结为外侧冲刷萎缩，中心淤积并陆，而局部演变却复杂多样。目前对于辐射沙脊群演变这个问题，研究者主要通过对卫星图象或地形资料进行观察研究，却没能从水动力这个角度分析其根本原因。探究水动力和泥沙如何相互作用导致沙脊的演变，这也将成为今后研究工作的一个方向。

1.6 潮流通道稳定性

潮流通道是涨落潮时潮水进出的通道，连接着海洋与外海，可作为港口的深水航道。因此，潮流通道的稳定性也受到了许多学者的关注和研究。

(1) 西洋水道。根据野外调查资料，利用地理息信系统、遥感研究、沉积物粒度、矿物、微体及水文泥沙资料分析，采用水下数字高程模型以及遥感中轴线法，对西洋水道的稳定性进行综合研究。结果表明，西洋水道从20世纪60年代到90年代不断被冲宽刷深，1968—1979年全区平均冲刷1.05 m，年均冲刷速率为8.0 cm/a，1979—2006年全区平均冲刷1.59 m，但年均冲刷速率为5.9 cm/a。深槽西岸蚀退、东岸东移，目前基本上处于冲淤动态平衡状态或微冲状态，是一条稳定的潮流通道。

(2) 黄沙洋水道。黄沙洋水道受浅水区泥沙的影响不显著，具有含沙量不大、水深流急的特点。1963—1979年整体呈现冲淤动态平衡的趋势，净冲淤速率为8.5 cm/a。1979—2005年潮流通道内段冲刷加深，潮流通道更加成型。因此，从长远看，维持深槽稳定是必然的趋势。

(3) 烂沙洋水道。在烂沙洋水道稳定性的研究上，何华春等[41]在实测资料的基础上结合遥感影像、地理信息系统、沉积物粒度、主元素分析及水动力条件分析等多种研究分析方法，杨树森等[42]通过多年实测地形资料和卫星图像资料研究，均认为烂沙洋水道已进入稳定状态。

(4) 小庙洪水道。喻国华等[43]运用沉积学、地貌学和海洋动力学方法，对小庙洪水道进行了历史演变、现代动态及稳定性分析，提出淹没性潮汐汊道的稳定性条件。

(5) 其他水道及潮沟。一些学者运用不同的方法对水道和潮沟的稳定性进行了分析，有的运用野外调查及室内工作，有的运用动力学的观点，有的分析野外实地测量及历年卫片，认为辐射沙脊群潮汐通道总体是稳定的，但各潮沟系统以不同的幅度和速率摆动，且具有往返周期摆动的特点，短期摆动速度明显快于长期摆动。次级潮沟属于半限制型潮沟，沟头固定，潮沟摆动幅度自沟头向下段增大，摆动周期也相应增长。

可见，各大潮流通道经过长期的演变，均进入稳定状态。这一结论也从另一方面反映出了辐射状沙脊群和辐射状潮流场已经能在自然状态下稳定共存。

1.7 研究方向

关于辐射沙脊群这一特殊地貌的研究一直是水力学及泥沙运动力学研究中的重要课题。辐射沙脊群以弶港为顶点，呈 160°向北、东北、东和东南方向呈辐射状分布，由 70 多个沙体组成，有 10 多条大型沙洲和 4 条靠岸深水潮汐通道。上千年前，东海的前进潮波与山东半岛的反射潮波汇聚成辐射状潮流场，并一直独立、客观、稳定存在着，各大河流将泥沙带入辐射状潮流场，逐步形成庞大的辐射沙脊群。近年来辐射沙脊群已无泥沙供给，在复杂的水动力条件下发生外部冲刷萎缩、中心淤积并陆、沙洲局部移动的演变。在辐射状潮流作用下，各潮汐水道已进入稳定状态，潮沟发生周期性摆动。

目前，对于复杂水动力条件下的辐射沙脊群研究还存在许多不足，今后的研究工作可在如下方向开展：

(1) 对于辐射沙脊群的形成时间各家说法不一，研究成果难以使人信服。以往的研究方法已驻足不前，若能重现辐射沙脊群在潮波系统中形成的过程，那么确定其形成时间这个问题也就迎刃而解了。

(2) 大多数学者已经认可辐射沙脊群是在辐射状潮流场作用下形成的，但结论还不够完善。若能进一步阐述海岸线变化和海平面变化情况下潮流场几千年连续的变化过程，其结论将更令人信服。进一步，在潮流场的模拟中加入泥沙的模拟，描述泥沙与潮流场的相互作用以及长周期演变过程也成为今后重要的研究方向。

(3) 对于辐射沙脊群的物质来源这一问题，研究者大多从沉积物的粒度、矿物组成等进行推测，这些推测具有主观性和多解性，因此未有定论。将不同河流所提供的物质来源配对上特定的辐射状潮流场，进而将模拟的沙脊群与如今的辐射状沙脊群进行比对，这不失为另一种可行的方法。

(4) 目前对于沙洲的演变研究还处于对卫星图象或地形资料进行观察研究。今后的研究工作不妨从水动力角度入手，探究水动力和泥沙相互作用导致沙脊演变的机制。

(5) 各大潮流通道已经在自然状态下进入稳定状态。然而，随着围垦活动的进行以及人工建筑物的建设，势必会对潮流通道产生影响。分析其影响程度，考虑如何合理开发利用辐射沙脊群这一宝贵的自然资源，也将成为今后研究工作的重点。

第 2 章

南黄海辐射沙脊群海域水文泥沙基本特征

2.1 海洋气象特征

2.1.1 气候

本地的气候是以东亚季风气候为背景，属暖温带向北亚热带过渡区，为海洋性和大陆性双重影响的气候。冬季受西伯利亚冷空气影响，干旱少雨，气温偏低，盛行偏北风；夏季受西太平洋副热带高压与东南季风控制，夏季台风活动频繁，伴大雨大浪，破坏性较大。

2.1.2 气温

由于受季风和海洋的影响，本地区具有冬冷、春凉、夏热、秋暖的特点。年平均气温 14～15 ℃。沿岸最冷月出现于 1 月，平均气温 0～5 ℃，最热月出现在 7 月和 8 月，全年日最高气温不低于 30 ℃的炎热日数为 40～50 d。

2.1.3 降水

本地区降水丰沛，年雨量 1 000～1 080 mm，夏季雨量集中，占年雨量的 40%～60%，由于海洋的作用，沿岸地区降雪和积雪日数偏少。

2.1.4 风况

受季风影响，全年风向具有明显的季节性变化。冬季盛行偏北风，夏季盛行偏南风；平均风速、风压等值走向基本与海岸线平行，自内陆向海风速明显增大。10 月—翌年 4 月盛行偏北风，风向频率超过 50%；5—7 月盛行南风和东南风，频率由 40%左右逐渐升高到 70%；9 月偏北风频率高于其他风向。年平均风速由大陆沿岸向海区逐渐增大，本区年平均风速约为 3～4 m/s，最大风速主要出现在 7—9 月热带气旋活动的季节。

2.2 海洋水文特征

2.2.1 潮汐

辐射沙洲地区存在特殊的潮汐环境，其为东海前进潮波和南黄海旋转潮波系统所控制，这两个潮波波峰线在弶港岸外交汇。此地区为强潮区，潮波幅聚点在弶港附近，平均潮差可达 3.9 m；黄沙洋主槽西尖平均潮差为 4.9 m；小洋港实测最大潮差（1981 年）达 9.28 m；西洋水道的王港和小庙洪水道的吕四平均潮差分别为 5.44 m 和 3.68 m，最大潮差达 6.74 m 和 6.87 m。

该地区浅海分潮显著，潮汐过程曲线出现明显变形，为不正规半日潮浅海潮区，涨潮历时缩短，落潮历时延长，涨落潮历时相差较大。

条子泥属强潮环境，动力条件复杂，风暴潮作用频繁。尽管据沙洲内缘区各闸下水文站的记录，平均潮差不足 4 m，但是不能代表条子泥水域，尤其是西大港东侧水域。高泥、东沙、蒋家沙以及竹根沙的大潮平均潮位可达 3～6 m，甚至更大，潮波变形剧烈。

2.2.2 潮流

条子泥滩面各潮沟系统在涨潮时有涌潮现象，西大港涌潮最强。涌潮后的最大流速可达 2～3 m/s。这是强潮海岸特有的现象。海岸动力学和沉积学研究表明，在条子泥水域，风暴潮作用强烈。风暴潮是江苏省海岸最常见的自然灾害。每年均有 1～2 次台风对江苏海岸有明显影响。尤其是夏秋天文大潮高潮位与到达岸边的风暴潮最大增水水位耦合，大大抬高了高潮位，加强潮流余流，并改变了潮流分布情况，尤其是加大了西大港的不稳定性。

此外，此地区潮流作用较强，是辐射沙洲的主要动力因素，潮能率和潮流速分布决定了沙洲南北沙脊及深槽的空间分布和形态，而次生横向环流则影响了沙洲的演变和发育。

2.2.3 波浪

江苏海区全年盛行偏向浪，多为风浪为主的混合浪。南部偏北浪的频率为 63%，主浪向为 ENE，其频率为 8%，强浪向为 NW 和 N；北部偏北向浪频率为 68%，主浪向为 ENE，其频率为 14%，强浪向为 NE。平均波高和平均周期年变化不显著。辐射沙脊群外缘和沿岸外测波浪较近岸大，水深 15～20 m 附近有 3 个大浪区，中心位置位于废黄河口、射阳河口及弶港以东 200 km 处，最大波高可达 9 m。弶港近岸仅能出现越过沙洲的破碎波，因此波高较小，最大不超过 2 m。由于水下地形复杂，滩槽相间，沿海波浪分布比较复杂，有多个波浪辐聚区，因此由波能流引起的泥沙沿岸运动不容忽视。

2.3 海岸泥沙特征

2.3.1 悬沙特征

（1）粒径分布

由冬季江苏沿海的潮平均中值粒径分布特征可以看出，江苏沿海悬沙粒径的分布基本上可以划分为北、中、南 3 个区域，分别为以连云港为中心的海州湾海域、废黄河口至小洋口港海域、小洋口港以南海域（图 2.3-1）。

其中，北部海州湾海域，悬沙中值粒径基本在 0.006～0.022 mm 之间变化，且呈现离岸越远悬沙粒径相对越大的分布趋势，此外，该海域悬沙粒径亦明显大于其余两个区域；江苏沿海中部海域——废黄河口至小洋口港海域，悬沙粒径相对较为接近，中值粒径范围基本在

0.007～0.01 mm之间，尤其是西洋水道近岸水域，中值粒径基本保持在0.007 mm左右，同时，该海域悬沙粒径呈现近岸粒径较细、离岸粒径相对较粗的特点；南部小洋口港以南海域，悬沙中值粒径基本在0.009～0.013 mm之间变化，粒径变化的幅度也不大，同时，离岸向的泥沙同样呈现离岸越远粒径越粗的分布特征。总体而言，冬季江苏沿海悬沙粒径呈现由北向南逐渐减小又逐渐增大的“U”形分布趋势。

由夏季江苏沿海的潮平均中值粒径分布可以看出，夏季江苏沿海悬沙中值粒径的分布相对冬季而言较为均匀，沿海悬沙粒径基本保持在0.009 mm左右变化，仅小洋口港至弶港一带的悬沙粒径相对较粗，中值粒径最大可达0.015 mm以上。其中，废黄河口至小洋口海域近岸部分的悬沙粒径分布趋势与冬季较为相似，粒径等值线走向基本与西洋水道的走向保持一致，仅泥沙粒径略大于冬季。

江苏沿海海域悬沙中值粒径均较细，属于黏性细颗粒泥沙的范畴。冬季和夏季悬沙粒径在废黄河口至弶港之间具有保持基本一致的分布趋势，这初步表明在江苏沿海中部海域，悬沙属于同一来源，且与西洋水道直接相连的南、北部水域泥沙的交换也较为频繁。

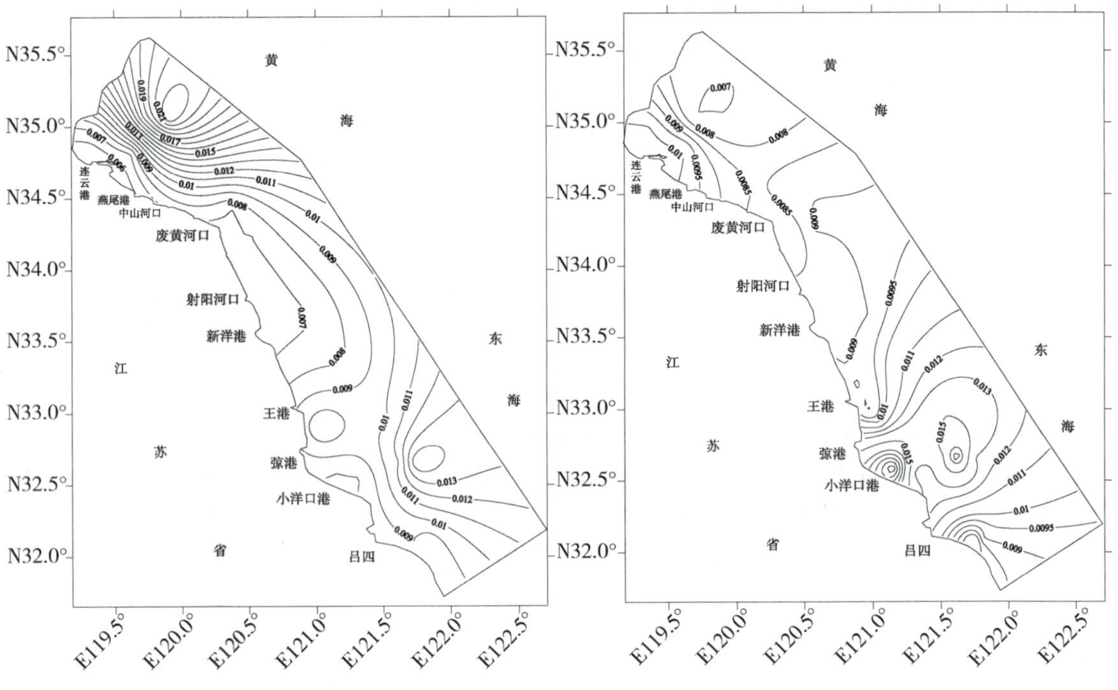

(a) 冬季　　　　(b) 夏季

图2.3-1　冬季和夏季悬沙潮平均中值粒径平面分布特征(mm)

(2) 悬沙浓度

根据含沙量的平面分布趋势可在一定程度上探讨辐射沙洲水域高含沙水体中泥沙与相邻海域泥沙交换的情况。

图2.3-2给出了2006年夏季和2007年冬季江苏沿海悬沙垂向平均含沙量分布。

结合冬季和夏季的潮平均含沙量平面分布可知，江苏沿海冬季和夏季的潮平均含沙量的平面分布趋势较为相似，呈现由北向南含沙量逐渐升高、之后又逐渐降低的“Λ”形变化趋势。其中，江苏沿海北部海州湾水域，潮平均含沙量相对较低，不论冬季还是夏季期间，潮平均含沙量基本在 0.1～0.3 kg/m³之间变化；中部废黄河口至小洋口港附近水域，从平面上来看，该水域的含沙量普遍高于江苏北部和南部海域的含沙量，不论冬季还是夏季，该水域含沙量普遍在 0.6 kg/m³以上，从时间上来看，冬季的含沙量略大于夏季，尤其是在弶港附近水域，这种差异表现得最为明显，冬季潮平均含沙量最大可达 1.0 kg/m³以上；南部水域，冬季和夏季的含沙量相差不大，平均在 0.3 kg/m³左右，水体含沙量明显小于辐射沙洲内部水域的含沙量，这也间接表明，现阶段长江口北上的泥沙量在不同季节间实际上相差并不大。

经过比较，2006 年夏季及 2007 年冬季含沙量的分布趋势与 1980 年冬季和夏季表层及底层的含沙量分布趋势基本一致，但在辐射沙洲东南部的黄沙洋至烂沙洋水域存在明显差异。1980 年期间，低含沙量等值线在该水域有明显向岸推进的趋势，但 2006—2007 年期间，低含沙量等值线向岸推进的趋势明显减弱。分析原因，近 30 年来含沙量分布的这种差异可能与 1995—2000 年间苦水洋潮沟沟头大幅萎缩、烂沙洋潮沟沟头低潮滩明显向东淤进有关。

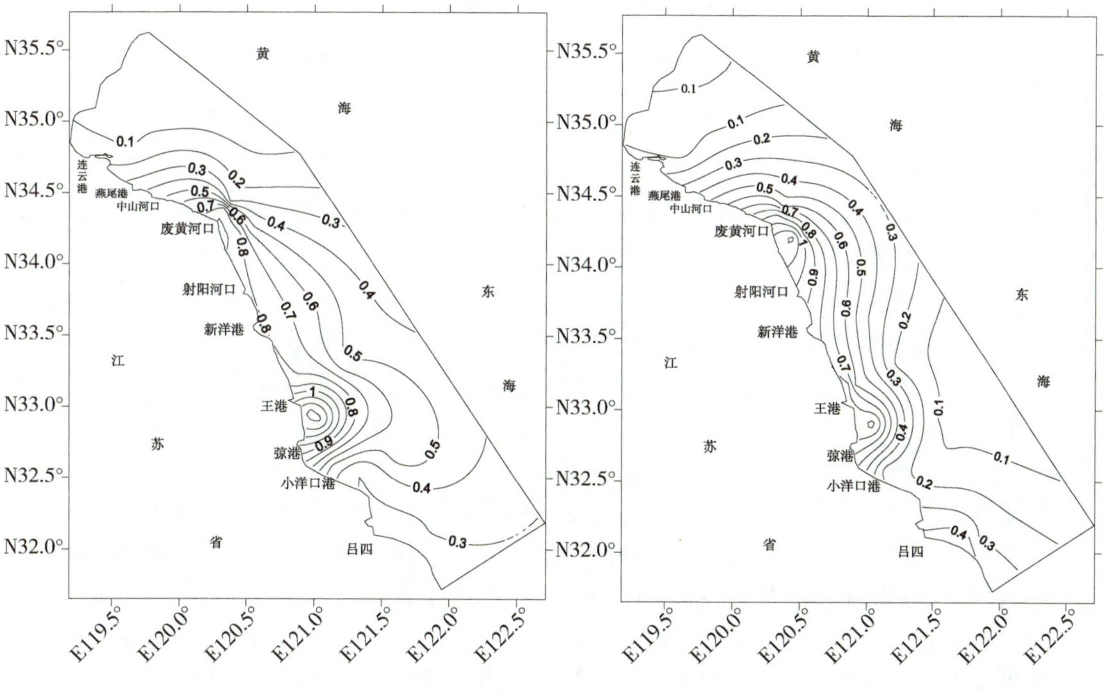

(a) 冬季　　(b) 夏季

图 2.3-2　冬季和夏季潮平均含沙量平面分布特征(kg/m³)

从辐射沙洲南部水域的含沙量分布特点知，由于受弶港南部小洋港潮汐通道的影响，近岸区域的含沙量等值线有一定幅度向弶港推进的趋势，这表明南部水域的泥沙在涨落潮流的作用下，可能沿着东南—西北走向的潮汐通道进入辐射沙洲内部水域，从而为辐射沙洲内部水域提供泥沙来源。然而，冬、夏季期间南部海域含沙量远低于辐射沙洲内部水域，涨落潮期间，南部低含沙水体中的泥沙即使完全进入辐射沙洲内部水域，也无法提供充足的泥沙来源以维持辐射沙洲内部的高含沙现象，因此，长江口北上的泥沙虽然为辐射沙洲高含沙水体提供了一定的物质来源，但其数量上还不足以成为辐射沙洲水域高含沙现象的主要原因所在。

从向-离岸的角度观察含沙量的变化趋势知，不论冬季还是夏季，江苏沿海的含沙量均表现出近岸含沙量较高、离岸越远含沙量越低的分布趋势，高含沙水体主要分布在近岸有限的范围以内，且与1980年冬、夏季含沙量的分布趋势相当吻合。但与南部区域类似，由于东部海域水体中的含沙量偏少，泥沙虽能经辐射状潮汐通道进入辐射沙洲内部水域，却仍然难以维持辐射沙洲内部水域的高含沙现象。因此，来自东部外海海域的泥沙一定程度上为辐射沙洲提供了泥沙的来源，但同样不是辐射沙洲水域高含沙现象的主要原因所在。

通过对比夏季及冬季废黄河口至小洋口港水域的水体含沙量分布知，虽然弶港以北的高滩水域含沙量相对较高，但该水域整体平均含沙量的变化范围不大，基本在0.7～0.9 kg/m^{3}之间。同时，废黄河口至小洋口港近岸高含沙量水体分布的范围和走向与辐射沙洲北部的西洋潮汐通道的走向和位置完全吻合，这表明，在西洋水道强劲的涨落潮动力作用下，废黄河口水下三角洲的泥沙与辐射沙洲高滩之间的泥沙存在频繁交换的可能性。此外，废黄河口附近水域的含沙量与辐射沙洲内部水域的含沙量相当接近，涨落潮期间，废黄河口水域的泥沙可通过西洋潮汐通道进入辐射沙洲内部水域，其数量上足以维持辐射沙洲内部水域的高含沙现象，因此，这一定程度上表明辐射沙洲北部水域的高含沙水体是辐射沙洲内部水域悬沙的重要来源。

2.3.2 沉积物粒度

(1) 平均粒径

从岸滩沉积样的平均粒径值来看，所有岸滩粒度样平均粒径的平均值为0.047 0 mm，粒级为粗粉砂，最大值为0.004 9 mm，粒级为极细粉砂，最小值为－1.356 6 mm，粒级为极粗砂。

岸滩沉积物平均粒径自陆向海分布具有明显的规律性。在粉砂淤泥滩，平均粒径都是在低潮水边线最粗，向陆方向变细；海州湾北部的砂质海岸相反，近岸为中砂或粗砂，水边线附近为细砂或粉砂。

(2) 中值粒径

从岸滩沉积样的中值粒径值来看，所有岸滩粒度样中值粒径的平均值为0.054 4 mm，最大值为0.005 2 mm，粒级为极细粉砂，最小值为－1.366 0 mm，粒级为极粗砂，同平均粒径基本一致，说明江苏岸滩沉积物组成主要以细颗粒物质为主。

岸滩沉积物中值粒径自陆向海分布同样具有明显的规律性。在粉砂淤泥滩，平均粒径都是在低潮水边线最粗，向陆方向变细；砂质海岸相反，近岸中值粒径多在0.25 mm左右，水边线附近颗粒变细。

(3) 分选系数

江苏岸滩沉积物大部分粒度样的分选系数都在1.00～3.00之间，分选系数最小值为0.26，最大值为3.79，平均为1.59，分选程度属于分选差或很差，反映了江苏大部分的潮滩沉积环境其沉积物在潮流动力作用之下分选较差的特征。并且，粗砂和中砂的分选最好，0.25～0.062 5 mm粒级的分选差异比较大，＞0.015 6 mm粒级的沉积物分选系数又相对偏小。

(4) 偏态

江苏海岸潮间带沉积物样品偏态最小值为－2.59，最大值为3.65，平均为1.32，主要为正偏态。粉砂淤泥质海滩沉积物的偏态和分选之间的关系表现为海滩沉积物中分选程度越好的，偏态值越集中在 0 附近，分选越差的，偏态值变化越大。而对中值粒径与偏态值的比较又表明，大部分的沉积物偏态值呈正偏，<1 mm 的粗砂粒级以近于对称、正偏态和很正偏态为主，1～0.125 mm 粒级的偏态值几乎都近于对称，0.125～0.007 8 mm 粒级以近于对称、正偏态为主，>0.007 8 mm 以上的细粒级的偏态值都为近于对称、负偏态和很负偏态，正偏态的只是极少数。

（5）峰态值

江苏海岸潮间带沉积物样品峰态最小值为 0.34，最大值为 4.46，平均为 2.36。峰态值<0.72 的很少，且全部分布在海州湾岸段的砂质海岸海滩上，反映了北部砂质海岸沉积物物源为一个来源占优势。而潮滩上的大部分沉积物的粒度峰态值多在 2～3 之间，多为宽峰曲线，反映了江苏潮滩沉积物在搬运过程中受到新成分混合的影响。峰态值>0.062 5 mm 的多在河口地区，反映了河口地区物源和动力作用复杂的特征。

（6）沉积物类型

根据样品的粒度实验结果，采用 Shepard 沉积物粒度分类法对江苏海岸带潮间带沉积物进行分类，类型有：粗砂、中砂、细砂、极细砂、粉砂质砂、砂质粉砂、粉砂、黏土质粉砂。

分析各类型的粒度特征如下（表 2.3-1）。

表 2.3-1　沉积物各类型的粒度特征

类型	分布	粒度成分	粒径参数		
			中值粒径	分选系数	偏度
粗砂	海州湾兴庄河口以北至柘汪河口的沿岸沙质海滩；启东嘴沿岸潮间带上部零星分布	砂>80%	−0.5～0	0.2～2.3	0.1～2.7
中砂	海州湾龙王河口至北朱皋，沿粗砂的外缘分布；从西墅至烧香河口基岩岬角之间的海湾沙滩	砂>90%	1～2	0.4～2.0	−0.8～2.6
细砂	绣针河口，九里和墟沟海滩低潮线附近；广泛分布于北至烧香河口、南至扁担港潮间带上部贝壳滩以及废黄河口两侧的潮间带；从吕四至启东嘴潮间带中下部；辐射沙洲段潮间带下部	砂>75%	2～3	0.5～2.2	−1.3～2.4
极细砂	辐射沙洲段潮间带下部	砂>75%	3～3.6	0.5～2.4	0.2～2.3
粉砂质砂	广泛分布于射阳河口至东灶港的辐射沙洲段的潮间带中滩中下部；废黄河口段潮间带中滩；南部启东嘴段潮间带中下部；绣针河口附近潮间带中下部	50%<砂<75%，粉砂<50%	3～4.2	0.8～3.8	−1～3.7
砂质粉砂	广泛分布于射阳河口至东灶港的辐射沙洲段的潮间带中滩上部；废黄河口段潮间带中滩；南部启东嘴段潮间带中上部；绣针河口附近潮间带上部	50%<粉砂<75%，砂<50%	4～6.3	1.1～3.5	−2.3～2.2
粉砂	辐射沙洲区弶港南北潮间带上部，盐蒿-互花米草滩；废黄河口段射阳河口附近潮间带中滩	粉砂>75%	4.6～6.7	1.4～1.9	1.3～1.9
黏土质粉砂	广泛分布在辐射沙洲段川东港以北潮间带高滩，互花米草滩；广泛分布在废黄河口南北两侧潮间带高滩下部；海州湾沿岸：临洪河口、埒子河口、灌河口潮间带上部，米草滩	50%<粉砂<75%，黏土<50%	5.3～7.7	1.4～2.8	−2.6～1.9

第 3 章

南黄海辐射沙脊群海域水流泥沙输运特征

3.1 海域余流季节性变迁

潮汐余流是指潮流受到非线性底摩擦、连续方程中的非线性项和动量方程的非线性平流项联合作用，一部分周期性能量（潮流能）转变为非周期性能量（余流能），简称潮汐余流。

在近岸和河口区域，水质点经过一个潮汐周期之后，并不回到原先的起始位置上，这是由于常流和湍流及潮汐本身的非线性现象所引起的。潮汐余流是由于非线性底摩擦效应、大气压力梯度、河流流入等原因产生的，而由潮汐余流产生的环流叫潮汐环流，以区别于由风应力或密度梯度原因所形成的流动。

潮汐余流的研究不仅有助于进一步阐述余流场的结构和形成机制，为更好地预报流场提供有用的信息，而且在估量海洋中物质的长期输运，以及水域间海水的交换等方面亦有着很大的实用价值。所以，它已日益成为科学家们感兴趣的课题之一。一般采用现场观测、数值模拟和实验室试验分析等方法来探讨这一海洋动力现象[44]。

潮汐余流可用拉格朗日方法和欧拉方法进行研究。欧拉余流是对空间固定地点来说的，而拉格朗日余流等于欧拉余流加上斯托克斯余流，它能给出一个流体元的余流。拉格朗日余流是标识水质点净位移除以相应的时间，潮汐长期质量输移过程不是由欧拉余流决定而是由拉格朗日平均速度决定。

3.1.1 冬季余流

运用上述方法对辐射沙洲区域的冬季实测流速、流向数据进行计算，成果如图 3.1-1 及表 3.1-1 所示。

水量输移是由非潮汐运动的平均流和斯托克斯漂移效应共同作用的结果，拉格朗日余流可反映水量净输移的大小和流向。余流值和方向如图 3.1-1 所示，其中大潮有 13 个测站，小潮有 8 个测站。总的来讲，大潮各余流值相应大于小潮余流值，并且各对应余流流向都发生了变化，有的甚至相反。在小洋口港附近的 S5、S6 站位，小北槽附近的 S8 站位余流值相对较大，大潮时分别可达到 0.31 m/s、0.73 m/s、0.43 m/s，其余各站的余流值在 0.01～0.25 m/s 之间。西洋水道大丰港附近 S1 站和西洋水道末端 S4 站的余流大小相对较大，西洋水道南端 S3 站的余流大小稍小一些。S1 站余流为西南向，S4 站余流为东南方向，两站余流都顺其潮汐水道的涨潮流向，并且都有较大指向辐射沙洲中心区的分量，这主要是因为西洋水道为涨潮占优型，潮水净输移方向由北向南，说明此深槽为辐射沙洲群的净进水通道。

靠近条子泥的S3站流向为东偏北向，对于东向的分量更大一些，说明此站的潮净输移方向更多地指向东沙。在小洋口港附近S5、S6站的净余流大致顺其涨潮流向，并且余流值都较大。此区域为涨潮占优型，是辐射沙洲腹地的净进水通道。

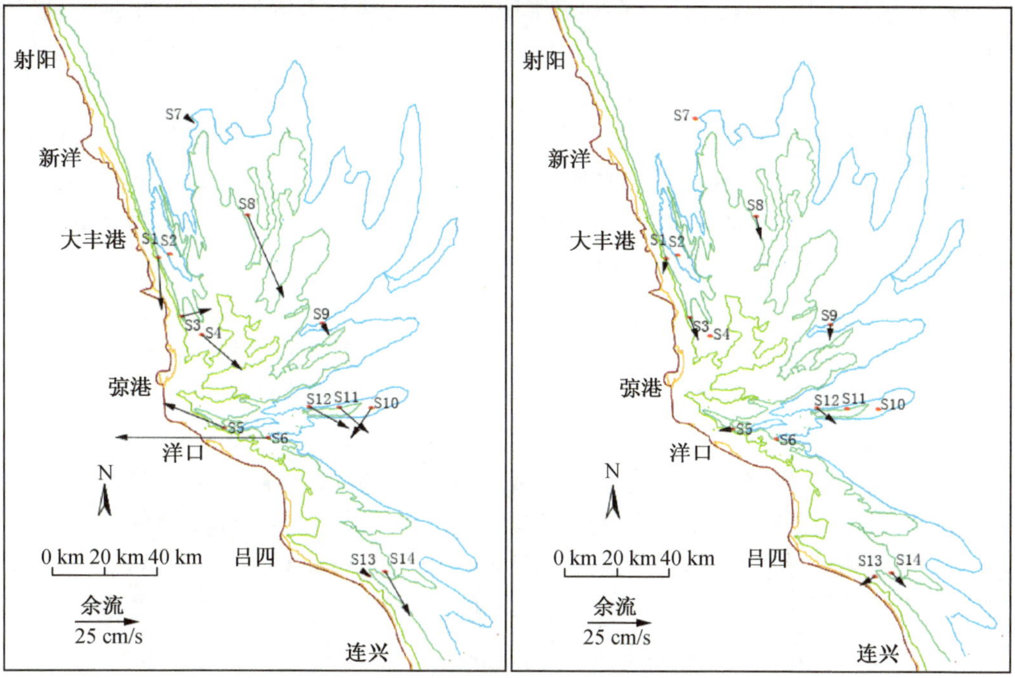

图3.1-1　冬季余流图(左:大潮;右:小潮)

表3.1-1　冬季余流大小潮变化特征

测站	冬季大潮		冬季小潮	
	大小/(m/s)	角度/(°)	大小/(m/s)	角度/(°)
S1	0.25	−87.10	0.07	−102.20
S2	/	/	/	/
S3	0.14	13.95	0.11	−69.37
S4	0.25	−42.13	/	/
S5	0.31	159.03	0.06	−172.73
S6	0.73	179.61	/	/
S7	0.04	−38.67	/	/
S8	0.43	−66.02	0.11	−76.83
S9	0.06	−61.40	0.07	−93.68
S10	0.17	−123.85	/	/
S11	0.18	−41.94	/	/
S13	0.01	−36.88	0.08	149.50
S14	0.24	−60.99	0.09	−45.42

在冷加沙北支的 S14 站，余流顺其落潮方向，以落潮流占优，为净出水水道。南支的 S13 站余流大潮时为落潮方向，而小潮时为西南向，可能是因为此处地形比较复杂，致使落潮时槽水方向不定，导致净潮量方向大小潮间有所不同。位于平涂洋附近的 S7 站、小北槽附近的 S8 站余流方向为南偏东，大致为涨潮流方向，这两个水道为净进水水道。位于外毛竹沙附近的 S9，黄沙洋附近的 S10、S11 和 S12 站，余流基本沿着槽沟顺着落潮方向，此水道为净出水通道。总体来看，在沙洲腹地及附近水道中的水净输移流向是以顺时针方向进行的，从烂沙洋、黄沙洋及滩上水道向条子泥北部水域流去，与西洋水道南向净输移潮水幅聚于弶港附近，由南北上的潮水由于动力比较大，潮水大都会聚于西洋水道南端各支水域，再由此沿着各槽沟以辐射状向四周散去。而辐射沙洲腹地外围的余流在 S 方向都有分量，这也说明辐射沙洲水域的净水量都是由北向南输移的。

3.1.2 夏季余流

辐射沙洲群夏季各测点余流大小、方向与冬季余流相比虽都有所不同，但海域内测点的大潮余流值仍基本大于小潮，并且各测点作为辐射沙洲的净进出水通道是基本没有变化的。

西洋深槽内的测点，冬夏季大小潮余流值对应相比，呈现出除 S4 测点的地形较为特殊外(位于复杂的潮沟潮滩系统中)，夏季余流值相应大于冬季，甚至夏季小潮的余流值都大于冬季大潮的余流值。这也说明，作为辐射沙洲的重要净进水通道的西洋深槽，夏季的水动力强度要高于冬季。通过对冬夏季的余流大小、方向分析可知，西洋深槽的单宽净潮通量基本是向辐射沙洲中心区汇聚的，是净进水通道(图 3.1-2、表 3.1-2)。

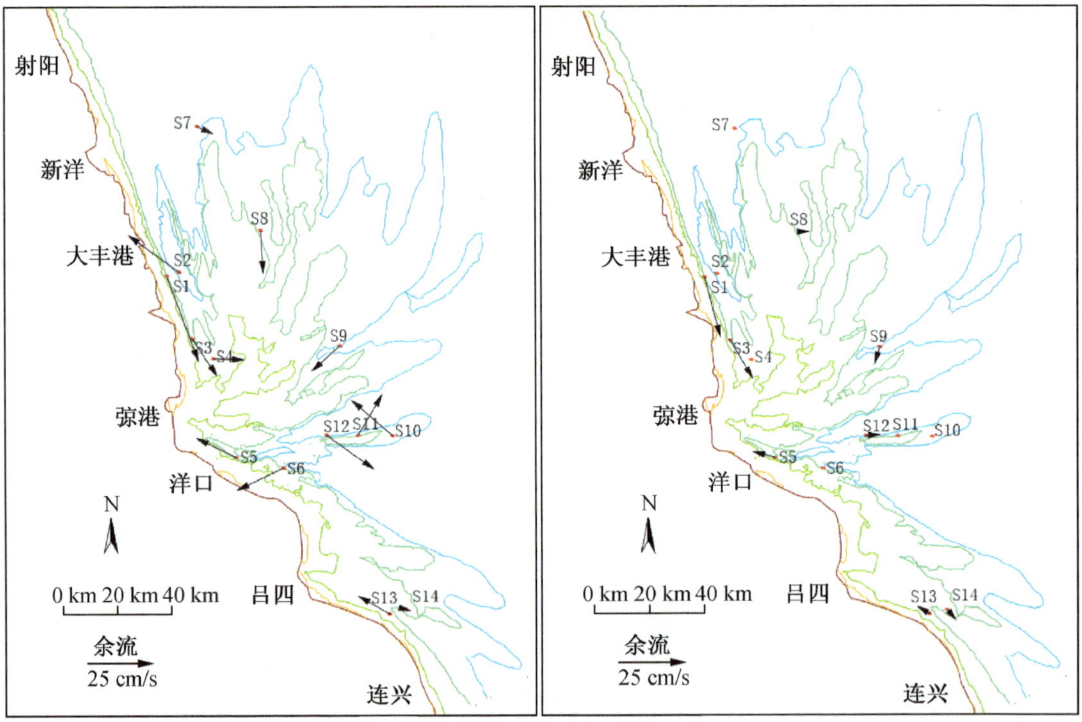

图 3.1-2　夏季余流图(左:大潮;右:小潮)

表 3.1-2 夏季余流大小潮变化特征

测站	夏季大潮		夏季小潮	
	大小/(m/s)	角度/(°)	大小/(m/s)	角度/(°)
S1	0.41	−70.63	0.28	−75.62
S2	0.28	143.55	/	/
S3	0.20	−55.09	0.20	−59.83
S4	0.14	−1.17	/	/
S5	0.20	155.11	0.10	166.14
S6	0.23	−155.58	/	/
S7	0.08	−24.65	/	/
S8	0.19	−85.87	0.04	1.06
S9	0.17	−139.35	0.08	−107.69
S10	0.24	138.20	/	/
S11	0.21	58.57	/	/
S13	0.16	148.98	0.06	149.37
S14	0.01	−16.69	0.06	−51.05

3.2 典型潮汐通道的摩阻流速

3.2.1 摩阻流速计算方法

目前,用于计算摩阻流速的常见方法有卡曼-普朗特方法、对数线性方法[45]、对数抛物方法[46]以及双对数方法[47]等,各方法均在河口海岸地区有较好的应用。

由于辐射沙脊群海域涨落急时刻流速呈现对数分布,因此本文采用卡曼-普朗特方法。

卡曼-普朗特流速分布公式为

$$\frac{u}{u_*}=\frac{1}{\kappa}\ln\left(\frac{z}{z_0}\right), z\in(z_0,h)$$

式中:z 为距底床的高度;u 为距底床高度 z 处的流速;u_* 为摩阻流速;κ 为卡曼系数,通常取 0.4;z_0 为粗糙长度;h 为边界层厚度,在浅水区为水深。

运用最小二乘法拟合时,需将上式改写成

$$u=\frac{u_*}{\kappa}\ln z-\frac{u_*}{\kappa}\ln z_0$$

应用全水深的实测数据点绘出 $\ln z$-u 的关系图,通过最小二乘法求出拟合直线斜率,进而可求出摩阻流速。

3.2.2 辐射沙脊群海域垂向流速分布测验

3.2.2.1 数据采集

本次测验在江苏沿海废黄河口以南至长江口辐射状沙脊群海域共布置 14 个测验站。

其中 8 个测站（2＃、3＃、5＃、7＃、10＃、11＃、13＃、14＃）进行一次大潮准同步和一次小潮准同步全潮测验，其他 6 个测站（1＃、4＃、6＃、8＃、9＃、12＃）进行一次大潮准同步全潮测验。

测站位置见图 3.2-1。

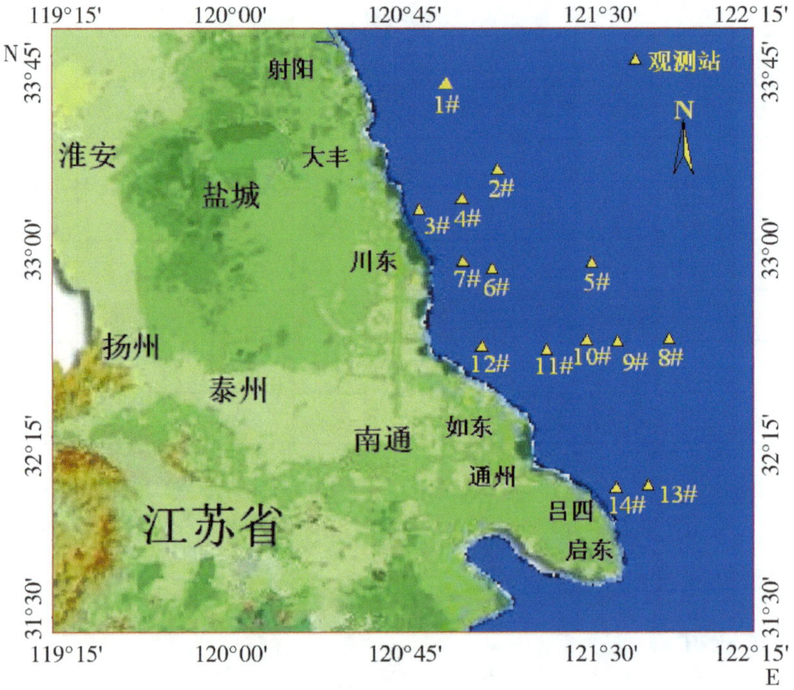

图 3.2-1 辐射沙脊群海域测站概位

各测站采用六点法整点施测各水文要素。夏季测验时段，大潮从 2006 年 8 月 24 日 6:00 至 8 月 25 日 8:00 左右，小潮从 8 月 31 日 8:00 至 9 月 1 日 12:00 左右；冬季测验时段，大潮从 2007 年 1 月 3 日 17:00 至 1 月 4 日 19:00 左右，小潮从 1 月 11 日 5:00 至 1 月 12 日 7:00 左右。

流速流向测验采用 ZSX-Ⅲ型系列流速流向仪和海流计。

3.2.2.2 垂向流速分布

由于边界层与潮流强度有关，流速越大，紊动越强，流速的对数分布程度越高，涨急、落急时刻的垂线流速分布较为符合卡曼-普朗特的对数分布模式，估算出的摩阻流速精确度较高。

图 3.2-2 为远岸 2＃测站及近岸 3＃测站的垂向流速分布图，其中 $u_{0.5}$ 为底层以上 0.5 m 的流速。

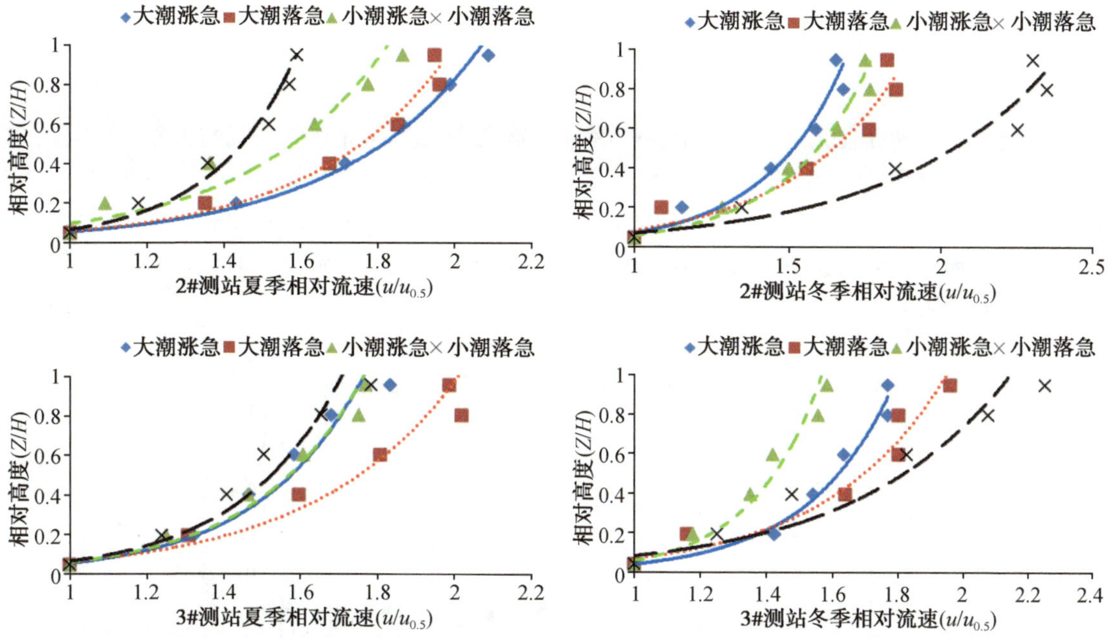

图 3.2-2　远岸 2＃测站及近岸 3＃测站的垂向流速分布图

3.2.2.3　实测值与流速分布相关分析

在对摩阻流速进行估算时，首先需要对卡曼-普朗特流速对数分布模式下的计算结果与实测结果进行相关性分析。

表 3.2-1 是卡曼-普朗特流速分布模式计算值与实测值的相关系数表，包含夏冬两季 6 个测站的大潮数据和 8 个测站的大小潮数据。

由表可知，各组数据的相关系数均大于 0.9，说明基于卡曼-普朗特方法对摩阻流速的估算在科学研究以及工程应用中已有足够精度。

表 3.2-1　卡曼-普朗特分布模式计算值与实测值相关系数表

测站	大潮期间相关系数		测站	大潮期间相关系数		小潮期间相关系数	
	夏季	冬季		夏季	冬季	夏季	冬季
	涨急/落急	涨急/落急		涨急/落急	涨急/落急	涨急/落急	涨急/落急
1＃	0.955/0.961	0.987/0.962	2＃	0.993/0.986	0.960/0.924	0.922/0.975	0.983/0.942
4＃	0.981/0.965	0.968/	3＃	0.985/0.978	0.991/0.960	0.986/0.969	0.982/0.938
6＃	0.974/0.985	0.992/0.969	5＃	0.949/0.924	0.938/0.947	0.934/0.976	0.902/0.918
8＃	0.998/0.989	0.998/0.993	7＃	0.955/0.984	0.961/0.945	0.982/0.961	0.925/0.929
9＃	0.990/0.994	/	10＃	0.963/0.969	/	0.959/0.981	0.931/0.971
12＃	0.955/0.967	0.997/	11＃	0.928/0.935	0.932/0.960	0.969/0.952	0.928/0.963
			13＃	0.988/0.989	0.970/0.954	0.969/0.980	0.931/0.974
			14＃	0.974/0.991	0.978/0.998	0.980/0.981	0.974/0.963

3.2.3 摩阻流速分布

3.2.3.1 摩阻流速的涨落潮过程分布

由于摩阻流速是随着“涨急—涨憩—落急—落憩”连续不断变化的，故应探讨摩阻流速的涨落潮过程分布。将落憩时刻定位涨落潮循环过程的起点，以远岸 2＃测站及近岸 3＃测站的冬季大潮为例，取 12 h 作为涨落潮全过程的时长进行分析，结果如图 3.2-3 所示。

由图可知，摩阻流速的变化总体上遵循潮流流速的变化，即涨落急时刻摩阻流速较大，涨落憩时刻摩阻流速较小。

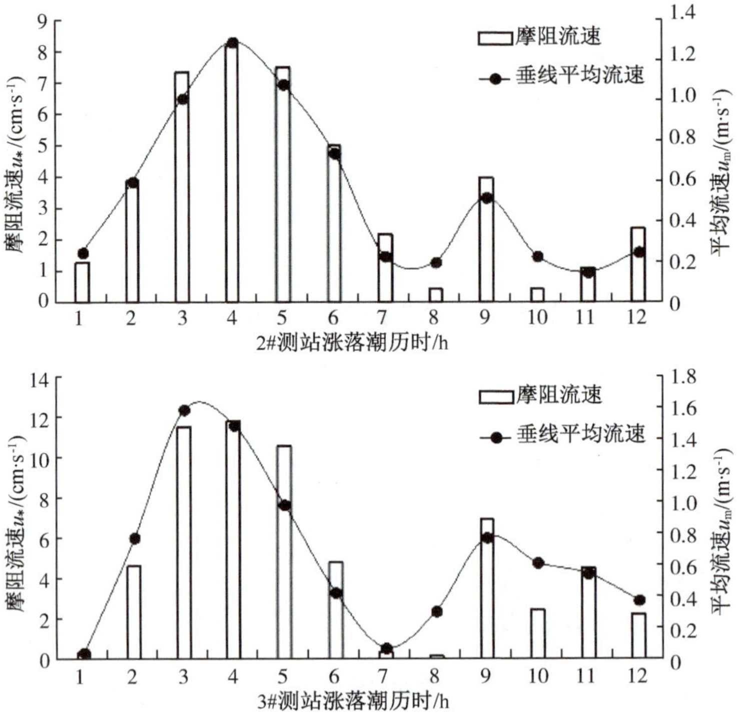

图 3.2-3 冬季 2＃和 3＃测站大潮期间垂线平均流速与摩阻流速变化过程

3.2.3.2 摩阻流速空间分布特性

为了便于研究，将测验的站点位置划分为 7 个子海域，分别是平涂洋海域(1＃)、小北槽海域(2＃)、西洋海域(3＃、4＃、6＃、7＃)、外毛竹沙海域(5＃)、小洋口港附近海域(11＃、12＃)、黄沙洋海域(8＃、9＃、10＃)以及吕四港附近海域(13＃、14＃)。将子海域各测站大小潮涨落急的摩阻流速计算结果取平均值，得到各子海域的摩阻流速(图 3.2-4)。

由图可知，各海域平均流速与摩阻流速均为夏季大于冬季，且摩阻流速与垂线平均流速有一定的正相关性。夏冬两季西洋海域平均流速与摩阻流速最大。夏季全区域摩阻流速变化范围在 5.4～10.8 cm/s 之间，平均值为 7.4 cm/s，呈现北大南小、近岸大远岸小的格局；冬季全区域摩阻流速变化范围在 4.8～9.4 cm/s 之间，平均值为 6.0 cm/s，呈现中部大南北小、近岸大远岸小的格局。

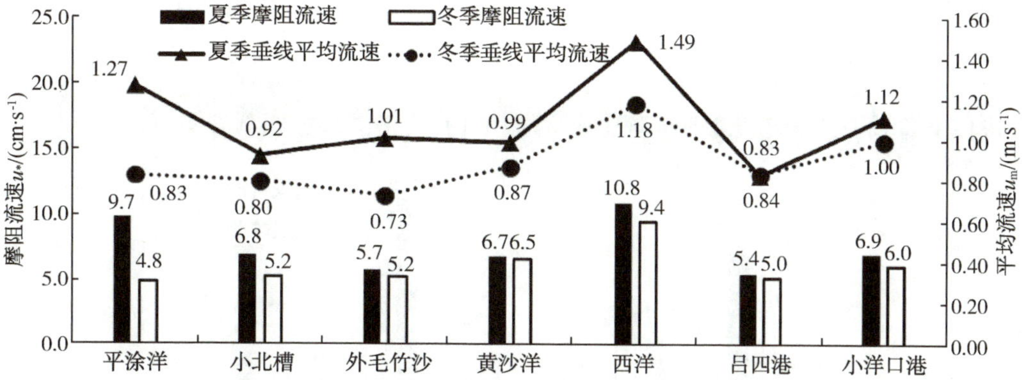

图 3.2-4　夏冬两季辐射沙脊群海域涨落急垂线平均流速与摩阻流速空间分布

3.2.3.3　摩阻流速时间分布特性

（1）大潮与小潮摩阻流速对比

分别将大潮和小潮期间各站的涨落急摩阻流速估算结果进行算数平均，得到结果如图 3.2-5 所示。

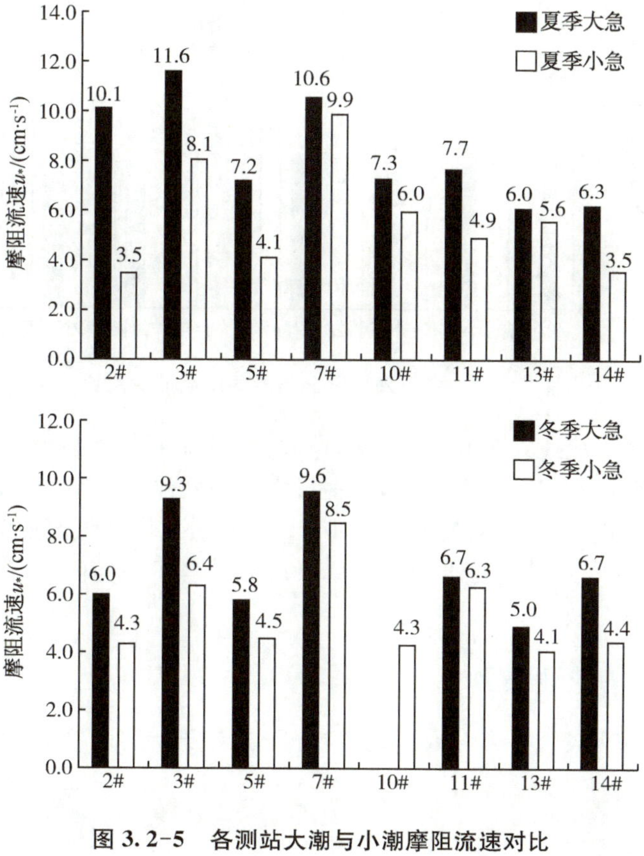

图 3.2-5　各测站大潮与小潮摩阻流速对比

全区域夏季大潮平均摩阻流速为 8.4 cm/s，夏季小潮平均摩阻流速为 5.7 cm/s，冬季大潮平均摩阻流速为 7.0 cm/s，冬季小潮平均摩阻流速为 5.3 cm/s，反映出夏季平均摩阻流速大于冬季的特性。此外，夏冬两季各站大潮摩阻流速均大于小潮摩阻流速，亦反映了摩阻流速与垂线平均流速呈正相关性。

(2) 涨急与落急摩阻流速对比

将各子海域涨急与落急摩阻流速进行算数平均，所得结果如图 3.2-6 所示。

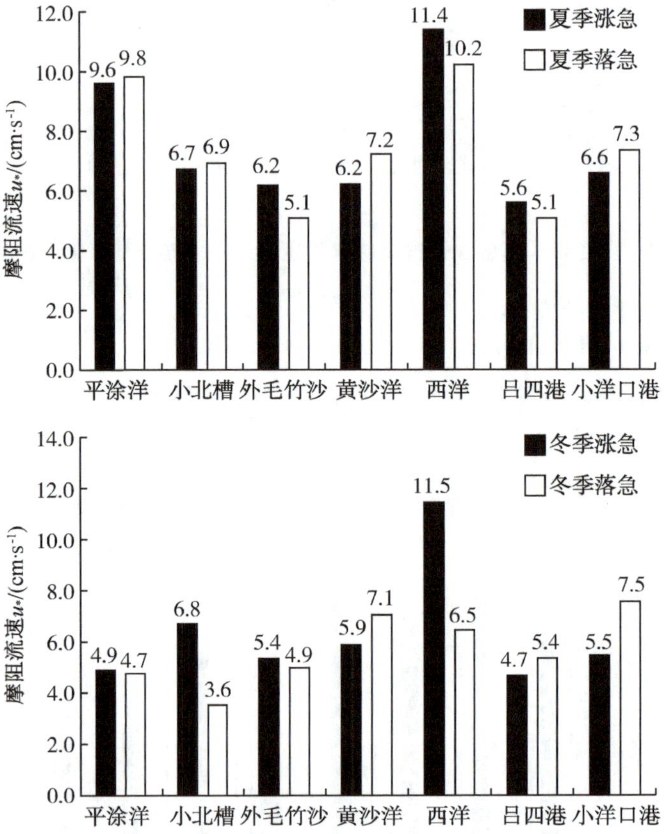

图 3.2-6　各子海域涨急与落急摩阻流速对比

夏季涨急平均摩阻流速为 7.5 cm/s，落急平均摩阻流速为 7.4 cm/s，涨急和落急摩阻流速相差较小，差值范围为 0.2～1.2 cm/s，差值最大的在西洋海域，差值最小的在平涂洋海域和小北槽海域；冬季涨急平均摩阻流速为 6.4 cm/s，落急平均摩阻流速为 5.7 cm/s，涨急和落急摩阻流速相差较大，差值范围介于 0.2～5.0 cm/s 之间，差值最大和最小的海域亦分别为西洋海域和小北槽海域。

3.2.4　摩阻流速的快速估算

涨落急时刻的流速较为符合对数流速分布模式，对于特定高度 z_x 处的流速 u_x，由对数流速分布公式可得

$$u_* = a u_x$$

其中：a 为常数，可表示为

$$a=\left[\frac{1}{\kappa}\ln\left(\frac{z}{z_0}\right)\right]^{-1}$$

即摩阻流速与各层流速呈线性相关，这为基于某层流速快速估算摩阻流速提供了理论依据。

考虑实际潮流为非恒定流，潮流的加减速使得流速垂向分布偏离理想的对数分布形式，需要加入附加项。

故本文拟合公式选为

$$u_*=au_x+b\quad(b\text{ 为常数})$$

事实上，由表 3.2-2 可知，辐射沙脊群海域的摩阻流速与各层实测流速或垂线平均流速的确呈现出较好的正相关性，各层流速与摩阻流速的相关系数有从近表层向下减小的趋势，这与吴德安等[44]对辐射沙脊群海域东大港水道潮流流速垂向分布研究成果相似。因此，可通过涨落急时刻的表层实测流速快速估算摩阻流速。

表 3.2-2　各层拟合公式的系数 a、b 以及相关系数 R

层位	表层以下 0.5 m	0.2h	0.4h	0.6h	0.8h	底层以上 0.5 m	垂线平均
a	0.060 2	0.063 1	0.066 7	0.071 1	0.073 1	0.081 9	0.070 2
b	−0.003 4	−0.004 8	−0.004 0	−0.001 2	0.007 4	0.014 0	−0.001 4
R	0.898 7	0.893 1	0.881 1	0.862 1	0.818 8	0.703 1	0.865 6

注：h 表示水深，m。

以往的研究并未对辐射沙脊群海域大范围的摩阻流速进行探讨，亦未考虑到冬夏两季水流特性的差异。

这里分别对全海域夏冬两季的大小潮涨落急时刻摩阻流速 u_* 以及表层流速 u_s 的线性关系进行拟合，结果如图 3.2-7 所示。

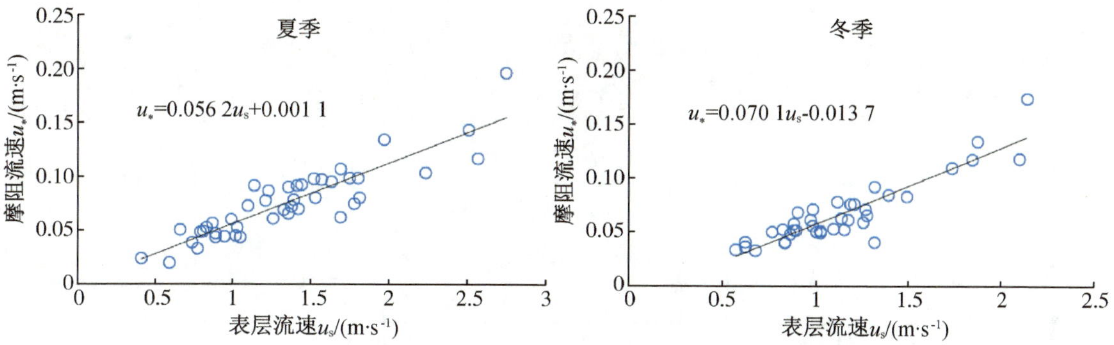

图 3.2-7　夏冬两季涨落急摩阻流速与近表层流速的关系

由图可知，夏季 $u_*=0.056\,2u_s+0.001\,1$，相关系数为 0.896 3；冬季 $u_*=0.070\,1u_s-0.013\,7$，相关系数为 0.907 9。

将冬夏摩阻流速与表层流速进行整体分析，结果为 $u_*=0.060\,2u_s-0.003\,4$，相关系数为 0.898 7，即辐射沙脊群海域涨落急摩阻流速大致为近表层流速的 0.06 倍。

3.3 海域悬沙输运季节性变迁

20 世纪 80 年代初，江苏曾进行了海岸带与海涂资源综合调查。其后不断有学者对辐射沙脊群区域进行各方面研究。在水沙输运方面，黄惠明[45-47]曾对江苏沿海区域做了详细的悬沙平面分布以及垂直分布分析，并且利用实测资料结合数值模拟对一些重要潮汐水道进行了水沙输运特征分析。但在这些研究中，都缺乏对辐射沙脊群区域悬沙输运情况的具体深入分析。

2006—2007 年，江苏省组织开展了"江苏省近海海洋综合调查与评价"专项，收集了流速、流向、悬移质含沙量、悬移质颗分、床沙颗分、风向、风速、水温、水色、透明度、盐度等资料。在此基础上，进一步分析了海洋环境要素时空、变化、制约因素，为江苏海洋经济健康快速发展、海洋环境综合评价、海洋资源开发利用、海洋防灾减灾、海洋管理和环境保护等提供了必要的科学依据。

为此，这里利用悬沙含量、流速流向数据，采用水深对瞬时物质输移量分解的方法，计算潮周期单宽悬沙输移通量及其各个分量的值。借此，对江苏沿海悬沙输运机制以及特征进行定量的分析和探讨。

3.3.1 夏季悬沙输运特征

图 3.3-1 给出了夏季期间辐射沙脊群海域潮周期单宽悬沙输移通量示意。

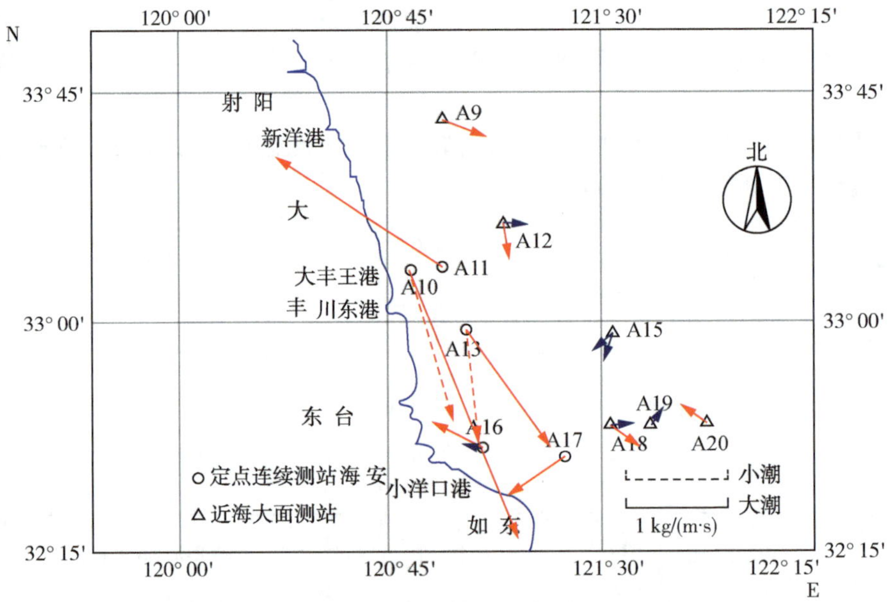

图 3.3-1 辐射沙脊群区域潮周期单宽悬沙输移通量

由图可以看到，辐射沙脊群地区潮周期单宽悬沙输移通量量级和方向差异很大，总体上看，近岸站点悬沙输移量明显大于离岸站点。在辐射沙脊群区域，由于潮波的辐聚辐散作用，近岸地区潮流作用很强，这导致了其悬沙输移明显大于辐射沙脊群外围区域。同时，大潮的悬沙输移和小潮的悬沙输移方向基本一致，但大潮要明显大于小潮。在近岸的站点中除 A10、A13 以外，都表现为很强的向岸输沙，这是导致辐射沙脊群区域岸线常年淤长的重要原因。

A10、A13 两个站点同时表现为强烈的东南向悬沙输移，这主要与辐射沙脊群地形有关。根据辐射沙脊群地区地形可以看到这两个站点处在西洋水道内，受西洋水道本身形态和南黄海潮波的影响，水道内涨落潮流强劲且有较大的涨潮优势，造成较大的南向悬沙输运，这与 20 世纪 80 年代江苏海岸带调查以及黄惠明等[47]的研究结果都相吻合。

而相邻的 A11 点输运方向较为特殊，该点处于西洋水道边缘，西洋水道本身有内部冲刷向岸堆积的特点，并且逐渐向东推移，A11 点的悬沙输运特点也印证了这一点。A16 与 A17 两点位于烂沙洋水道，悬沙输运量较大，方向也与水道走向相符。在离岸较远的站点，悬沙输移量都较小，方向上也比较杂乱，这还是由于辐射沙脊群地区地形复杂所导致，处在潮流通道内的点其悬沙输运主要受到水道走向的影响。

3.3.1.1 平流输沙项

图 3.3-2 给出了辐射沙脊群海域平流输沙项示意。

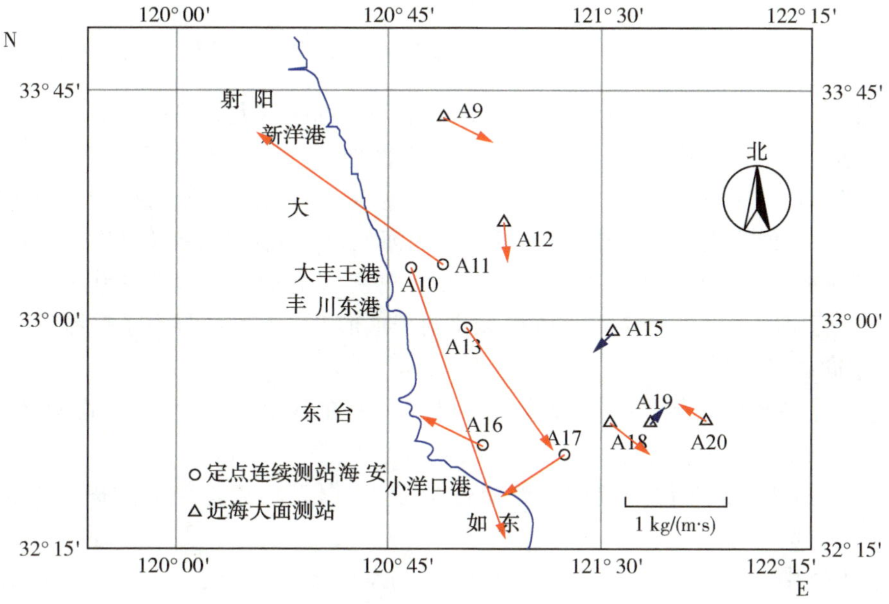

图 3.3-2 平流输沙项

平流输沙项是各个分量中对整体贡献最大的一项，也叫 Lagrange 余流输移量。平流输沙项的大小和方向基本和整体悬沙输运一致。比较分析可知，除 A12 点以外，平流项与整体输沙大小基本相等，并且多数情况下平流项数值上比整体项略大，这是由于其他项的输沙方向与平流项存在一些差异，使得最终整体的悬沙输运量反而略低于平流项输运量。因此，在辐射沙脊群区域，多数情况下平流项决定了整体悬沙输运的大小和方向。而其中的平均流引起的输运量则是平流项中起主导作用的项，所以也可以用平均流项近似代表整体的悬沙输运大小。

3.3.1.2 潮汐捕获项

图 3.3-3 给出了潮汐捕获项的分布特征。

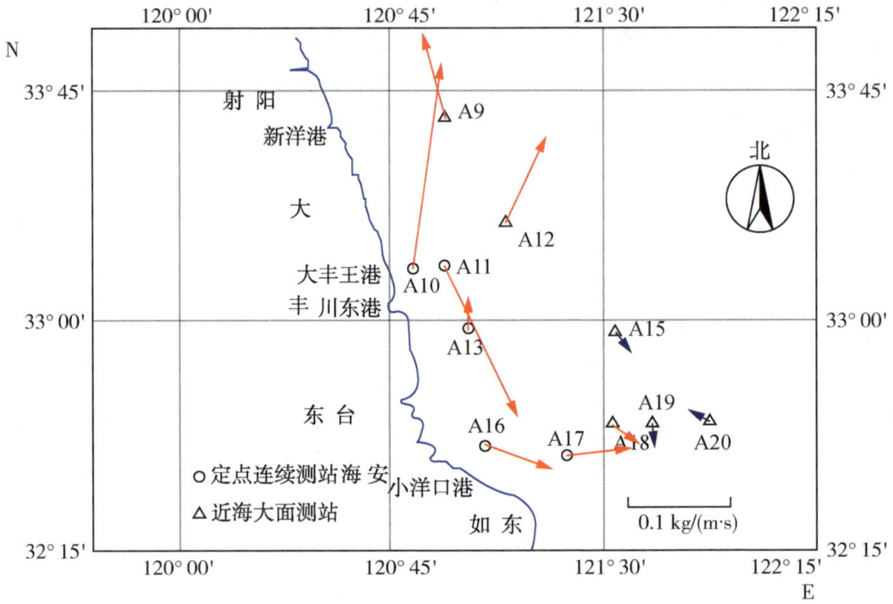

图 3.3-3 潮汐捕获项

由图可以看到，潮汐捕获项量级较小，整体上呈现越近岸越大的趋势。但是与平流输沙项不同的是，潮汐捕获项规律性较强，在辐射沙脊群上部地区，从 A9 至 A13 点，都表现出南向的输沙，而下半部地区，除了 A17 点，均表现出西向的输沙，这实际上与辐射沙脊群地区的潮汐特点相关。江苏海域位于南黄海西部，整个海域受东海前进潮波系统控制和黄海逆时针旋转潮波的影响，潮流在辐射沙脊群区域产生辐聚辐散的现象，这也是导致潮汐捕获项在上下两部分向辐射沙脊群辐聚的原因。而 A17 点则可能是由于地形的特殊因素导致了输沙的异常。

3.3.1.3 垂向净环流项

垂向净环流主要由表层和底层含沙量差异导致。在各个分量中，垂向净环流项是除平流输沙项外量级最大的一项，但数量级上还是与平流项差距较大。

从总体上看，数值从近岸向离岸的站位逐渐减小，但是趋势是与潮汐捕获项正好相反，呈辐散状态(图 3.3-4)。

在含沙水体中，一定的表层流动会引起底层的反向流动，形成一个垂向的环流，只要底层与表层的泥沙浓度存在差异，即可产生泥沙的输运。在辐射沙脊群区域底层泥沙浓度高于表层，涨潮时辐射沙脊群潮流为向岸方向，所以在涨潮时，由垂向净环流引起的是与潮流方向相反的离岸悬沙输运，在落潮时则正好相反，产生的是向岸的悬沙输运。而在辐射沙脊群区域垂向净环流状态为向外辐散，这表明了涨潮时所产生的垂向净环流强度大于落潮时，这一定程度上说明了辐射沙脊群区域涨潮时的潮流强度大于落潮，潮汐捕获项的辐聚特点也同样表明了这一点。

3.3.1.4 悬沙输运分项中的其他项

在其余量级很小的项中，包括涨落潮挟沙强度不同所导致的悬沙输移项。不过，在辐射沙脊群区域站点中，该项均很小，其原因可能是由于辐射沙脊群区域水体含沙量高，虽然整体悬沙输移量大，但是涨潮与落潮时水体含沙量差异小，导致该项较小。

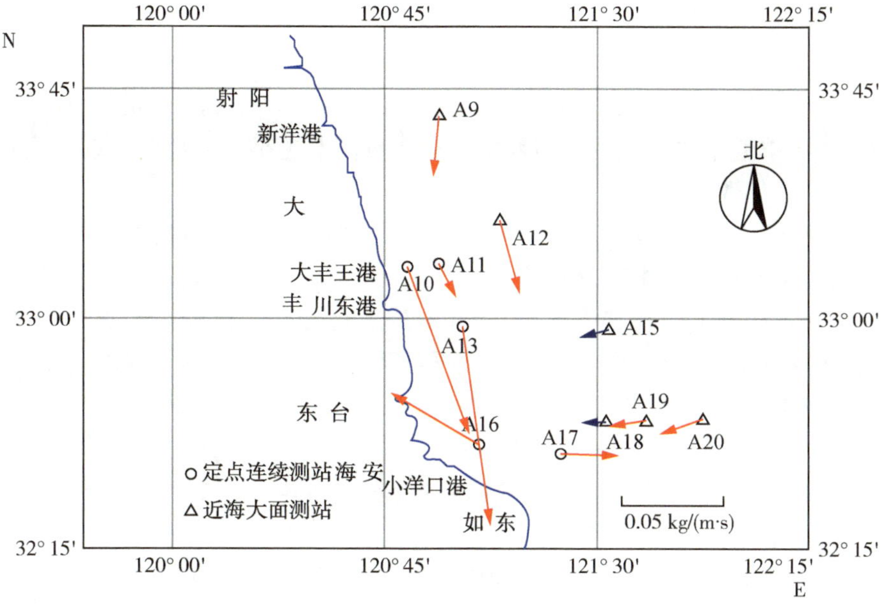

图 3.3-4 垂向净环流项

另外，“潮泵效应”项亦是重要组成部分，这主要是由潮相位差引起的。虽然在辐射沙脊群区域，两项各自较大，但在多数站点中，两项方向却截然相反，所以整体上看，辐射沙脊群区域“潮泵效应”所带来的悬沙输移量并不大。A11、A13、A17 三个点“潮泵作用”较为明显。

3.3.2 冬季悬沙输运特征

辐射沙脊群区域冬季的整体悬沙输运如图 3.3-5 所示。

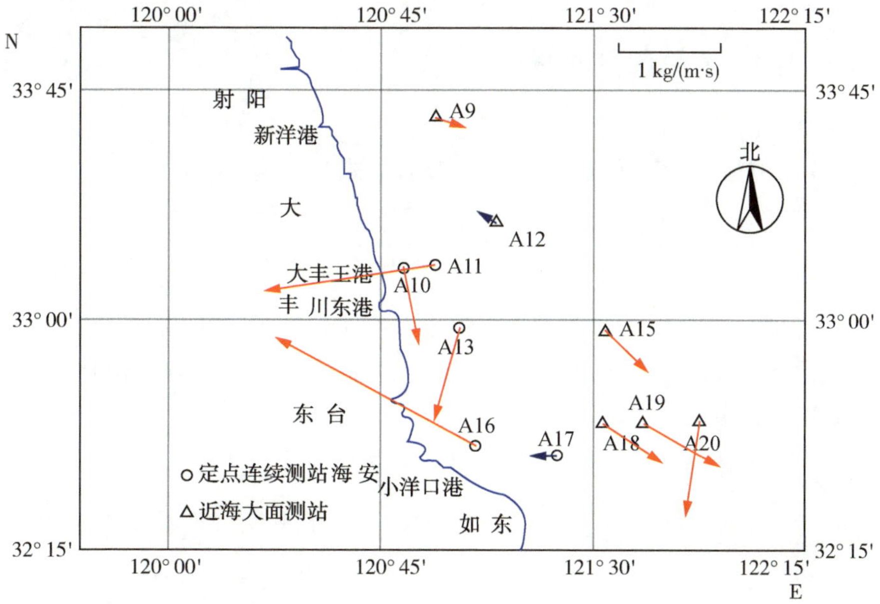

图 3.3-5 辐射沙脊群冬季悬沙输运

与夏季一样，冬季悬沙输运特征同样极为复杂。但是，部分主要特征依然和夏季类似。首先是近岸的一些悬沙输运特点，例如在A10、A13两个点呈现出非常明显的南向输沙，同样是由于西洋水道的特殊影响所造成，而A11点同样是由于前文所提到的特殊位置原因产生。综合而言，冬季近岸的多数站点与夏季相比在量值上更小些，且在一些主要的输沙方向上冬夏两季都基本一致。

冬季和夏季在某些方面也存在一些差异，比较明显的就是在离岸的一些站点，在冬季的时候这些站点的悬沙输运大小明显较夏季增大，方向上也有些差异。这主要是与冬季时辐射沙脊群区域存在比较强的垂直掺混，使得在夏季表现为数值比较小的离岸的站点受到比较大的影响，而在近岸的站点，由于受到比较强的潮流的影响，冬季的强烈的垂向掺混对这些站点影响比较小。

3.4　悬浮指标特性

江苏沿海具有庞大的辐射状沙脊群和宽阔的潮滩，沿海海域的悬沙多为粉沙淤泥质，悬沙中值粒径以0.006～0.022 mm为主，泥沙来源复杂，近底床沙、悬沙交换频繁，悬沙垂向掺混强烈。近年来，随着江苏沿海大开发上升为国家战略，研究该海域的悬沙垂向分布特征不仅具有重大的现实意义，而且具有独特的科学价值。目前，众多学者已经对以辐射沙脊群海域为主体的江苏沿海进行了大量的研究，研究结果涉及水动力特性、形成机理、演变规律以及潮流通道稳定性等方面。然而，由于该海域具有复杂的动力条件（辐射状潮流）、独特的泥沙性质（粉沙淤泥质）以及显著的水环境变化（水沙环境的季节性变化），因此对于悬沙垂向分布特征的研究还有所欠缺。为此，基于江苏沿海大范围的悬沙垂向分布资料，对含沙量垂向分布模式在江苏沿海的适用性进行比选，旨在明确江苏沿海悬沙浓度垂向分布的基本特性。

3.4.1　典型悬沙浓度垂向分布模式

（1）Rouse公式

Rouse公式目前被泥沙工程界广泛采用，其表达式为

$$\frac{S}{S_a}=\left(\frac{1-\sigma}{1-\sigma_a}\frac{\sigma_a}{\sigma}\right)^{Z^*}$$

式中：σ为相对水深；σ_a为相对参考高度；S为含沙量；S_a为参考高度下的含沙量；$Z^*=\omega_s/(\kappa u_*)$，为悬浮指标（$\omega_s$为有效沉速，$\kappa=0.4$为卡门常数，$u_*$为摩阻流速）。

（2）Lane-Kalinske公式（L-K公式）

L-K公式采用常数型分布的泥沙扩散系数，其表达形式为

$$\frac{S}{S_a}=e^{-6Z^*(\sigma-\sigma_a)}$$

（3）Laursen公式

Laursen公式采用线性分布的泥沙扩散系数，其表达形式为

$$\frac{S}{S_a}=\left(\frac{\sigma_a}{\sigma}\right)^{Z^*}$$

(4) Tanaka-Sugimoto 公式(T-S 公式)

T-S 公式的形式与 Rouse 公式相似,表达形式为

$$\frac{S}{S_a}=\left[\left(\frac{1+\sqrt{1-\sigma}}{1+\sqrt{1-\sigma_a}}\right)\left(\frac{1-\sqrt{1-\sigma_a}}{1-\sqrt{1-\sigma}}\right)\right]^{Z^*}$$

(5) Huang 公式

Huang 结合河口海岸地区的实际情况,考虑了水体表面掺混长度 L,导出了悬沙垂向分布公式

$$\frac{S}{S_a}=e^{Z^*[f(\sigma_a)-f(\sigma)]}$$

其中:$f(\sigma)=\ln\frac{1-\sqrt{1-\sigma}}{1+\sqrt{1-\sigma}}-\frac{2}{\sqrt{\frac{\kappa}{\kappa-L}-1}}\arctan\frac{\sqrt{1-\sigma}}{\sqrt{\frac{\kappa}{\kappa-L}-1}}$。

(2)~(5)中符号意义同(1)。

3.4.2 悬浮指标的影响因素

悬浮指标 $Z^*=\omega_s/(\kappa u_*)$是一个重要参数,不仅表征了悬沙浓度垂向分布的均匀程度(Z^* 越小则含沙量垂向分布越均匀),而且还能反映悬沙有效沉速的大小(Z^* 越小则有效沉速越小)。悬浮指标无法直接测量,一般可通过测验所得的六点法实测含沙量对线性化的含沙量垂线分布公式进行最小二乘法拟合而计算出。然而,由于各公式表达形式不同,拟合出的悬浮指标也有所不同。

为此,本文根据江苏沿海“908 专项”测验得到的水文泥沙资料,通过计算列出了夏冬两季大小潮情况下各公式拟合出的悬浮指标(表 3.4-1)。

表 3.4-1 各公式拟合出的悬浮指标

含沙量垂线分布公式	夏季				冬季				平均值
	大潮		小潮		大潮		小潮		
	涨急	落急	涨急	落急	涨急	落急	涨急	落急	
Rouse 公式	0.206	0.148	0.156	0.093	0.055	0.098	0.078	0.025	0.107
L-K 公式	0.252	0.161	0.191	0.099	0.055	0.101	0.086	0.030	0.122
Laursen 公式	0.326	0.250	0.279	0.153	0.114	0.189	0.143	0.044	0.187
Huang 公式	0.230	0.164	0.180	0.103	0.063	0.111	0.088	0.029	0.121
T-S 公式	0.286	0.210	0.232	0.130	0.087	0.149	0.116	0.037	0.156

由表可知,各公式拟合出的悬浮指标有所不同,即 Laursen 公式拟合出的悬浮指标最大,其次是 T-S 公式,Rouse 公式拟合出的悬浮指标最小。此外,悬浮指标还呈现出夏季远

大于冬季、大潮略大于小潮的特点，但涨落急和悬浮指标之间没有必然的联系。为了进一步探究以上结论在整个粉沙淤泥质海域的适用性，这里对比了夏冬两季粉沙淤泥质海域各测站各公式所拟合出的悬浮指标的差异(图 3.4-1)以及大小潮差异(图 3.4-2)。结果显示全海域夏季悬浮指标远大于冬季，而大小潮变化对悬浮指标没有显著影响。

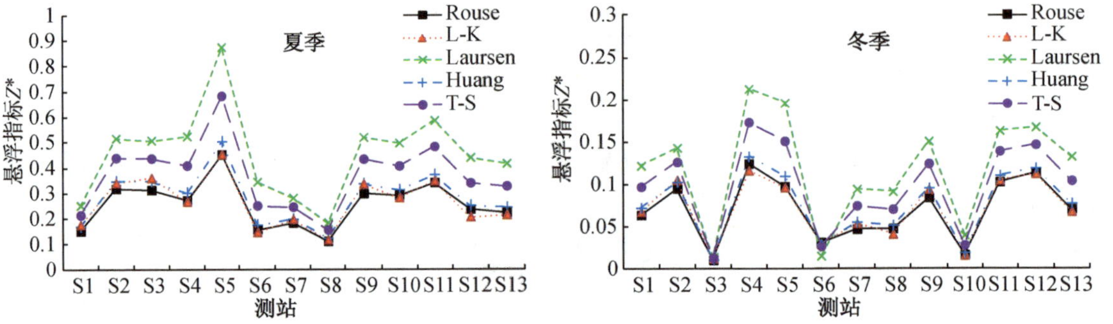

图 3.4-1　悬浮指标的冬夏季差异

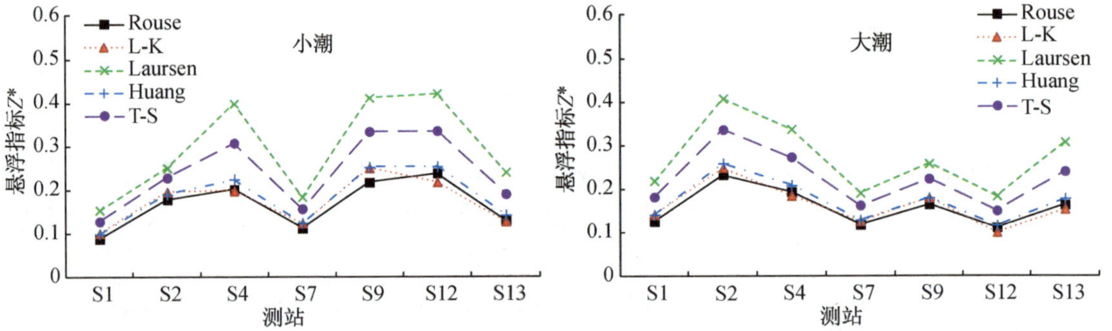

图 3.4-2　悬浮指标的大小潮差异

3.5　水流挟沙能力

3.5.1　计算方法

在我国，河流泥沙运动及底床冲淤变化的数值模拟，大都引入水流挟沙力的概念，并通过现场资料得出水流挟沙力公式，悬移质水流挟沙力计算是泥沙数学模型中的关键问题。

在实际工程中，无论是水工建筑物的规划设计，还是确定物理模型的相似比尺和解决渠道与管道的水力输送问题等，都与水流挟沙力这一根本问题密切相关。

从不同角度出发，水流挟沙力计算公式有几十种之多，但由于各种理论、经验或半经验公式所考虑的因素不同，使得挟沙力表达形式受时空限制而导致针对性较强，至今尚未得到满意的具有普遍性的研究成果。对于不同公式，都能找到一些资料来证明在一定范围内优于其他公式的适应性。但是从各表达式的最终形式来看，都可归结为与速度的幂次相关联。其中张瑞瑾的河口海岸水域公式最为典型。

张瑞瑾整理了大量长江、黄河和若干水库、渠道以及室内水槽实验的资料，针对水流挟沙对其能量损失的影响提出了“制紊假说”，并建立了著名的水流挟沙公式，具体形式如下：

$$S_* = k\left(\frac{U^3}{gh\omega}\right)^m \tag{3.5-1}$$

式中：U 为流速，可化为潮流与波浪的分流速、风吹流流速等；ω 为泥沙沉速；k、m 为待定系数和指数；h 为水深；g 为重力加速度。

在河口海岸水域，水动力条件变得复杂，且泥沙多以细颗粒为主，重力作用 ω/U 表现得相对较弱，所以 $S_* \propto \frac{U^2}{gh}$ 形式的公式得到了广泛的应用，具体形式如下：

$$S_* = k\left(\frac{U^2}{gh}\right)^m \tag{3.5-2}$$

式中各变量意义同上式。

通过分析以上具有代表性的挟沙力公式的结构可知，众多公式包含了反映水流动力紊动强度的弗劳德数项 $\frac{U^2}{gh}$ 或反映紊动作用与重力作用相互对比关系的相对重力作用项 $\frac{\omega}{U}$。大多数建立了弗劳德数项 $\frac{U^2}{gh}$ 和反映重力作用的 $\frac{U^3}{gh\omega}$ 与挟沙力 S_* 的非线性关系式，并且常常以指数的表达式建立。这类公式通常是基于半经验半理论所得到的，具有结构简单、应用方便的特点，并且由于具有有限个数的未知参量从而可通过实测资料进行拟合分析，因此实际工程中应用非常广泛。

这里通过实例研究和分析方法比较，提出直接建立 S_* 与水力因子 $\frac{U^2}{gh}$ 或 $\frac{U^3}{gh\omega}$ 的线性关系，有别于上述先取对数再进行回归分析的传统方法，这样所拟合的挟沙力公式更能代表某些海域的挟沙能力。

建立 S_* 与 $\frac{U^2}{gh}$ 或 $\frac{U^3}{gh\omega}$ 的直接线性表达式如下：

$$S_* = kx + m \tag{3.5-3}$$

式中：S_* 为挟沙力；x 为水力因子 $\frac{U^2}{gh}$ 或 $\frac{U^3}{gh\omega}$；k、m 为系数。

与常规公式的比较：

(1) 形式不同，式(3.5-1)、式(3.5-2)都为指数关系，而式(3.5-3)为直接线性关系。对于式(3.5-1)、式(3.5-2)，当 m 的值小于 1 时，挟沙力的值随着水力因子的增加而减小；对于式(3.5-3)，挟沙力的值随着水力因子的增加而增加，而与 m 的取值无关。

(2) 系数求解方法不同，式(3.5-1)、式(3.5-2)为了便于应用最小二乘法，常常需对公式两边取对数，转化成 $\ln(S_*)$ 与 $\ln\left(\frac{U^2}{gh}\right)$ 或 $\ln\left(\frac{U^3}{gh\omega}\right)$ 的线性形式，这种方法至今仍然被广泛应用；式(3.5-3)可直接利用最小二乘法求得 k、m 的值。

(3) 对于相关性，式(3.5-1)、式(3.5-2)同取对数后所求得的相关系数不能真正反映含沙量计算值与实测值的相关性。以式(3.5-1)为例，对数相关仅为 $\ln(S_*)$ 与 $\ln\left(\frac{U^3}{gh\omega}\right)$ 之间的相关，因此不同的 k、m 值并不影响两者的相关系数，取对数后相关性高并不一定能说明原相关性就一定高；而式(3.5-3)中，利用水力因子与悬沙含量实测值建立的相关性可以直观地反映原相关性。

(4) 物理意义不同，式(3.5-3)中的系数 m 可表示背景含沙量，可理解为静水状态下的平均挟沙力，体现的是泥沙运动的惯性特征，这样更能反映实际的挟沙情况，而式(3.5-1)、式(3.5-2)中没有明显出现，已隐含在 k、m 系数里。

3.5.2 公式比较

为了检验直接建立线性表达式方法的有效性，并与传统方法进行比较，我们结合江苏省废黄河口海域的实测水沙资料进行分析。

表 3.5-1 给出了上述相关公式利用水文泥沙资料进行拟合之后所得到的相应公式。

表 3.5-1　不同挟沙力公式拟合结果

式(3.5-1)	式(3.5-2)	式(3.5-4)	式(3.5-5)
$S_*=0.18\left(\frac{U^3}{gh\omega}\right)^{0.63}$	$S_*=130.36\left(\frac{U^2}{gh}\right)^{0.96}$	$S_*=0.033\frac{U^3}{gh\omega}+0.425$	$S_*=126.40\frac{U^2}{gh}+0.194$

注：式(3.5-4)、式(3.5-5)表示水力因子分别为 $\frac{U^3}{gh\omega}$ 和 $\frac{U^2}{gh}$ 的情况。

3.5.2.1　公式结果与垂向平均悬沙含量潮周期过程比较

为方便比较，把垂线平均含沙量 S 与式(3.5-4)、式(3.5-5)对应的含沙量计算值 S_*、垂线平均流速 U 的潮过程曲线绘在同一图中。图 3.5-1、图 3.5-2 是某站位连续 2 个潮周期的各量对应过程曲线，U 为正值表示对应涨潮垂线平均流速，U 为负值表示对应落潮垂线平均流速。

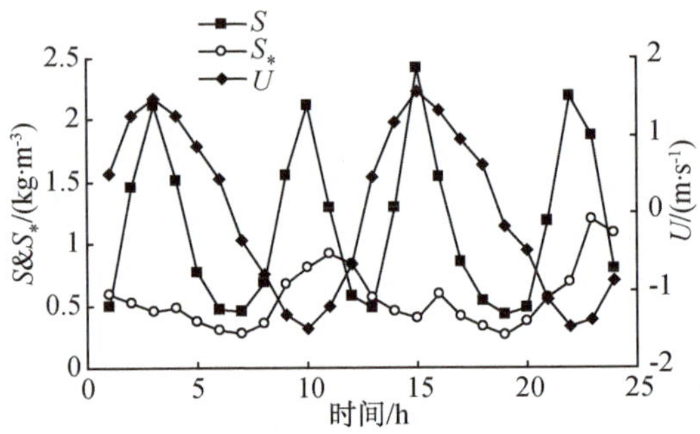

图 3.5-1　S、S_* 与 U 潮周期变化过程[式(3.5-4)]

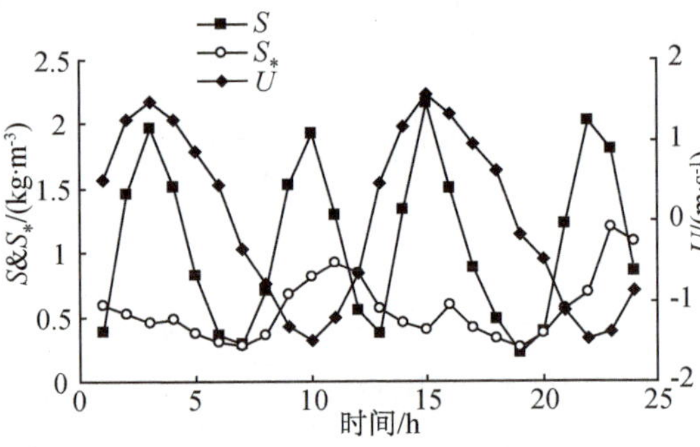

图 3.5-2　S、S_* 与 U 潮周期变化过程[式(3.5-5)]

在废黄河口海域，含沙量 S 与挟沙力 S_* 不能像恒定的河流、沟渠的水流那样是对应一致的。水流是呈周期性变化的潮流，水深也呈潮周期性地变化。流速、水深的变化导致的泥沙悬浮上扬、沉积下降呈准周期交替进行，而这些变化都需要一个时间过程即存在着动力的滞后性。

所以，从图 3.5-1、图 3.5-2 可见，由式(3.5-4)、式(3.5-5)计算的 S_* 变化大体超前于 S 的变化，在涨落潮过程中都很明显，这样也反映式(3.5-4)、式(3.5-5)在本海域的适应性和研究它的可行性。

3.5.2.2 公式比较分析

为比较分析上述公式的适用性，利用泥沙含量实测值与各个公式的计算值绘出检验图，具体见图3.5-3～图3.5-6。

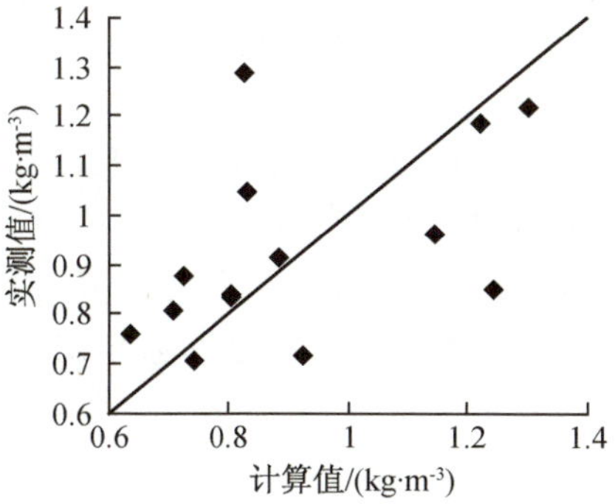

图3.5-3　式(3.5-1)计算结果比较

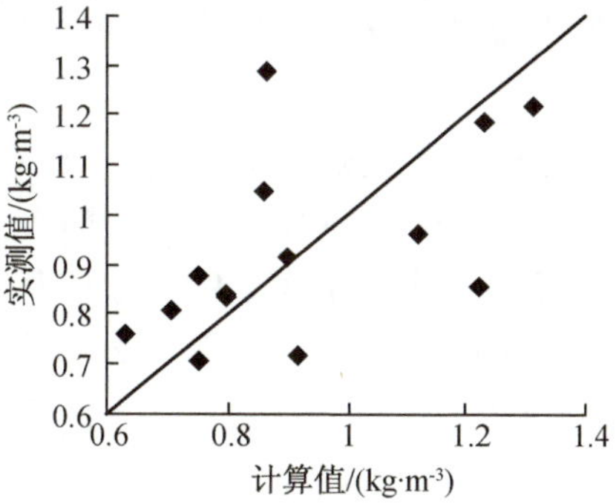

图3.5-4　式(3.5-2)计算结果比较

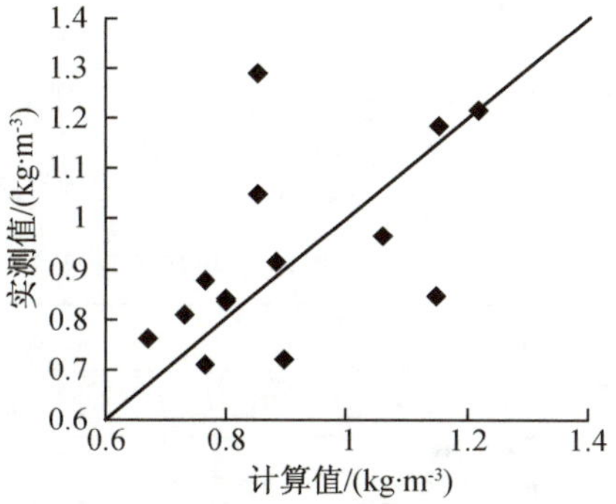

图3.5-5　式(3.5-4)计算结果比较

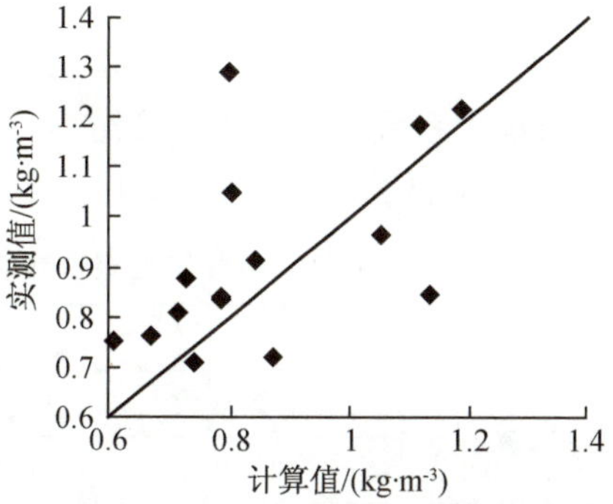

图3.5-6　式(3.5-5)计算结果比较

为进一步比较上述各公式的计算精度，对其量化加以比较，引入不同的方法对挟沙力公式进行检验。首先构造样本：将挟沙力的计算值作为样本A，表示为$S_* = (S_{*1}, S_{*2}, \cdots, S_{*n})$，$S_{*i}$为样本的第$i$个指标，表示第$i$组挟沙力的计算值，$n$为挟沙力的组数，也为样本指标的个数；同样，将挟沙力实测值作为样本B，表示为$S=(S_1, S_2, \cdots, S_n)$，$S_i$表示第$i$组挟沙力的实测值。

相关系数法是数理统计量的一种，反映实测值与计算值的线性相关关系。

挟沙力公式完全准确时，计算值等于实测值，计算值与实测值完全线性相关；反之，如果计算值与实测值线性关系很差，则反映计算值与实测值偏离较远。

相关系数定义如下：

$$r = \frac{Cov(S_*, S)}{\sqrt{D(S_*)}\sqrt{D(S)}} \tag{3.5-6}$$

式中：r为相关系数；$Cov(S_*, S)$为挟沙力公式计算值与实测值的协方差；$\sqrt{D(S_*)}$为挟沙力计算值的方差；$\sqrt{D(S)}$为挟沙力实测值的方差。

最小距离判别法是聚类统计量的方法，可作为判别挟沙力实测值与计算值相似程度的统计量，反映了各样本指标间距离的累积。$D^2(S_*, S)$越小则挟沙力实测值与计算值越接近；相反，相差越大。

最小距离定义如下：

$$D^2(S_*,S)=\sum_{i=1}^{n}(S_{*i}-S_i)^2 \tag{3.5-7}$$

式中：$D^2(S_*,S)$为最小距离。

集中系数表征了挟沙力实测值与计算值之间的算术平均值，可以用来衡量二者总体趋于 45°线的程度，当集中系数越接近 1 时，说明实测值与计算值之间比值趋于 1∶1，则二者越接近。

偏离系数则表征了实测值与计算值之间的平均偏离值，可以用来衡量二者总体偏离 45°线的程度，当偏离系数越小，则表明二者偏差越小。集中系数及偏离系数分别定义如下：

$$b_j=\frac{1}{n}\sum\frac{S_i}{S_{*i}} \tag{3.5-8}$$

$$b_p=\frac{\sum\left|\dfrac{S_{*i}-S_i}{(S_{*i}+S_i)/2}\right|}{n} \tag{3.5-9}$$

式中：b_j 为集中系数；b_p 为偏离系数。

表 3.5-2 给出了各判别方法的检验结果和公式优劣的排序，序号越小，表示与实测值越接近。

表 3.5-2　各个公式结果与实测资料的相关系数、标准化最小距离、集中系数和偏离系数

检验方法		1	2	3	4
相关系数法	相关系数	0.80	0.80	0.78	0.74
	公式排序	式(3.5-5)	式(3.5-2)	式(3.5-1)	式(3.5-4)
最小距离法	最小距离	0.52	0.57	0.64	0.65
	公式排序	式(3.5-5)	式(3.5-2)	式(3.5-1)	式(3.5-4)
集中系数法	集中系数	0.99	1.01	1.023	1.025
	公式排序	式(3.5-5)	式(3.5-4)	式(3.5-2)	式(3.5-1)
偏离系数法	偏离系数	0.043	0.043	0.043	0.049
	公式排序	式(3.5-5)	式(3.5-2)	式(3.5-1)	式(3.5-4)

由结果可知，各公式的计算结果与实测值均较为接近，不存在较大跳跃点，且较为集中。结合各检验方法，可以看出，各方法对最优公式(3.5-5)的判别结果是相同的，而对其他公式检验结果存在差异。由此表明，式(3.5-5)的方法可以使含沙量的计算值与实测值的相关系数等检验系数都得到提高，有很好的应用性。

值得说明的是，式(3.5-4)的各检验指标相对较差，但这并不能说明建立直接线性关系的不合理性。从各检验方法的整体排序可以看出，式(3.5-2)比式(3.5-5)精度相对较差，而比式(3.5-1)、式(3.5-4)相对较好，这说明废黄河口海域的挟沙能力与弗劳德数$\frac{U^2}{gh}$有着较好的关系，重力作用则相对较弱，另一方面说明了代表$\frac{U^3}{gh\omega}$的挟沙力公式(3.5-4)拟合结果相对较差的原因。

·第二篇·

江苏东部沿海水动力环境特征

第 4 章

东中国海及江苏近海潮波系统

4.1 东中国海天文分潮

图 4.1-1～图 4.1-8 给出了东中国海的天文分潮中主要半日分潮(M_2、S_2)和全日分潮(K_1、O_1)的同潮图。

由图可知，M_2和 S_2分潮在渤海、黄海内分别形成 4 个旋转潮波系统，K_1和 O_1分潮在渤海、黄海内分别形成 2 个旋转潮波系统。M_2分潮潮波分布与 S_2潮波分布基本相似，K_1分潮潮波分布则和 O_1分潮相似。

同时，M_2分潮在渤海、黄海内一共存在 4 个无潮点。在黄海内靠近江苏沿海海域的无潮点位置大约在(121.1°E，34.8°N)附近；在山东半岛与朝鲜半岛之间的无潮点位置大约在(123.2°E，37.1°N)附近；而在渤海湾内的 2 个无潮点接近陆地，位置为(119.0°E，38.1°N)和(120.2°E，40.0°N)。

已有研究表明，辽东湾内的 M_2分潮无潮点存在一定争议，即前文所提到的(120.2°E，40.0°N)位置的无潮点。实际观测结果显示该处确实存在无潮点，Xinyu Guo 曾就此无潮点的存在性做过详细试验，结果显示数值模拟中该无潮点的存在与底摩擦系数的取值有关。一般认为，摩擦系数的取值与模型中该无潮点的存在密切相关，但是摩擦系数的具体取值范围还有待进一步研究。

S_2分潮的潮波分布与 M_2非常相似，无潮点位置也基本接近。S_2分潮在江苏外海的无潮点与 M_2非常接近，具体位置在 M_2分潮无潮点以南 0.15°左右的位置。

K_1分潮潮波分布和 O_1分潮类似。K_1 分潮在黄海和渤海内分别存在一个无潮点，其中在黄海内的无潮点位置大约在(122.9°E，34.1°N)附近，渤海内的无潮点则在(120.8°E，38.2°N)附近。

在整个东中国海范围内，M_2分潮的振幅相比于 S_2与 K_1以及 O_1分潮都要大得多，M_2分潮最大振幅在 3 m 左右，S_2分潮最大振幅在 1.5 m 左右，而 K_1和 O_1 分潮最大振幅仅仅在 0.3 m 左右。由此表明，东中国海潮波分潮中，以半日分潮为主，并且其中以 M_2分潮振幅最大。

西北太平洋的 M_2分潮潮波系统向西北方向传播，经琉球群岛岛链进入冲绳深槽海域，以较快的传播速度到达陆架边缘；进入陆架后水深变浅，传播速度变慢，且由于地转偏向力、地形及岸线的复杂影响，形成旋转潮波系统。进入东海的潮波分两条路径传播：北支，向西北方向传播进入东海北部，经吕四、舟山岛，至济州岛和朝鲜半岛南端的通道进入黄海，呈现明显的前进波类型；进入黄海后受地转偏向力和地形特征等因素的影响，左旋形成以海湾为中心的南黄海潮波系统；再往北在朝鲜湾附近左旋形成以山东半岛高角外海为中心的北黄海潮波系统；经渤海海峡进入渤海后分 3 支，一支向北，左旋形成辽东湾附近的潮波系统，另一支向西，左旋形成老黄河口附近的潮汐系统，还有一支向西南方向传播进入台湾海峡，与经巴士海峡传入台湾海峡的南支潮波共同作用形成台湾海峡内的潮波系统。S_2潮波分布特征与 M_2潮波十分相似，这里不再赘述。

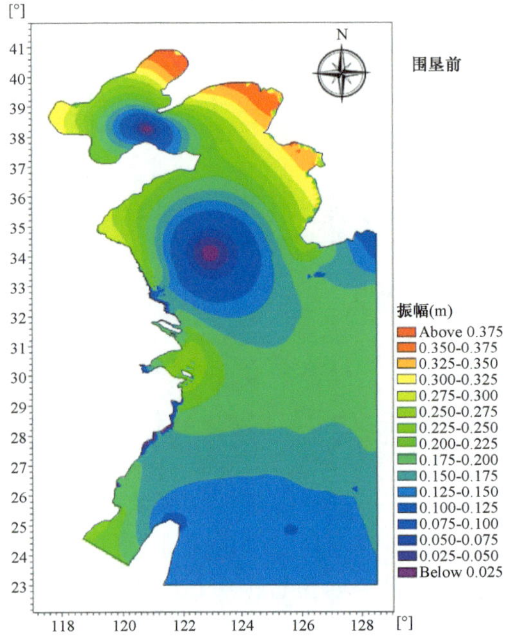

图 4.1-1　K_1分潮等振幅图

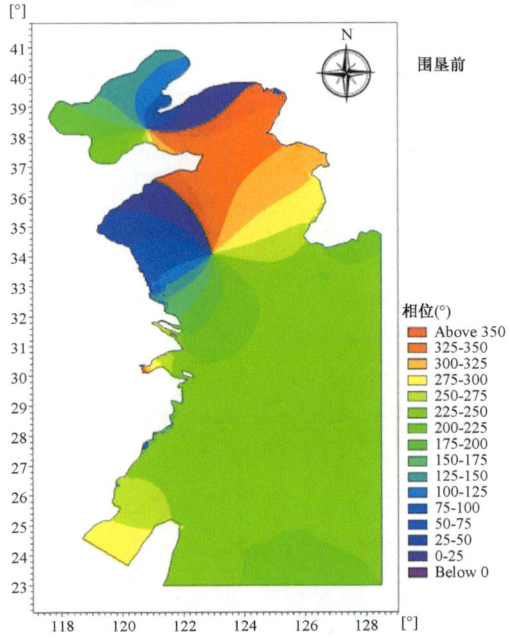

图 4.1-2　K_1分潮同潮时图

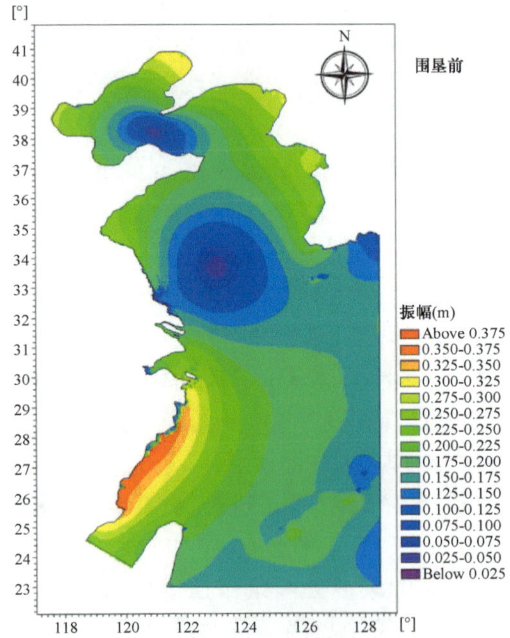

图 4.1-3　O_1分潮等振幅图

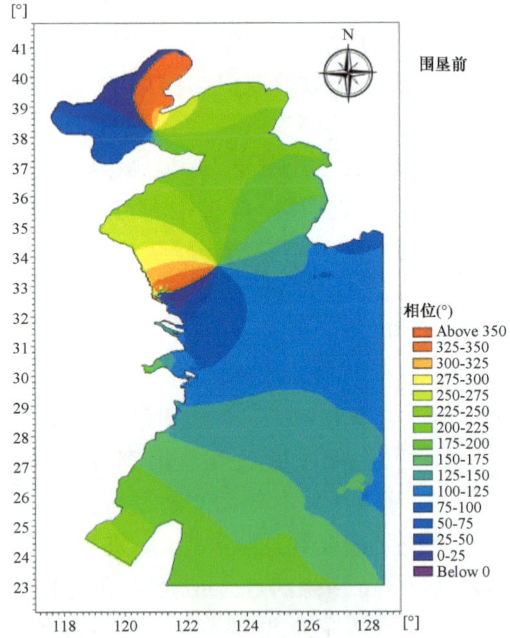

图 4.1-4　O_1分潮同潮时图

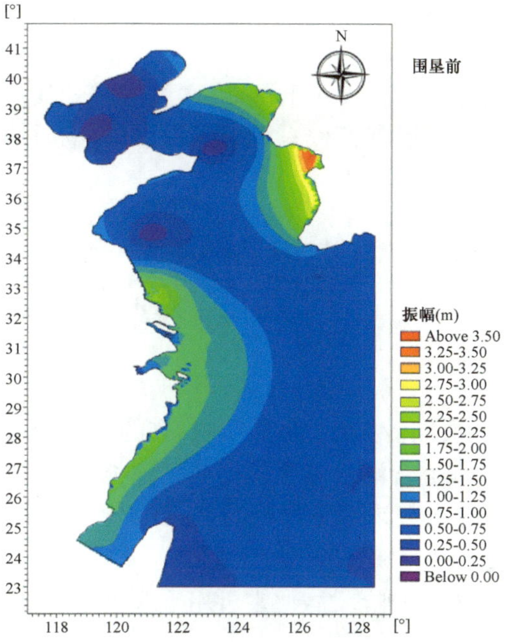

图 4.1-5　M_2分潮等振幅图

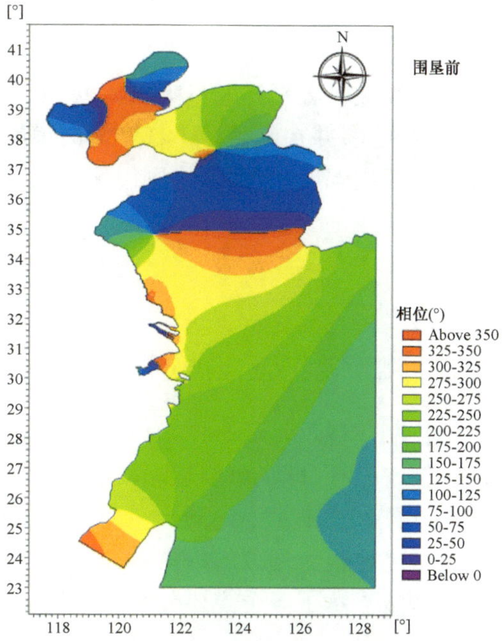

图 4.1-6　M_2分潮同潮时图

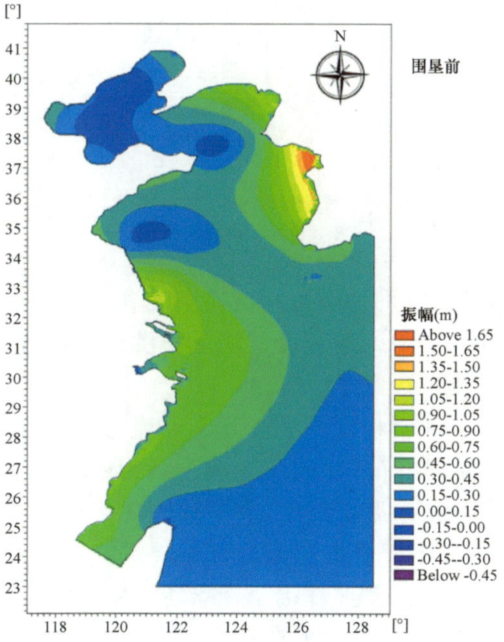

图 4.1-7　S_2分潮等振幅图

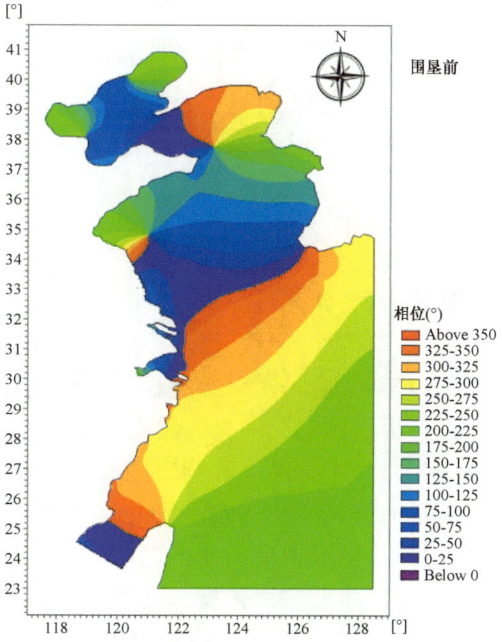

图 4.1-8　S_2分潮同潮时图

在渤海和黄海内，M_2和S_2分别形成4个旋转潮波系统，由于渤海、黄海、东海海域以及地转偏向力、摩擦效应和地形的共同影响，使得该海域内存在无潮点且位置偏向中国大陆一侧。因而，总体上导致中国沿海潮差小，朝鲜西岸潮差大。

全日潮波与半日潮波类似，在渤海、黄海、东海的传播性质上类似沿岸开尔文波的传播。

两个全日潮波(K_1、O_1)的分布特征非常相似,在南黄海中央海域和渤海海峡附近分别存在一个无潮点。

全日潮波自太平洋通过噶喇海峡和琉球群岛岛链中间传入东海,到达黄海时受陆架的影响振幅变大;并在南黄海中部和渤海海峡中形成两个旋转潮波系统(逆时针),等潮时线由无潮点向四周辐射,等振幅线则以无潮点为中心,呈同心圆状。

4.2 江苏近海潮汐潮流特征

4.2.1 潮汐类型及无潮点

海洋潮汐现象复杂多样,有的地点一天出现一次潮汐循环,即全日潮;有的地点一天出现两次潮汐循环,即半日潮;或者两种情况兼有之,即混合潮。对于不同的潮汐类型,潮汐特征值的计算方法也是不同的。一般按一天中的循环次数来区分潮汐类型,可用主要潮汐的平均振幅之比作为划分的依据,即潮型数 $A=(H_{K_1}+H_{O_1})/H_{M_2}$。

潮型数显示了 3 个主要分潮 M_2、K_1、O_1 振幅的相对重要性,通常可用下式表达:

$$F=\begin{cases}\text{半日潮}:\dfrac{H_{K_1}+H_{O_1}}{H_{M_2}}\leqslant 0.5\\ \text{混合潮}\begin{cases}\text{不规则半日潮}:0.5\leqslant\dfrac{H_{K_1}+H_{O_1}}{H_{M_2}}\leqslant 2.0\\ \text{不规则全日潮}:2.0\leqslant\dfrac{H_{K_1}+H_{O_1}}{H_{M_2}}\leqslant 4.0\end{cases}\\ \text{全日潮}:\dfrac{H_{K_1}+H_{O_1}}{H_{M_2}}>4.0\end{cases}$$

研究表明,江苏近海海域同时存在两大潮波系统,分别为南黄海旋转潮波和东海前进潮波。江苏东部沿海岸线大致可分成 3 个岸段,即北部的海州湾至废黄河三角洲岸段,中部的射阳河口至弶港岸段,南部的辐射沙洲至长江口北支岸段。

江苏沿海同时受两大潮波系统支配,具有独特又相对稳定的潮汐动力环境,其潮汐与潮流反映出外海带来的一种响应潮波系统和响应潮流场特征,此响应潮波系统为由东海前进潮波和黄海旋转潮波辐聚而成的移动性驻潮波。在江苏沿海南面,太平洋潮波经东海以前进波的形式,继续由南向北推进,而在江苏沿海北部,由于受南黄海西部旋转潮波系统的制约,其波峰线由北向南传播。这两股运动方向大致相反的潮波在港至庄家沙一带海域辐合。

图 4.2-1 给出了江苏沿海的潮汐类型分布图,图中等值线的值在 0~0.5 之间的区域为规则半日潮,0.5~2.0 为不规则半日潮,2.0~4.0 为不规则全日潮,4.0 以上为规则全日潮。

通常,海区潮汐类型的分布主要取决于半日潮和全日潮的相对分布情况。由江苏沿海潮汐类型分布图可以看出,江苏东部沿海和外海潮汐类型相似,半日潮处于主导地位,仅在废黄河口东北部海域半日分潮无潮点附近海域存在一定范围的全日潮海区,但范围并不大。同时,全日潮海区周围由不规则半日潮及不规则全日潮包围着,且范围相对大得多。这也一定程度上表明,江苏东部沿海海区潮汐类型的分布主要取决于半日潮和全日潮无潮点位置的配置。

同时，潮汐分布特征还可以通过潮汐等振幅线和同潮时线反映出潮波传播和潮汐性质，这里通过 M_2、S_2、K_1、O_1 分潮的特征分别分析全日潮、半日潮的潮汐特性。

为说明江苏沿海主要半日分潮波的传播特征，图 4.2-2～图 4.2-3 给出了江苏东部沿海的 M_2 分潮及 S_2 分潮的同潮图。图中实线是同潮时线，单位是度(°)；虚线是等振幅线，单位是米(m)。

由潮汐同潮图可知，半日潮波 M_2 在江苏东部沿海存在一个旋转潮波系统，各同潮时线在废黄河口外东北部海域绕某一中心点作逆时针旋转，其中心为分潮无潮点，具体位置为(34°47′27″N，121°34′15″E)。由等振幅线的分布来看，无潮点附近潮差最小，弶港附近波腹区潮差较大。在弶港和洋口港岸外，北部旋转潮波和南部前进潮波在此辐聚，半日分潮最大振幅超过 2.5 m，这反映了该海区潮动力强劲的实际情况。同时，从图中可看到，当南部前进潮波越过长江口东部海区后，同潮时线不是以平推的形式垂直岸线向前推进，而是有逐渐向岸偏转的趋势，并逐渐与来自北部海域的旋转潮波在弥港外海汇合，因此，该海域同潮时线与等振幅线不是正交而是趋于一致，并且以弶港附近为顶点向外呈半圆形状。

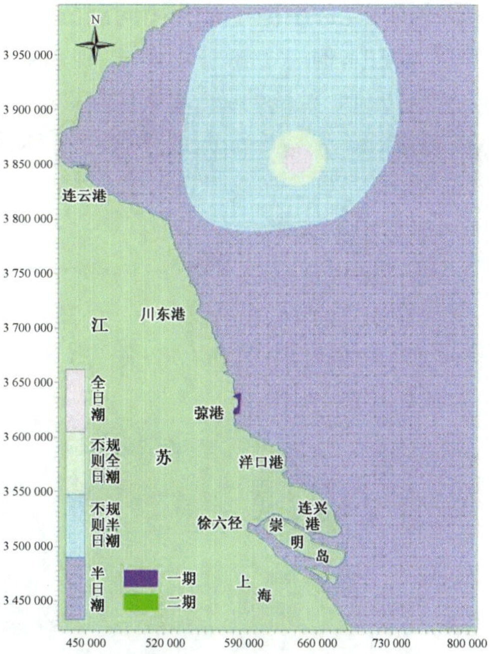

图 4.2-1　江苏沿海潮汐类型

(注：横纵坐标均表示长度，单位为 m。下同)

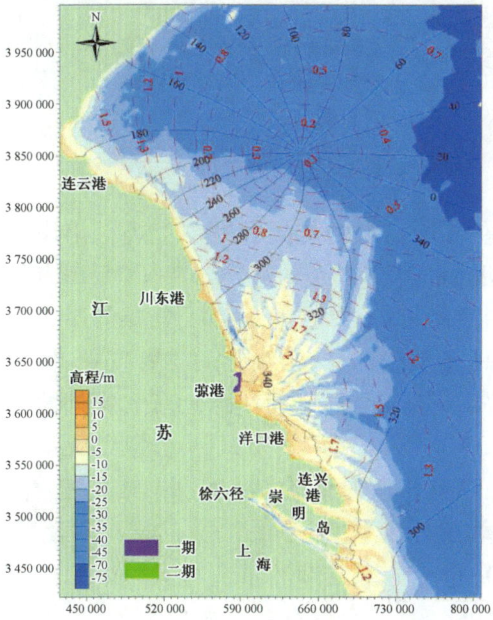

图 4.2-2　江苏沿海 M_2 分潮同潮图

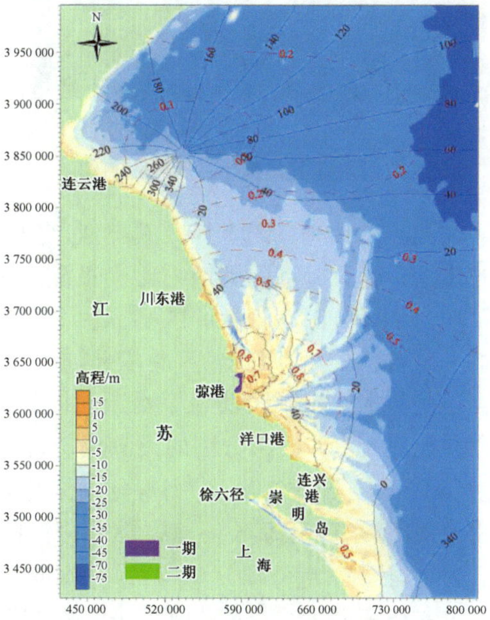

图 4.2-3　江苏沿海 S_2 分潮同潮图

同时，比较不同半日分潮同潮图可以看到，S_2 分潮的同潮图和 M_2 分潮比较相似，同潮图结构相近，但振幅相对较小，S_2 分潮振幅大约为 M_2 分潮的 1/3。此外，废黄河东北部外海区的旋转潮波系统的分布也略有不同，S_2 分潮的无潮点位置(34°48′5″N，120°22′31″E)相比 M_2 分潮有一定幅度的西偏趋势。另外，与 M_2 分潮波相似，S_2 分潮波同样绕无潮点作逆时针旋转，逆时针旋转潮波与江苏南部东海前进潮波在江苏中部沿海相遇，在弶港附近的水域形成潮波辐聚现象。

为说明江苏沿海主要全日分潮波的传播特征，图 4.2-4～图 4.2-5 给出了条子泥一期工程实施后江苏东部沿海的 K_1 分潮及 O_1 分潮的同潮图。图中实线是同潮时线，单位是度(°)；虚线是等振幅线，单位是米(m)。

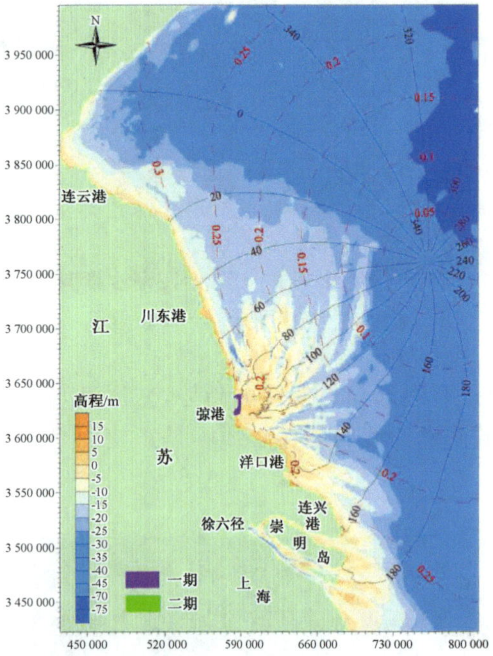

图 4.2-4　江苏沿海 K_1 分潮同潮图

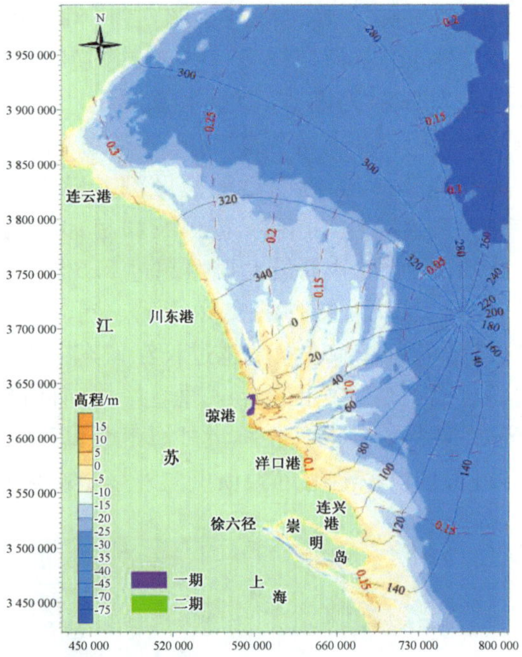

图 4.2-5　江苏沿海 O_1 分潮同潮图

与江苏东部海域的半日潮波类似，全日分潮在江苏沿海的传播在性质上类似沿岸分潮波的传播。全日分潮的周期约比半日潮大一倍，因而，潮波的传播及分布特征、无潮点的位置等均与半日分潮有较大的区别。由全日分潮同潮图可以看出，等振幅线分布与岸线走向基本一致，仅辐射沙洲顶点弶港东部前沿水域受高滩影响，等振幅线走向略有变化，但总体而言还是基本保持岸线及等深线走向一致的趋势。同时，全日分潮在弶港东北部外海区域均存在相应无潮点，K_1 分潮的无潮点位置为(33°56′50″N，122°50′9″E)，O_1 分潮的无潮点位置为(33°28′49″N，122°52′40″E)，分潮波分别绕无潮点作逆时针旋转。此外，与半日分潮振幅相比，江苏东部沿海 K_1 分潮及 O_1 分潮的振幅均相对较小。

另外，比较 O_1 全日分潮与 K_1 分潮同潮图，O_1 全日分潮的潮波系统与 K_1 相似，但无潮点位置有所不同。综合而言，O_1 分潮在江苏东部外海的无潮点有一定幅度南偏，二者振幅则相对较为接近。

此外，无潮点是潮汐分布的一个重要特征。关于无潮点的形成和影响，众多学者有不同的意见。不同的试验显示，在不同海域，无潮点的形成和位置受到不同因素影响有所差异，但归纳起来无潮点的形成主要是入射波与反射波的相互作用决定的。在传播过程中，入射波振幅的大小受到地形、摩擦的影响，科氏力和地形则会影响其传播方向，入射波受各类因素影响在传播过程中发生变形或反射，进而改变入射波的振幅和方向，入射波与反射波叠加之后容易形成驻潮波，此时入射波的形态发生根本性变化，无潮点即是由这些因素共同作用而形成的。

表 4.2-1 给出了江苏东部沿海半日分潮(M_2、S_2)与全日分潮(K_1、O_1)的无潮点位置。

表 4.2-1　江苏东部沿海分潮无潮点位置

M_2		S_2		K_1		O_1	
121°34′15″	34°47′27″	120°22′31″	34°48′5″	122°50′9″	33°56′50″	122°52′40″	33°28′49″

由表可知，江苏东部沿海各个分潮无潮点的位置具有一定的差异，尤其是半日分潮和全日分潮无潮点的位置，偏离尤为明显，并且，半日分潮无潮点的位置基本在全日分潮无潮点位置的西部偏北方向。其中，半日分潮无潮点的位置主要位于废黄河口东北部及偏北方向，而全日分潮无潮点的位置则基本位于弶港以东偏北方向靠近外海海区。此外，全日分潮无潮点的位置则相对较为接近，同理，半日分潮无潮点的位置也相对较为接近。

4.2.2　分潮调和常数

江苏海域位于南黄海西部，整个海域受东海前进潮波系统控制和黄海逆时针旋转潮波的影响。

江苏近海海域是南黄海的一部分，具有独特又相对稳定的潮汐动力环境，其潮汐与潮流反映出外围南黄海带来的一种响应潮波系统和响应潮流场特征，该响应潮波系统为由东海前进潮波和黄海旋转潮波辐聚而成的移动性驻潮波。

这里利用潮汐调和分析方法对江苏沿海潮汐情况进行分析，沿江苏沿海取 14 个典型测站，最北点在连云港附近，最南点在启东附近。14 个点均匀分布在江苏海岸线外，站点位置如图 4.2-6 所示。

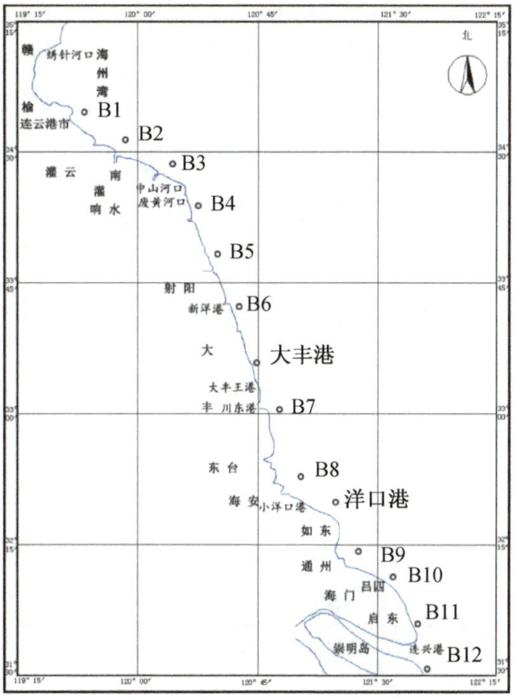

图 4.2-6　站点位置分布图

表 4.2-2 给出了江苏东部沿海中心部位大丰港的分潮以及调和常数结果。

从表中可以看到，在大丰港处，各个分潮中振幅最大的分潮为 M_2 分潮，振幅为 173.32 cm，其次为 S_2 分潮，振幅为 59.39 cm，之后为 N_2 分潮，其余分潮振幅相对这几个分潮都小很多。其余分潮中全日潮分潮最大的为 K_1 分潮，振幅为 24.09 cm，其次为 O_1 分潮，振幅为 15.74 cm。这表明半日潮分潮在大丰港处起主导作用，全日分潮影响很小，这与江苏沿海主要潮汐类型为半日潮相吻合。

表 4.2-2　大丰港主要分潮及调和常数

分潮	振幅 H/cm	迟角 g/(°)
Mm	2.97	50.10
MSf	3.58	63.60
$2Q_1$	1.48	80.00
Q_1	5.87	200.50
O_1	15.74	308.70
M_1	4.34	89.40
P_1	5.21	90.80
K_1	24.09	73.10
OO_1	1.49	11.70
MU_2	23.42	1.90
N_2	33.75	235.80
M_2	173.32	299.20
L_2	27.39	37.70
S_2	59.39	37.00
K_2	16.15	15.70
$2SM_2$ —	4.98	337.60
MO_3	4.55	186.00
M_3	4.48	39.80
MK_3	3.46	319.30
SK_3	1.03	354.70
MN_4	3.75	61.60
M_4	8.98	117.10
SN_4	2.78	105.40
MS_4	8.97	2 310
S_4	1.22	4.80
$2MN_6$	2.54	229.70
M_6	3.32	267.90
MSN_6	3.34	304.10
$2MS_6$	4.99	16.70
$2SM_6$	2.98	124.60

以下主要分析最主要的半日分潮 M_2 和 S_2，以及全日分潮 K_1 和 O_1。所设的分析点分潮情况也大致与大丰港处相近，其主要半日分潮以及全日分潮调和常数见图 4.2-7～图 4.2-8。

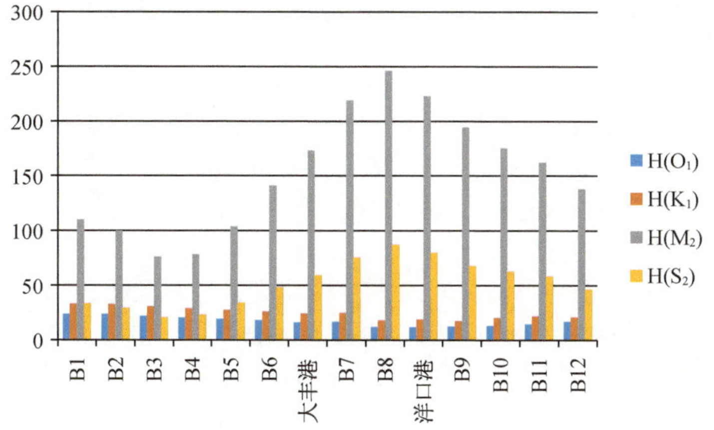

图 4.2-7　各分析点分潮振幅(cm)

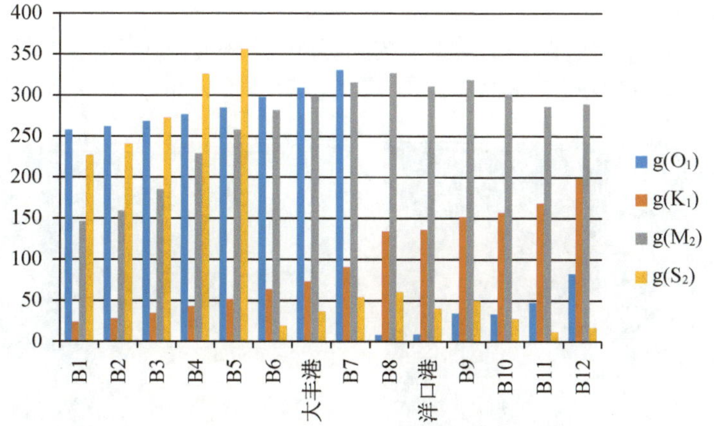

图 4.2-8　各分析点分潮相角(°)

在江苏沿海设置的这些站点中，所有点均是以半日分潮为主，半日分潮中以 M_2 分潮振幅最大，S_2 分潮次之；全日分潮中以 K_1 最大，O_1 次之。M_2 分潮相比于其他分潮，振幅明显较大，表明了江苏沿海分潮以 M_2 分潮为主导。最小的 M_2 分潮振幅为 B3 点的 70.7 cm，最大 M_2 分潮振幅在 B8 点，达到 235.3 cm。

另外，这些站点的分潮存在很明显的沿岸变化特征。从 M_2 分潮振幅来看，从 B1 至 B3 先呈现逐渐减小的趋势，从 B4 至 B8 再逐渐增大，至 B8 点振幅达到最大，接近 250 cm，从 B8 至 B12 又逐渐减小。B8 站点处于最为接近围垦区域位置，也是江苏沿海潮波辐聚位置附近，因此潮差较大，M_2 分潮属于分潮中最主要的分潮，在 B8 也表现为最大。S_2 分潮振幅的分布情况也大致存在这样的趋势，大致以围垦区域为中心向南北减小。而全日分潮 K_1 以及 O_1 则存在相反的变化趋势，在围垦区域也就是潮波辐聚点附近较小，向南北两个方向呈增大趋势。总体来看，可以大致得出这样的结论：江苏沿海潮汐振动中主要以半日分潮为主，在东台海域附近半日分潮振幅最大，同时在半日分潮振幅较大区域全日分潮振幅则较小，两者呈反比关系，以东台附近海域为中心，往南、往北的江苏沿海海域半日分潮逐渐减小，全日分潮则相应增大。

4.2.3 涨落潮流特征

为详细说明江苏沿海潮流分布特征及一个大潮及小潮周期内潮流矢量的变化情况，图4.2-9～图4.2-12给出了江苏东部沿海大潮及小潮期间涨急及落急时刻的流场分布情况，同时，这里还给出了江苏东部沿海大潮及小潮周期内大范围海区的潮流矢量图，具体如图4.2-13～图4.2-14所示。

综合江苏东部沿海大潮和小潮期间的大范围潮流矢量图及涨、落急流场图可知，东部沿海辐射沙洲周边水域的潮流场呈现较为明显的南北差异。沿海北部海域受旋转潮波影响明显，且由于该海区存在半日分潮无潮点，因而，废黄河口东北部附近海域的潮流速相比周边海域的涨落潮流速有所偏小，而南部水域受外海前进潮波直接影响，潮流速矢量相对较大。

此外，辐射沙洲内部水域受辐射状分布的潮汐通道及沙脊限制作用，涨落潮流矢量呈现比较明显的往复流形态。

辐射沙洲北部水域由于受黄海旋转潮波的影响，涨潮时，涨潮流主要沿着辐射沙脊群之间的西洋、平涂洋、陈家坞槽、草米树洋及苦水洋等水道进入条子泥及高泥附近水域，涨潮流

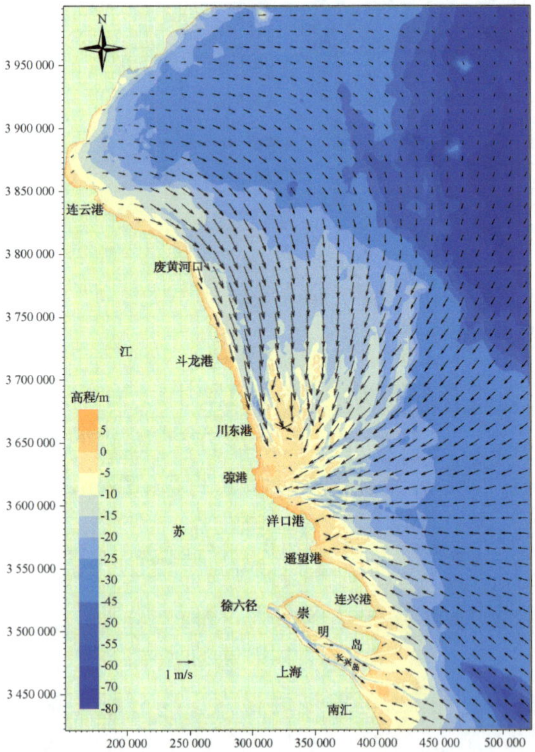

图4.2-9　江苏沿海涨急流场图(大潮)

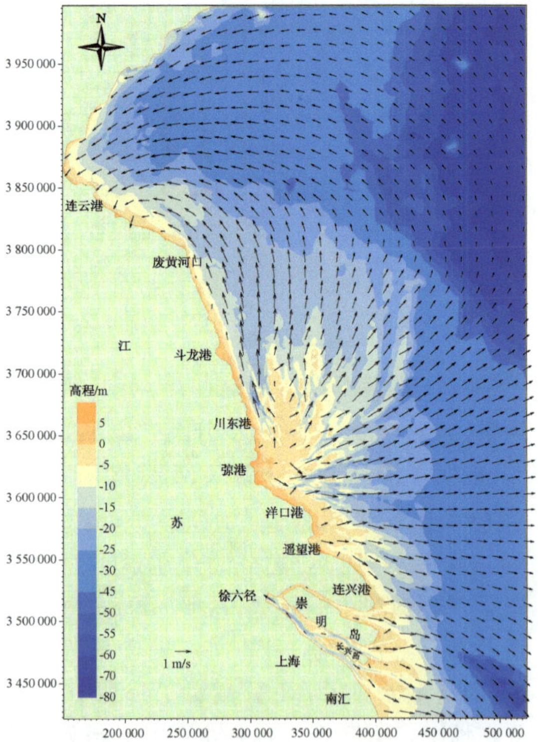

图4.2-10　江苏沿海落急流场图(大潮)

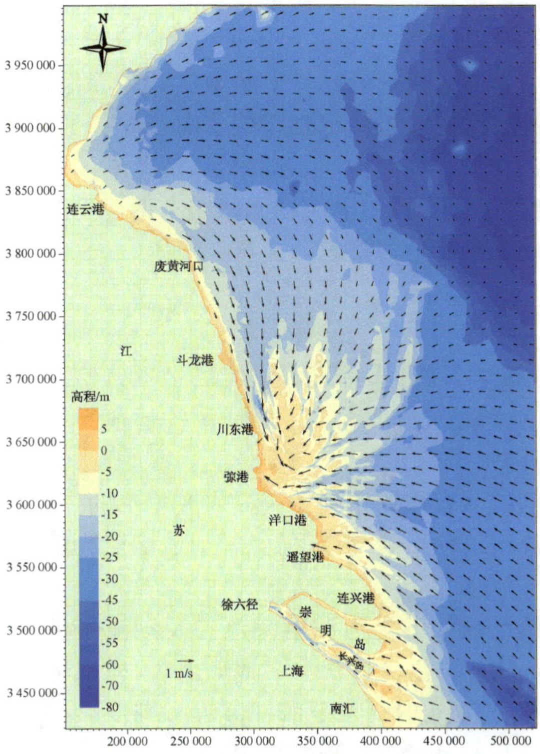

图 4.2-11 江苏沿海涨急流场图(小潮)

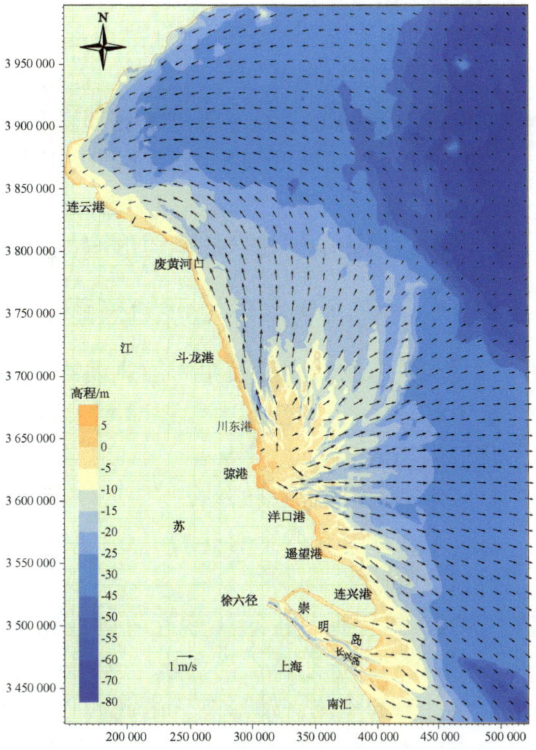

图 4.2-12 江苏沿海落急流场图(小潮)

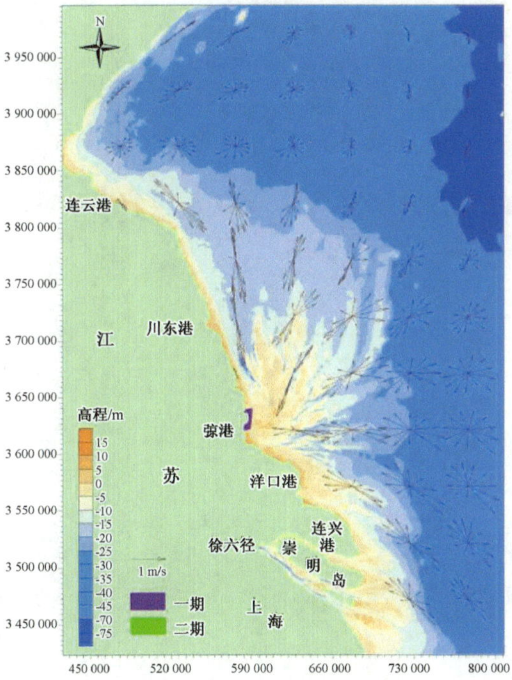

图 4.2-13 江苏沿海大潮潮流矢量图

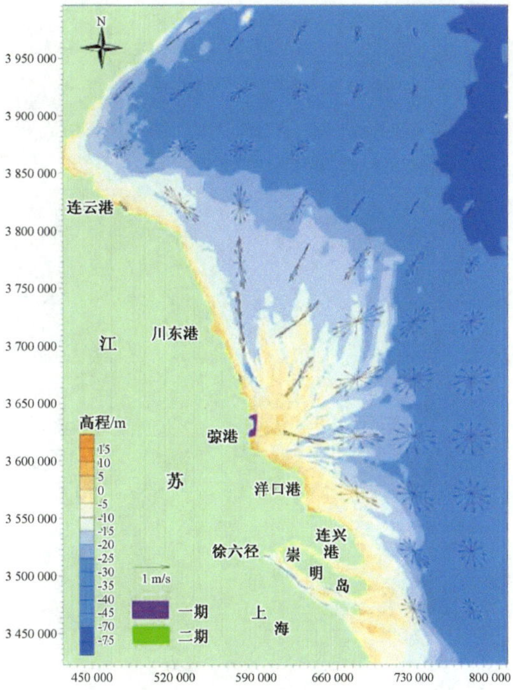

图 4.2-14 江苏沿海小潮潮流矢量图

流向以偏西南方向为主；而辐射沙洲南部水域的涨潮流则由于受东海前进潮波的顶托作用，涨潮时，涨潮流主要沿辐射沙脊群南部的烂沙洋、黄沙洋等水道进入条子泥及高泥附近水域，涨潮流流向以偏西北方向为主。而落潮期间，由于受黄海潮波及东海潮波的共同作用，辐射沙洲水域的落潮流主要呈现北部以北向及偏东北向为主，南部则以偏东南向为主。

总体而言，辐射沙洲水域涨落潮由于受辐射沙脊群之间潮汐通道的限制，涨落潮以弶港为顶点，呈现较为明显的往复流形态，而辐射沙脊群外部水域的潮流场尤其是东南部受东海前进潮波直接影响的海区的潮流形态，呈现较为明显的旋转流形态。

4.2.4 潮流场与水下地形的关系

受南黄海旋转潮波及东海前进波在弶港汇聚影响，江苏东部近海潮流场呈现典型的辐射状流场，这恰恰与江苏中部近岸海区的辐射状沙脊群构成的潮滩-沙脊-潮汐通道系统的形状极为相似。

多年来，关于辐射状沙脊与辐射状潮流场之间的互成作用机理始终是研究争论的焦点，一直以来主要存在两个对立的观点：①局部地形决定了辐射状潮流场；②辐射状潮流决定了辐射状沙脊群。

为此，这里通过构筑江苏近海潮波模型，模拟反演江苏沿海涨落潮流态及潮汐矢量变化，并借此对江苏东部沿海的水下地形进行平滑分化，弱化辐射状水下地形地貌，模拟平滑地形条件下的潮流涨落形态。由此，对现状地形及平滑地形背景下的江苏近海潮汐形态及无潮点位置进行比较分析，明确地形变化对潮汐特征及无潮点变迁的影响。

图 4.2-15～图 4.2-22 给出了现状水下地形及平滑水下地形条件下的江苏近海潮动力环境的比较情况。

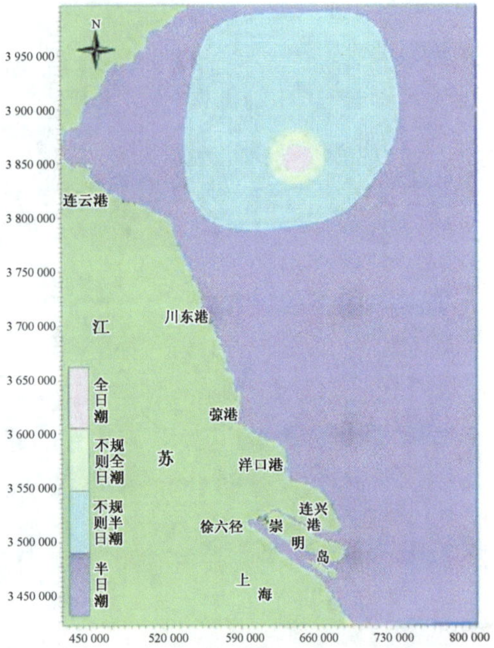

图 4.2-15 潮汐形态(现状地形)

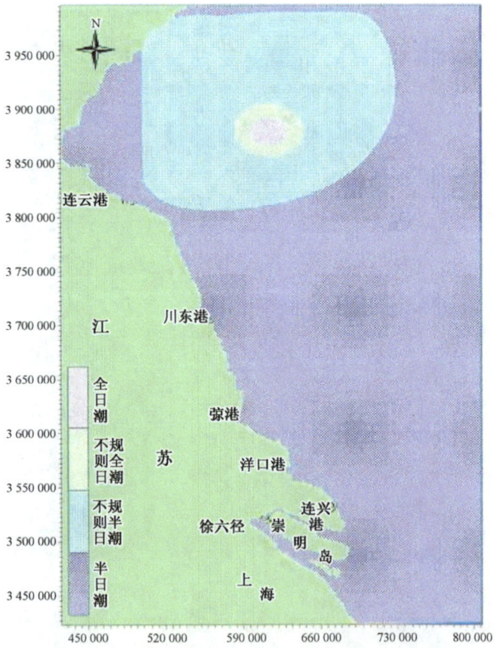

图 4.2-16 潮汐形态(平滑地形)

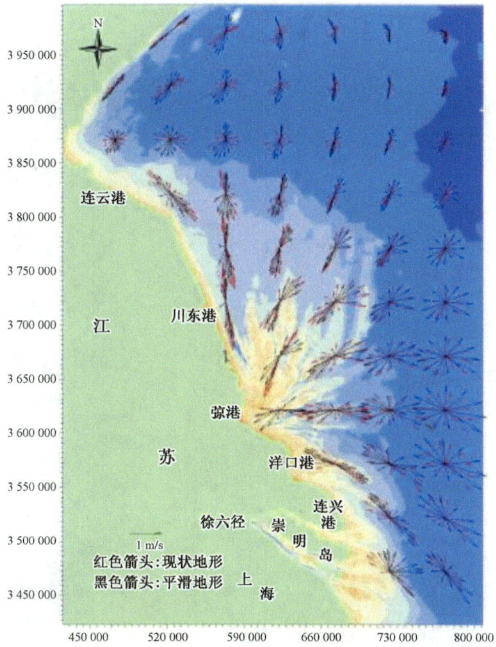

图 4.2-17　潮汐矢量差异(大潮)

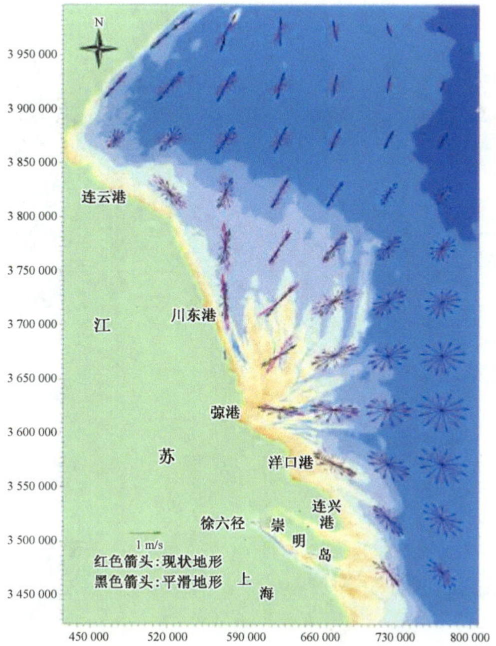

图 4.2-18　潮汐矢量差异(小潮)

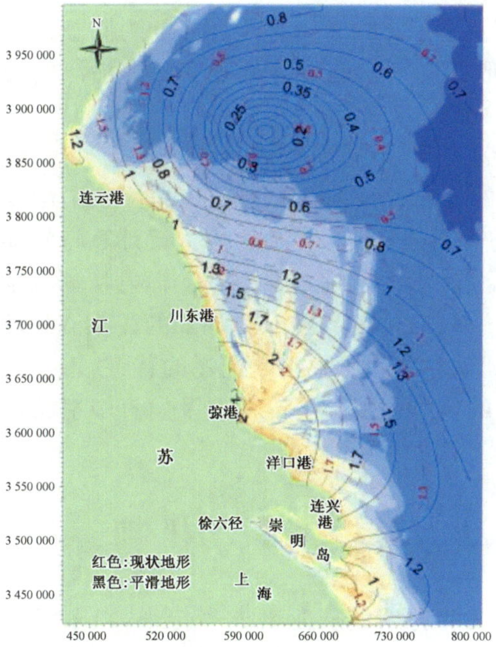

图 4.2-19　M_2分潮振幅

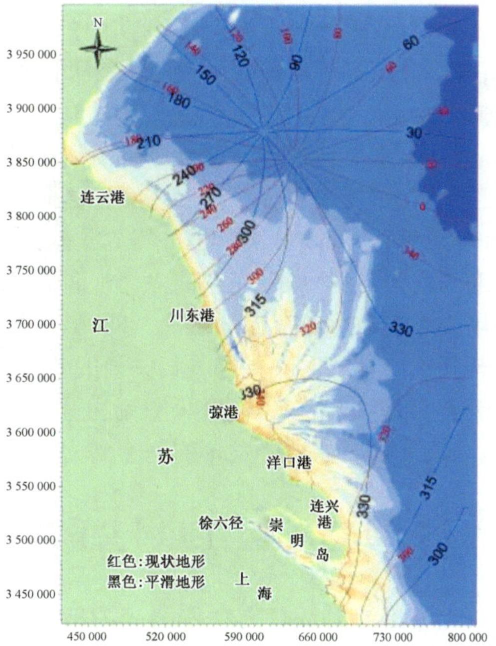

图 4.2-20　M_2分潮迟角

结果表明，辐射状水下地形对于江苏沿海潮汐形态特征没有本质的影响，水下地形的改变仅仅局部改变了江苏东部不规则半日潮、不规则全日潮及全日潮的范围，但并没有改变江苏东部沿海以半日潮为主的特性。

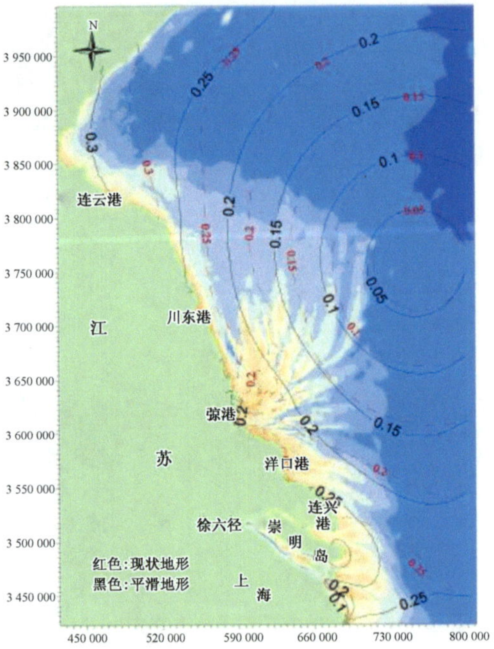

图 4.2-21　K_1分潮振幅

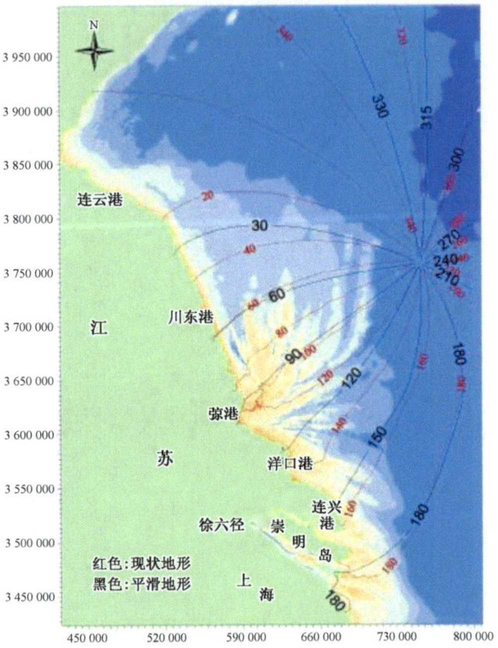

图 4.2-22　K_1分潮迟角

此外，江苏沿海大潮及小潮期间的潮汐矢量的变化、半日分潮和全日分潮同潮图的差异、各个分潮无潮点位置的变迁均表明，水下地形的变迁未能显著地改变江苏沿海的潮汐矢量。

因而，水下地形不是江苏东部沿海潮波独特潮波形态的主要影响因子。

事实上，夏综万等[14]采用粗网格（掩盖海底的沙脊、海沟之类的信息，只反映出渐变海底地形）对黄海 M_2分潮模拟亦得到了辐射潮流分布形态；朱玉荣等[15]用接近计算自然陆架坡度的均匀倾斜海底（完全消除海底沙洲地形对潮流场的影响），亦得到了辐射状潮流场不依赖于海底地形而存在的结论。同时，诸裕良等[16]和宋志尧[17]也认为局部的往复流和环流也有利于沙脊的形成。这些相关研究均反映了潮动力独立于辐射状流场的特性，也一定程度上表明海域大潮差、辐射状潮流场及一定强度的定向往复流可能营造及发育辐射状沙脊群，潮流是辐射沙脊群发育的基本动力。

4.3　长江口与江苏近海动力环境的联动机制

江苏沿海海域具有独特的潮汐环境。太平洋前进潮波从东南方向传来，经东海大陆架，到南黄海主潮波转北向继续传往北黄海，再转向西传入渤海；南黄海部分前进潮波遇到山东半岛南侧岸壁发生反射，并往东南偏南方向传播。前进潮波和反射潮波系统在江苏沿海海域辐合，在废黄河口外出现无潮点，并形成环绕无潮点的逆时针旋转潮波系统。旋转潮波与前进潮波两个系统相遇，在江苏沿海南部海域辐聚，沿弶港向东北一带海域形成驻潮波波辐区。研究表明，辐射沙脊群的水动力环境是形成辐射沙洲独特水下地形地貌的重要原因。

长江口位于江苏南部，呈三级分汊、四口入海形态。长江口年水沙入海量巨大，对于河口及邻近海域的水沙环境具有重要影响。鉴于长江口和江苏东部海域的地理位置特征，现阶段长江口和江苏东部沿海水动力场的互馈响应机制受到越来越大的关注。为此，为探究影响辐射沙脊群动力环境的各种因素，将濒临江苏沿海的长江入海径流动力作为研究对象，进行了长江入海径流作用下江苏沿海分潮特征的影响分析，探究长江口径流动力对江苏沿海动力环境的作用权重。

4.3.1 半日分潮

图 4.3-1 给出了有、无长江径流(年平均径流量)影响下江苏东部沿海 M_2 分潮同潮图。图中实线是同潮时线，单位是度(°)；虚线是等振幅线，单位是米(m)。

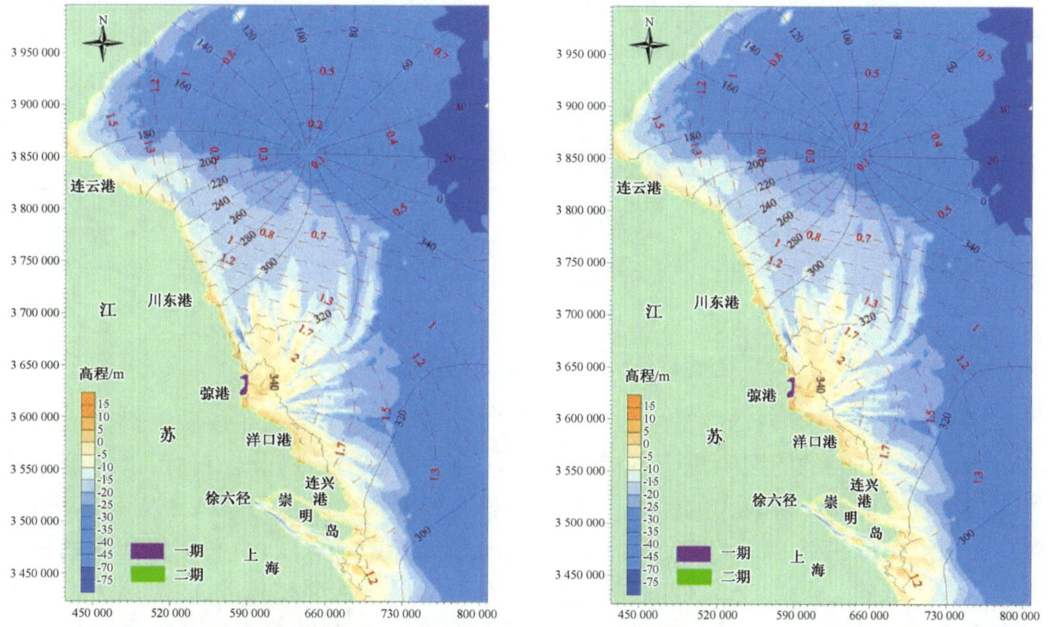

(a) 有长江口径流　　(b) 无长江口径流

图 4.3-1　江苏沿海 M_2 分潮同潮图

由图可知，半日潮波在江苏东部沿海存在一个旋转潮波系统，各同潮时线在废黄河口外东北部海域绕某一中心点作逆时针旋转，其中心为分潮无潮点，且无潮点附近潮差最小。弶港和洋口港岸外，北部旋转潮波和南部前进潮波在此辐聚，半日分潮最大振幅显著增大，这反映了该海区潮动力强劲的实际情况。

同时，当南部前进潮波越过长江口东部海区后，同潮时线不是以平推的形式垂直岸线向前推进，而是有逐渐向岸偏转的趋势，并逐渐与来自北部海域的旋转潮波在弶港外海汇合，因此，该海域同潮时线与等振幅线不是正交而是趋于一致，并且以弶港附近为顶点向外呈半圆形状。

比较表明，长江入海径流难以显著改变江苏沿海的半日分潮的基本特征。

4.3.2 全日分潮

图 4.3-2 为有、无长江径流影响下江苏东部沿海的 K_1 分潮的同潮图。

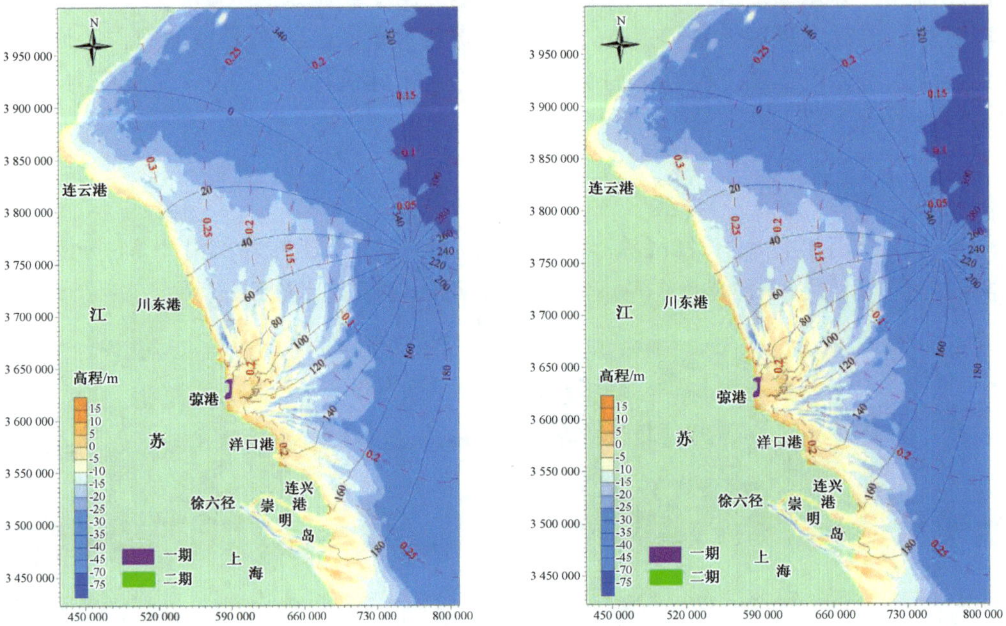

(a) 有长江口径流　　　　(b) 无长江口径流

图 4.3-2　江苏沿海 K_1 分潮同潮图

与江苏东部海域的半日潮波类似,全日分潮在江苏沿海的传播在性质上类似沿岸分潮波的传播。全日分潮的周期约比半日潮大一倍,因而,潮波的传播及分布特征、无潮点的位置等均与半日分潮相比有较大的区别。全日分潮的等振幅线分布与岸线走向基本一致,仅辐射沙洲顶点弶港东部前沿水域受高滩影响,等振幅线走向略有变化,总体保持岸线及等深线走向一致的趋势。同时,全日分潮在弶港东北部外海区域均存在相应无潮点,分潮波绕无潮点作逆时针旋转。与半日分潮振幅相比,江苏东部沿海 K_1 分潮振幅相对较小。

比较表明,长江入海径流难以显著改变江苏沿海的全日分潮的基本特征。

第 5 章

江苏近岸波浪特征及影响要素

5.1 波浪特征演化

5.1.1 重现期有效波高分布规律

根据历年台风路径数据资料，选取 1973—1992 年间对工程海域有效影响范围 500 km 的台风过程作为计算域的初始数据，并分析工程海域的极值风况，作为波浪数学模型的输入条件，计算得到工程海域的波高、有效周期和波向等参数。

统计 1973—1992 年不同波向(NNE-ESE)有效波高的年极值。根据波浪年极值结果，通过皮尔逊Ⅲ型方法推算工程海域各水深处各向不同重现期的有效波高和平均周期。

根据连云港西连岛大西山海洋站(34°47′N，119°26′E；水深约 8.6 m)1960—2003 年实测波高($H_{1/10}$)资料，按皮尔逊Ⅲ型曲线法统计不同波向设计波高，见表 5.1-1。

表 5.1-1 西连岛波浪要素计算验证结果(m)

方向	重现期	统计值 $H_{1/10}$	统计值 $H_{1/3}$	计算值 H_S
E	25 年一遇	2.69	2.23	2.56
E	50 年一遇	3.00	2.50	2.83
NE	25 年一遇	4.03	3.41	3.14
NE	50 年一遇	4.41	3.76	3.34
NNE	25 年一遇	4.34	3.70	3.74
NNE	50 年一遇	4.70	4.03	4.10

根据吕四海洋站(32°30′N，121°37′E；水深约 13 m)1968—1990 年实测波高($H_{1/10}$)资料，得到不同方向重现期波高(不计台风浪)，将 NSW 模型计算得到的值与实测统计值进行比较，验证结果见表 5.1-2。

表 5.1-2 吕四波浪要素计算验证结果(m)

方向	重现期	统计值 $H_{1/10}$	统计值 $H_{1/3}$	计算值 H_S
E	50 年一遇	2.77	2.26	2.42

续表

方向	重现期	统计值 $H_{1/10}$	统计值 $H_{1/3}$	计算值 H_s
NE	50 年一遇	3.29	2.68	2.35
NNE	50 年一遇	3.04	2.48	2.47

波浪条件主要为海堤和码头等整治设施提供设计条件，根据江苏岸线特征及风浪条件，以江苏东部岸线中部的条子泥为例，采用 NSW 模式计算主要浪向设计波浪条件。

结果参见图 5.1-1、图 5.1-2，重现期 50 年最大有效波高出现在 NNE 向。

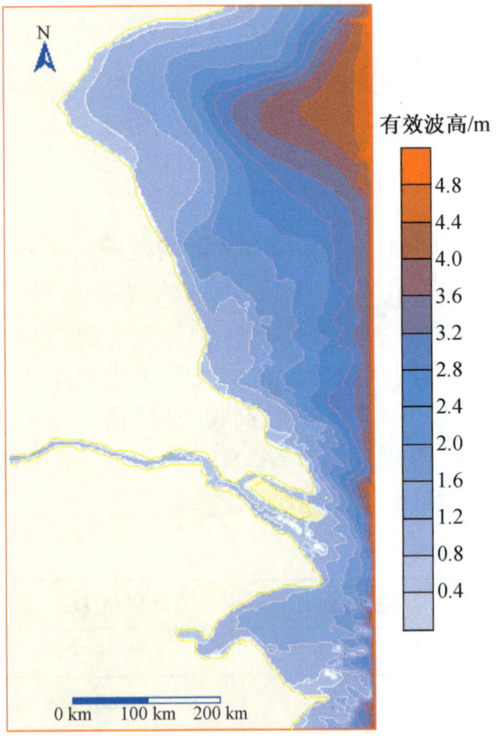

图 5.1-1　重现期 50 年一遇有效波高分布图（E 向）

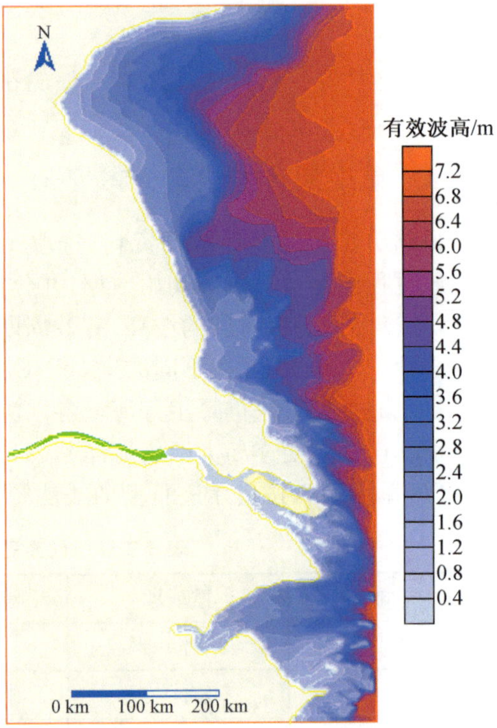

图 5.1-2　重现期 50 年一遇有效波高分布图（NNE 向）

5.1.2　风浪场季节变化特征

江苏地处温带与北亚热带的过渡地带，季风明显，受大气环流和地理位置的共同影响，常年盛行风向存在明显的季节性变化，夏季（11 月—翌年 2 月）盛行 SSE 风，冬季（5—8 月）盛行 N-NNE 风，风浪场具有显著的季节变化特征。

由于江苏沿海的春、秋季节更替较快，分别将春季与夏季统一分析，秋季与冬季统一分析。

利用海表风场大丰站外海 1994—2012 年（一日 4 次）共 19 年风况资料，分别统计春夏季节（3 月 1 日—8 月 31 日）和秋冬季节（9 月 1 日—2 月 28 日）的风速数据，并计算春夏季节 SE-SSE 向和秋冬季节 N-NNE 向平均风速以及平均波要素，采用波浪数学模型分别模拟江苏沿海春夏季节和秋冬季节的风浪场，分析江苏沿海风浪场的季节变化规律。

江苏沿海春夏季节以东南风为主，平均风速 5.27 m/s。常浪向为 SSE 向，频率为 12.2%，次常浪向为 SE 向，频率为 11.5%。模型边界 SE-SSE 向平均有效波高和平均周期分别为 0.73 m 和 3.4s。在常风向和常浪向作用下，春夏季节江苏沿海水域的平均有效波高均不超过 1 m(图 5.1-3)，条子泥北部受到东沙和高泥的掩护，平均有效波高仅为 0.4 m。

江苏沿海秋冬季节以北风为主，平均风速 6.6 m/s。常浪向为 N 向，频率为 15.1%，次常浪向为 NNE 向，频率为 13.8%。模型边界 N-NNE 向平均有效波高和平均周期分别为 1.12 m 和 3.9s。在常风向和常浪向作用下，该水域秋冬季 N-NNE 向平均有效波高(图 5.1-4)大于春夏季，受掩护采样点平均有效波高为 0.6 m，其他区域平均有效波高均在 1 m 左右。

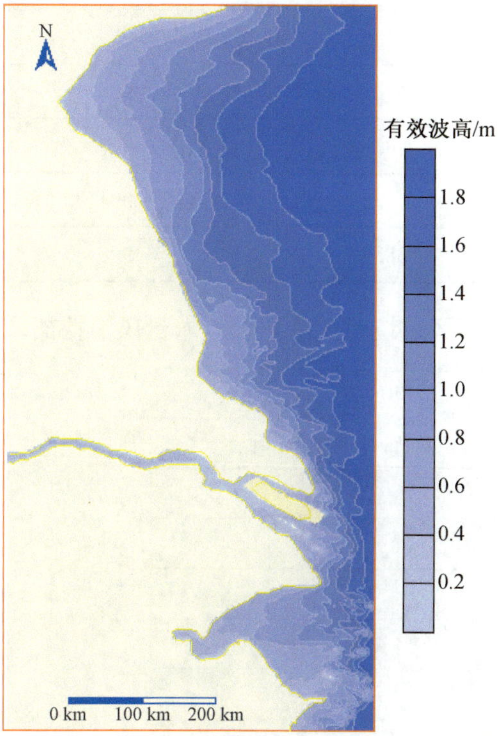

图 5.1-3　SE-SSE 季风期间江苏沿海水域的有效波高分布图

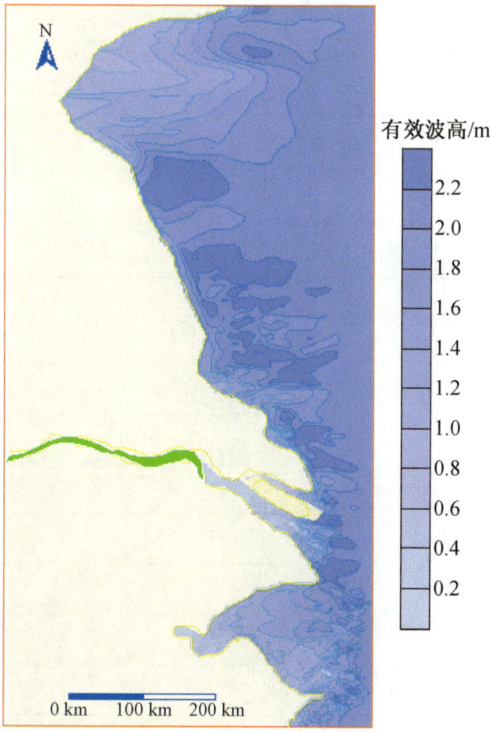

图 5.1-4　N-NNE 季风期间江苏沿海水域的有效波高分布图

5.1.3　台风浪特性分析

针对具体的台风个例，这里以 2012 年正面登陆江苏沿海的“达维”台风过程为例，说明台风过程中江苏沿海的台风浪场，并分析其特点。

2012 年第 10 号台风于 7 月 28 日 20 时在日本东京东南方向约 1 330 km 的西太平洋洋面生成，7 月 31 日 8 时加强为强热带风暴，8 月 1 日 8 时加强为台风，下午进入黄海，强度继续加强，台风“达维”于 8 月 2 日 21 时 30 分前后在江苏省响水县陈家港镇沿海登陆。登陆时中心最大风力 12 级(35 m/s)。

之后，“达维”于 8 月 3 日 1 时在江苏省连云港市减弱为强热带风暴，4 时进入山东省，9 时在山东沂源县减弱为热带风暴，4 日凌晨 2 时进入渤海，之后强度继续减弱。

台风参数见表 5.1-3。

表 5.1-3　201210 号“达维”台风参数

时间	东经/(°)	北纬/(°)	中心气压/hPa
2012-08-02　2:00	126.8	31.9	970
2012-08-02　8:00	124.7	32.6	970
2012-08-02　14:00	122.1	33.8	960
2012-08-02　20:00	120.4	34.4	965
2012-08-03　2:00	119	34.8	985
2012-08-03　8:00	118.2	36	988
2012-08-03　14:00	117.7	36.9	993
2012-08-03　20:00	117.9	37.6	994
2012-08-04　02:00	118	38.2	998

图 5.1-5～图 5.1-7 给出了 201210 号“达维”台风过境时江苏东部近海台风浪特征。

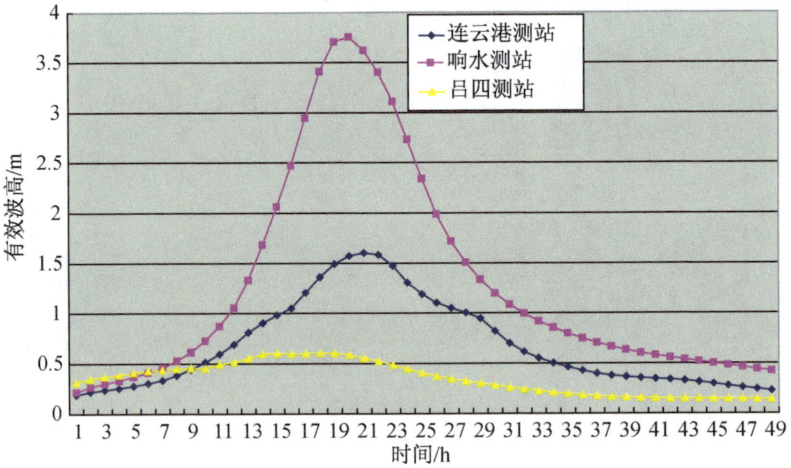

图 5.1-5　“达维”台风江苏三测站台风浪过程线

由图可以看出，“达维”台风在 8 月 1 日下午进入黄海后，江苏沿海的波浪随着台风的移动而迅速加强，在 8 月 2 日 2 时，江苏沿海的波浪已受到台风的影响。在 8 月 2 日 21 点 30 分左右，“达维”在江苏省响水县陈家港镇沿海登陆，此时响水测站有效波高达到了极值，为 3.75 m，连云港测站的有效波高为 1.57 m，吕四测站的有效波高为 0.58 m。尽管“达维”台风在登陆时的速度为 40 m/s，但其 7 级风圈半径一直小于 200 km，因此除了离台风中心较近的响水测站与连云港测站的有效波高较大外，离台风中心较远的吕四测站的有效波高只有 0.58 m。“达维”台风登陆后，减弱为强热带风暴；此时江苏沿海的台风浪强度快速减弱。此次“达维”台风主要影响的是江苏北部海域，江苏南部海域受到的影响较小，吕四站的最大有效波高为 0.52 m。

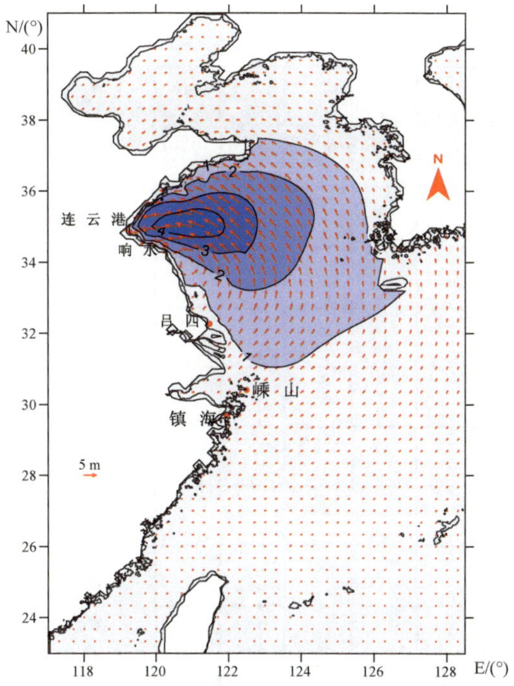

图 5.1-6 "达维"台风 8 日 2 时波矢图

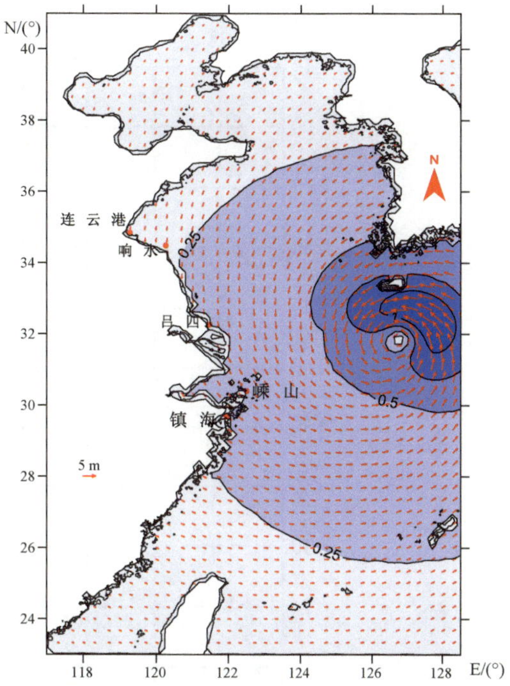

图 5.1-7 "达维"台风 8 日 22 时波矢图

此外，对 5 个典型台风路径(208509，209414，200205，200807，201210)的台风浪数值模拟同样表明，不管是哪种路径的台风(有的台风过程都发生在海洋，有的台风过程先登陆、后在江苏沿海入海，有的直接登陆江苏岸线，有的经过江苏海域但不直接登陆)都会对江苏沿海的风浪场起到明显的作用，特别是正面登陆江苏岸线的台风。201210 号"达维"台风，其登陆时台风中心的风速为 38 m/s，响水站的实测波高达到了 3.75 m，造成了较大的的台风浪灾害。其余 4 个台风，在江苏沿海也造成了不小的风浪场。

5.2 波要素敏感性影响分析

5.2.1 水位的影响

为了研究水位对斜坡水深地形的风浪相对有效波高的影响，通过设置不同的水位增量(0 m、10 m、15 m 和 20 m)分别对波浪模型进行计算，水位增量的选择主要参考多数沿海区域斜坡式地形设计高水位下的水深情况，近岸区域高水位下水深基本在 10～20 m 左右。此处最小水位增量取 10 m，即最小水深为 11 m，并依次取水位增量为 15 m 和 20 m，则对应的最小水深依次为 1 m(水位增量为 0)，11 m，16 m 和 21 m。

图 5.2-1 给出了不同水位增量背景下入射波浪的变化情况。

观察图中近岸区域相对有效波高发现，增大水位后，相对波高在近岸处受到的影响最大，而外海深水区域处基本不变。

当水位增量从 0 m 变为 10 m 时，近岸水深由 1 m 增加到 11 m，近岸最小相对有效波高

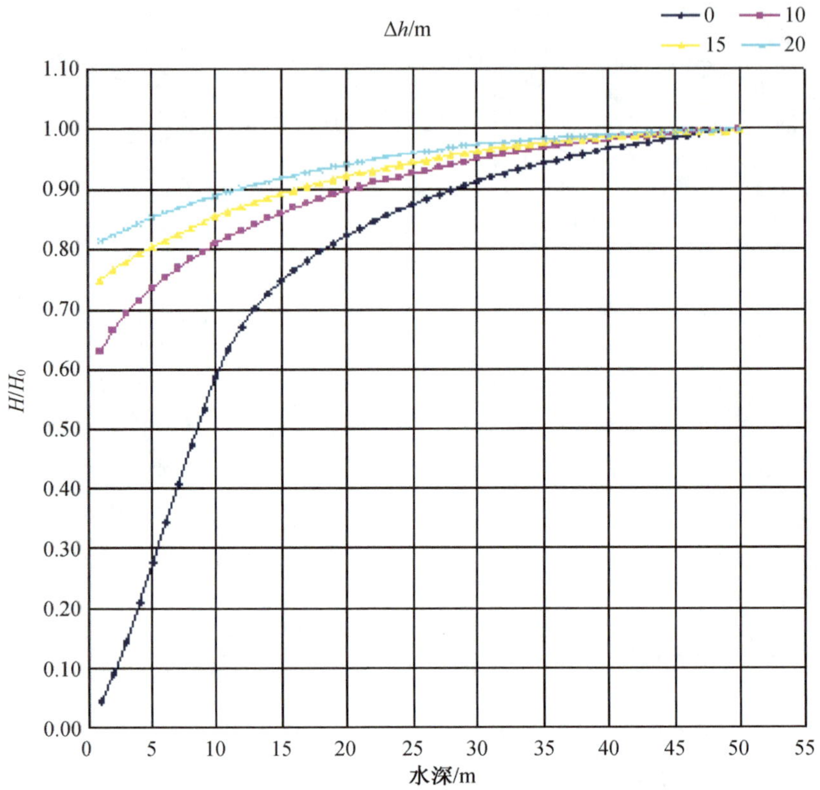

图 5.2-1　正向入射多个水位增量相对有效波高沿程变化图

由 0.05 增加到 0.62；而当水位增量从 10 m 变为 20 m 时，近岸水深从 11 m 增加到 21 m，近岸最小相对有效波高仅仅增加了 0.19，其中，近岸最小水深从 11 m 增加 5 m 后相对有效波高增加了 0.12，近岸最小水深从 16 m 增加 5 m 后，相对有效波高增加了 0.06，远小于 0.12。即水深越大，相对有效波高受到水位的影响越小。

这表明，斜坡水深地形近岸区域水位增大到一定程度后，近岸相对波高变化甚微。分析原因可知，由于水位的增加，决定近岸极限波高对应的破碎水深值也增大，则近岸极限波高相应增大，而当水深增加到一定程度且超过极限破碎水深时，水位的增加对极限波高的影响很小。

实际的沿海近岸区域 50 年一遇水位与 25 年一遇水位差值一般不超过 1 m，甚至远小于 1 m，对于在高水位下对应的水深大致在 10～20 m 范围内的海域，若将相对有效波高增量 0.12 等分为 5 组，重现期水位对近岸相对波高的影响小于、甚至远小于 0.024，即较高水位时，重现期水位的变化对近岸风浪相对有效波高基本没有影响。

5.2.2　深水波要素的影响

实际工程中为简化波浪模拟过程，模型中将深水波要素分布形态近似为沿着外海深水边界等值分布，但是，此假定忽略了深水波要素分布形态对风浪模拟结果的影响。为此，在外海深水边界处分别设置波要素等值分布和线性变化分布进行计算，探讨线性变化分布中深水边界处波高从北向南由 6 m 线性减小到 3 m 与等值分布对海域内波浪场的影响。

图 5.2-2 给出了不同入射角多个深水波要素分布相对有效波高沿程变化情况。

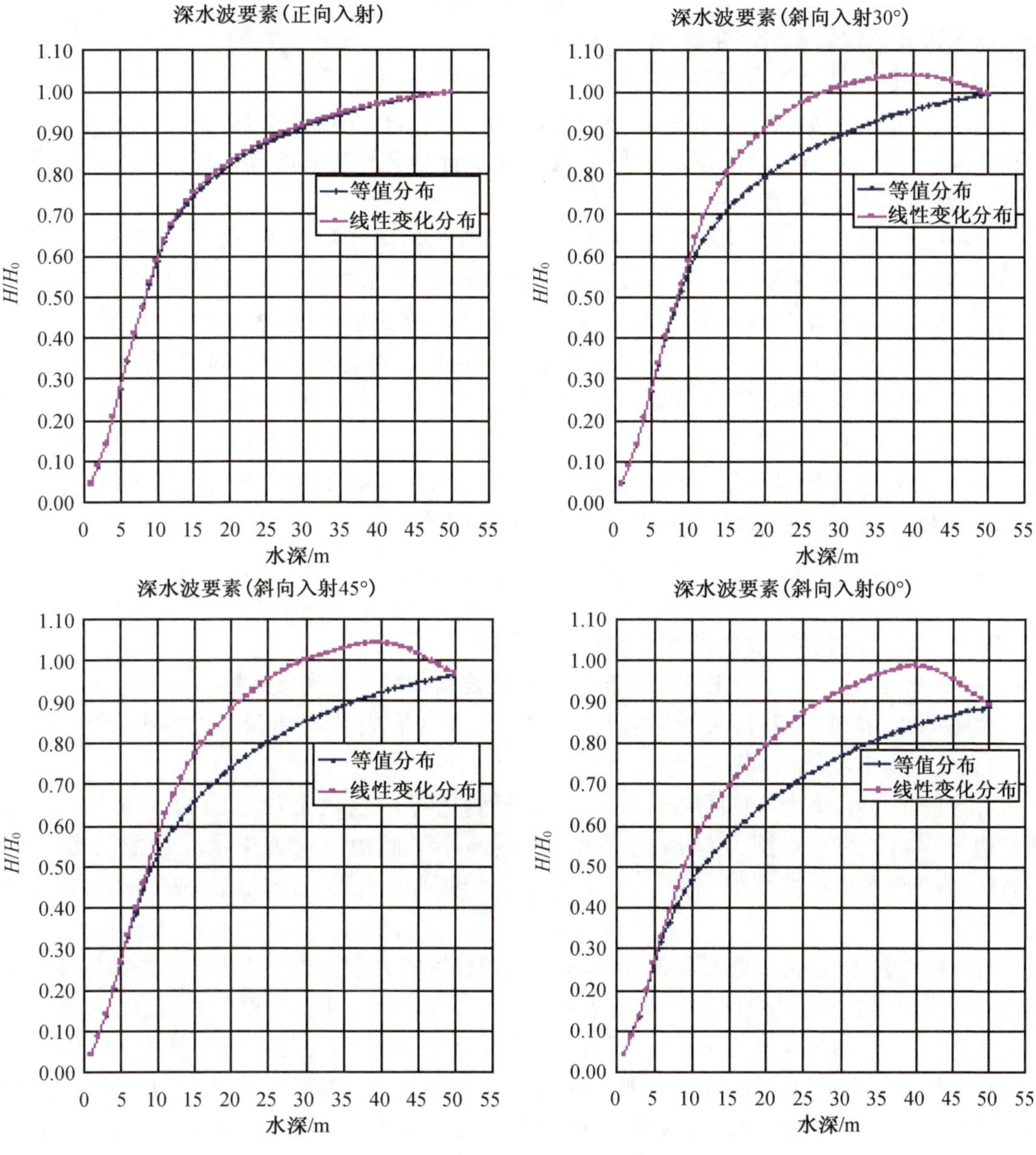

图 5.2-2　不同入射角多个深水波要素分布相对有效波高沿程变化图

对比图中相对有效波高沿程变化曲线可知,外海深水边界为线性变化分布时,相对有效波高沿程变化曲线从外海到近岸呈现先增大后减小的趋势,且增幅明显;对比不同入射角情况下两种外海深水边界分布对应的相对有效波高沿程变化曲线发现,随着入射角的增大,两条曲线差异越来越大,并且差异逐渐从外海扩展到近岸浅水区域,而外海深水边界处基本不变;随着入射角的增大,线性变化的外海深水边界分布对沿程相对波高影响范围有所增加,而该影响使得影响范围内沿程相对有效波高偏大或偏小的性质取决于入射角来风偏向侧外海有效波高的相对大小，即此处入射角来风偏向为北侧，外海深水边界处北侧有效波高相对于均值较大，故线性变化分布时影响范围内相对有效波高偏大；当入射角小于等于 45°的情况下，影响范围内最小水深在 10 m 左右，即斜向入射角较小时，近岸浅水区域基本上不受到外海深水边界风浪要素分布的影响。

结果表明：①外海深水边界呈线性变化分布时，深水海域相对有效波高受到很大程度的影响，而近岸浅水海域受到的影响很小，仅在入射角较大的情况下会对 10 m 以内水域的相对有效波高产生影响；②外海深水边界呈线性分布时对沿程相对波高的影响范围与入射角有关，入射角越大，影响范围越大。

分析原因可知，外海深水边界为线性变化分布时，斜向入射情况下，外海深水边界北侧较大波高传播到研究区域中心引起深水区域相对有效波高增大，在底摩阻和波浪折射作用下，沿程相对波高又呈现减小的趋势，随着传播历程的增加并伴随着风浪的一系列折射、底摩阻、破碎和风浪之间的相互作用后，边界处带来的波高能量的差异逐渐消减，因而受到深水边界风浪分布情况影响的范围主要集中在深水海域。由前文已知，入射角会对沿程相对有效波高产生影响，而不同的外海深水边界分布下对应的沿程相对有效波高对入射角的敏感度不同，深水边界处呈等值分布情况下受到入射角的影响较线性分布情况下的更大，因此入射角越大，沿程相对有效波高受到边界影响的范围越大。

5.2.3　风的作用

5.2.3.1　风对侧边界风浪要素条件敏感度的影响

图 5.2-3～图 5.2-4 给出了风对侧边界风浪要素条件的敏感度影响。

由图可知，有风作用时，入射角越大，近岸区域相对有效波高受到侧边界影响的范围越大，与无风时具有相同的规律特性。

对比图中入射角为 60°的情况，无风时受到侧边界影响的最小水深为 3 m，有风时受到侧边界影响的最小水深为 5 m，说明风的作用减小了侧边界对近岸水深范围的影响；近岸破碎后的最小相对波高值仍为 0.05 m 左右，说明风的作用不影响最小破碎相对有效波高大小。

观察图中波要素沿程变化规律可知，有风作用、斜向入射，侧边界处设与外海深水边界处相同的入射方向时，外海深水边界最大相对有效波高小于侧边界考虑为透浪的情况。当入射角为 60°、侧边界考虑为透浪情况时，外海深水边界处最大相对有效波高从无风时的 0.9 m 增大到有风时的 0.99 m，而当侧边界考虑为与外海深水边界同向入射、H_s=3 m、入射角为 60°的情况时，外海深水边界处最大相对有效波高从无风时的 0.95 m 增大到有风时的 0.96 m，增幅很小，说明在侧边界考虑为透浪条件、斜向入射时，风的作用增强了进入模型模拟区域的风浪能量百分比，而对另一种侧边界情况下进入模型模拟区域的风浪能量百分比影响很小，进一步说明，斜向入射情况下，风的作用仅对侧边界为透浪情况下外海深水边界最大相对有效波高产生影响。

有风情况下，不同侧边界正向入射对应的沿程相对波高的变化趋势基本不变，均呈现逐渐减小的趋势，见图 5.2-4。对比正向入射下、有风和无风情况时各侧边界相对有效波高沿程变化曲线发现，由于风能的持续输入，深水区域减小单位水深后相对波高的降幅减小，沿程相对波高的曲线更平缓，近岸浅水区域减小单位水深后相对波高的降幅增大，沿程相对波

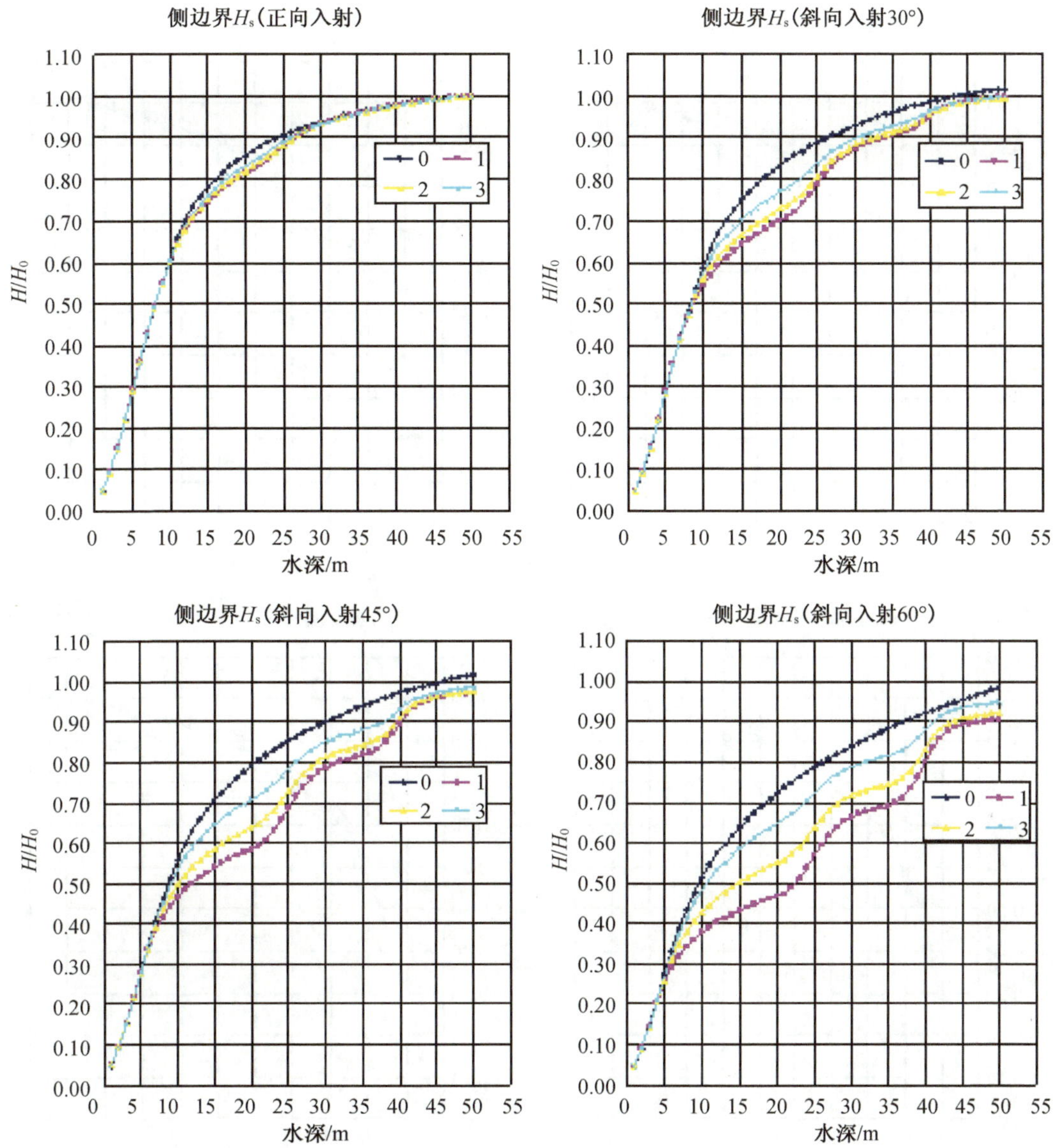

(注：图例中“0”代表侧边界考虑为透浪边界，“1”、“2”、“3”代表侧边界输入有效波高值，单位为 m)

图 5.2-3 不同入射角多个侧边界取值相对有效波高沿程变化图

高的曲线更陡，外海深水边界最大相对波高没有变化，说明风的作用减缓了风浪能量的耗散过程，且正向入射时外海深水边界最大相对波高不受风的影响。

5.2.3.2 风对水位条件敏感度的影响

图 5.2-5 给出了风对水位条件的敏感度影响。

观察图可知，随着水位增量的增加，有风情况下外海深水区域相对波高呈现增长趋势，水深的增加使得外海深水区风浪在风的作用下得到更好的发展，且底摩阻对风浪的作用也相应减小，相对波高有所增加，而随着沿程水深的减小，底摩阻和波浪折射作用强于风的作用，沿程相对波高呈减小趋势。在风的作用下，水位增量越大，外海深水区域沿程相对波高

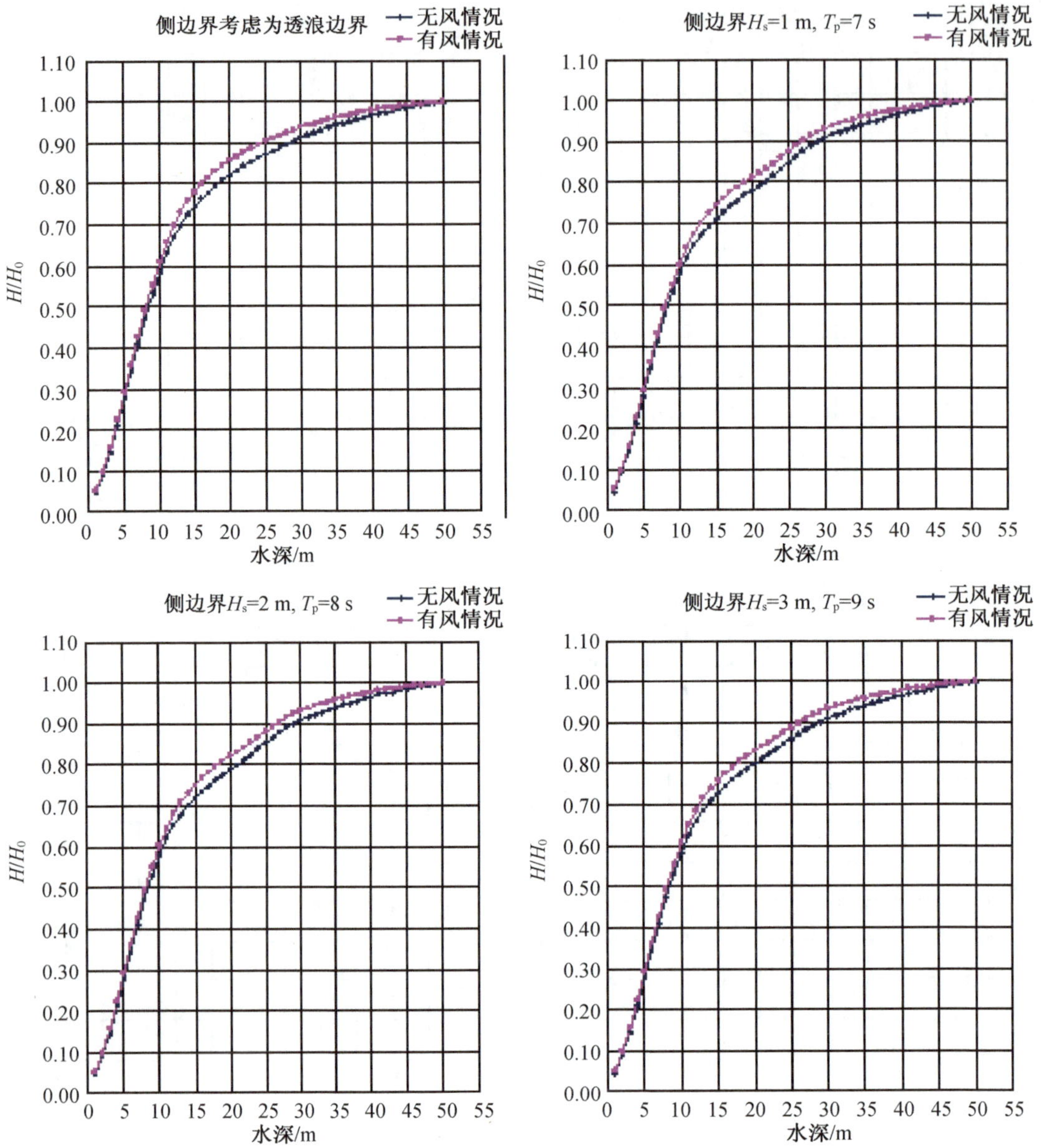

图 5.2-4　正向入射各侧边界不同风况相对有效波高沿程变化图

由增大趋势变为减小趋势的转折水深就越小。

5.2.3.3　风对深水波要素分布形态条件敏感度的影响

图 5.2-6～图 5.2-7 给出了风对深水波要素分布形态条件敏感度的影响。

由图发现，有风作用下，外海深水边界呈线性变化分布时，相对有效波高沿程变化曲线从外海到近岸仍呈现先增大后减小的趋势，但增幅增大；外海深水边界呈等值分布时，相对有效波高沿程变化曲线从外海到近岸仍呈现逐渐减小的趋势，不同的是，斜向入射下沿程减小单位水深对应的相对波高降幅增大。且随着入射角增大，风的作用均对两种外海深水边界分布下深水边界处最大相对有效波高的影响幅度增大，有风、无风情况下近岸最小破碎相

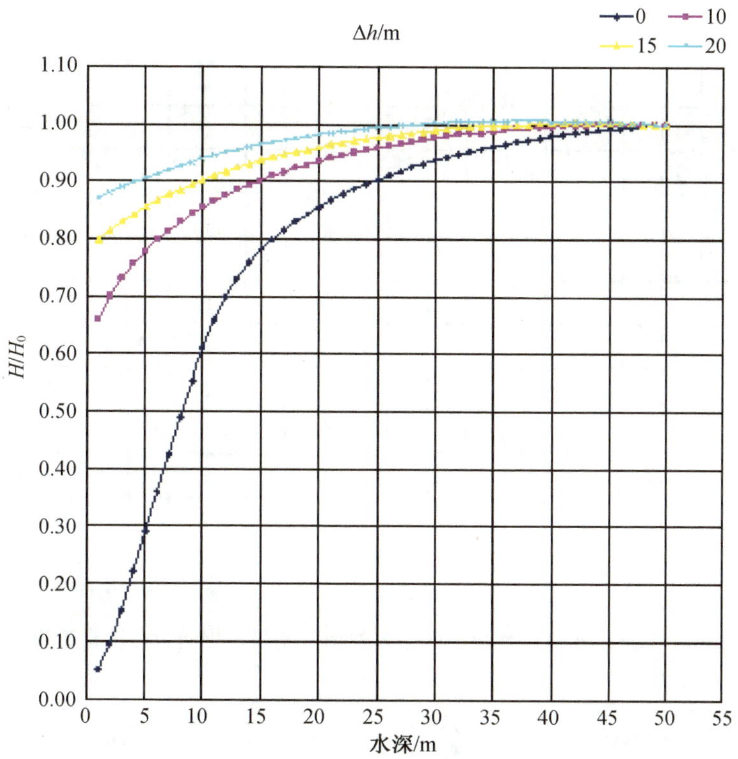

图 5.2-5　正向入射多个水位增量相对有效波高沿程变化图

对有效波高相同。总之，风的作用使得两种外海边界分布下沿程相对有效波高呈增加趋势，但不影响近岸最小破碎相对有效波高。

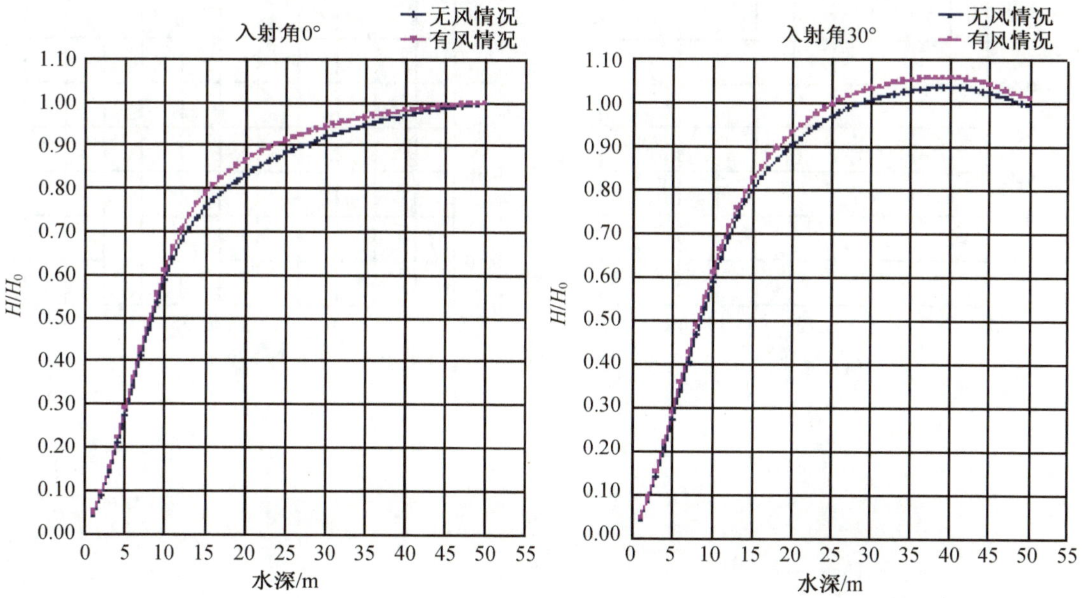

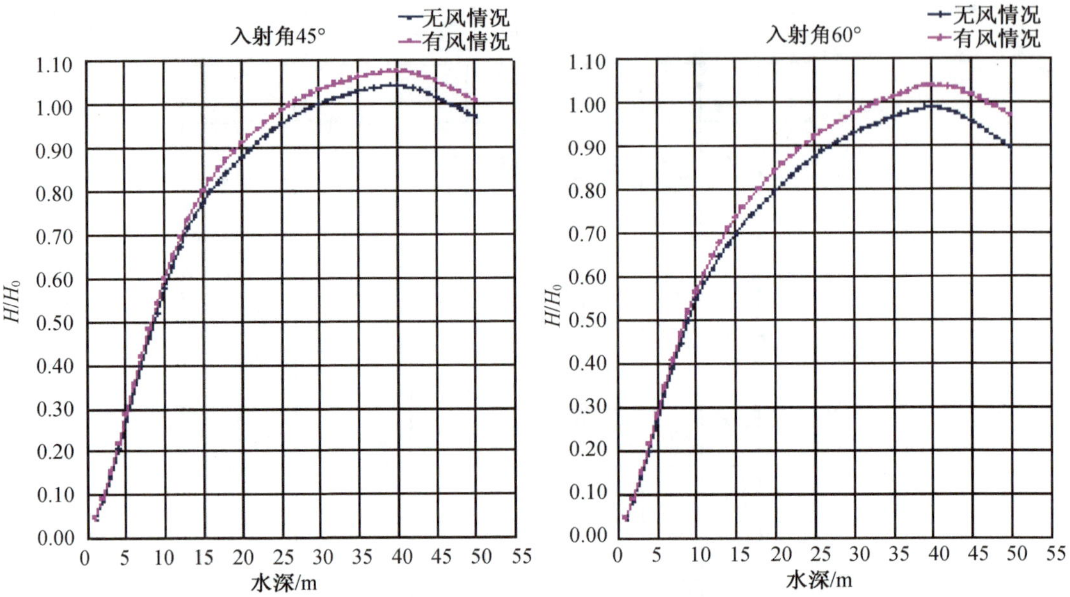

图 5.2-6 深水波要素线性分布时各入射角不同风况相对有效波高沿程变化图

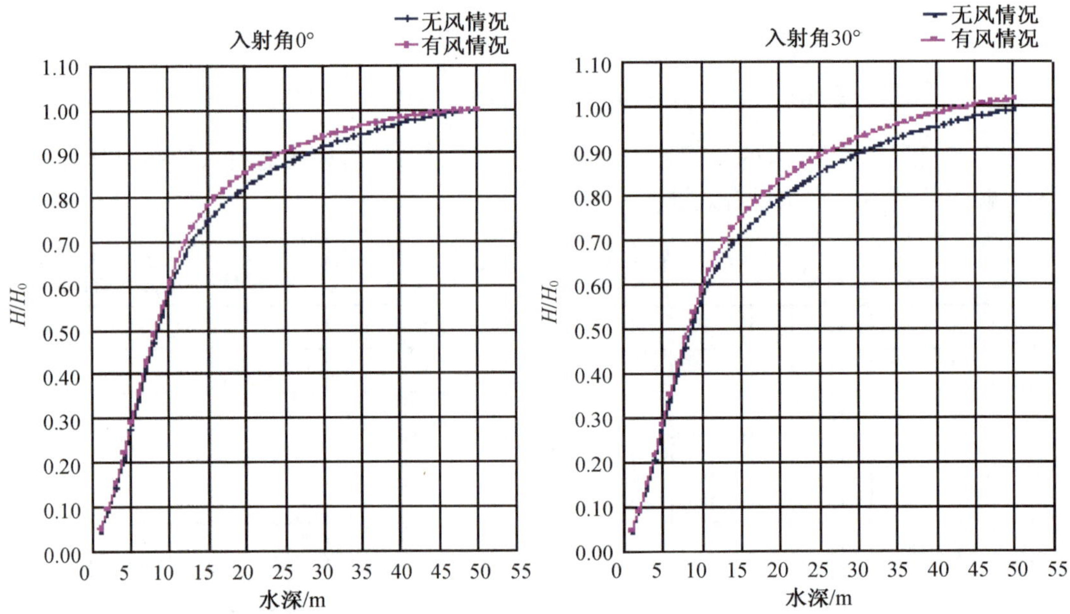

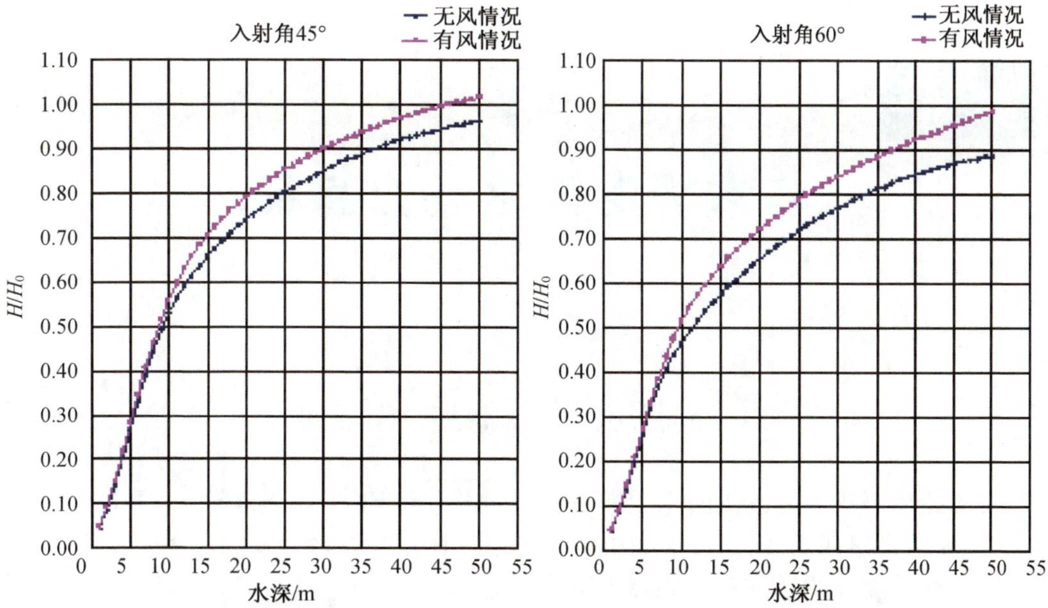

图 5. 2-7　深水波要素等值分布时各入射角不同风况相对有效波高沿程变化图

第 6 章

非常规海洋水动力特征

6.1 江苏近海海啸波特征

海啸是指由海底地震、火山爆发和海底滑坡、塌陷所产生的具有超大波长和周期的大洋行波，当其接近近岸浅水区时，波速变小，波幅陡涨，有时可达 30 m 以上，突然形成“水墙”，瞬时侵入滨海陆地，冲毁或卷去沿海建筑和人畜[48]。

北京时间 2011 年 3 月 11 日 13 时 46 分，日本宫城县以东太平洋海域（37.7°N，143.0°E）发生里氏 9.0 级地震，震源深度为 24.4 km，造成 14 133 人遇难，13 346 人失踪，超过 10 万人撤离。在地震发生后的 20 多个小时里，海啸波先后到达俄罗斯、中国、菲律宾、美国夏威夷和智利以及南美其他一些国家和地区沿海，各地均监测到了明显的海啸波。

其中，美国及南美的智利等国家监测到的最大海啸波幅达到 150～200 cm。

地震发生后约 4 h，海啸波到达我国台湾东部沿海，随后波及我国大陆东南沿海。台湾、福建、浙江、广东、江苏、上海、海南等省市监测到的海啸波波幅在 3～55 cm 之间，其中浙江沈家门和石浦海洋站分别监测到 55 cm 和 52 cm 的海啸波。受其影响，国家海洋预报台针对台湾地区和浙江沿岸发布海啸蓝色警报，这是我国开展海啸预警业务以来首次发布海啸警报。

6.1.1 数据来源和处理方法

这里在对江苏灌河口处（站点位置如图 6.1-1 所示）海啸期间逐分钟潮位资料分析的基础上，讨论 3·11 日本海啸对灌河口地区的影响，并且讨论造成这种现象的原因。

卫星遥感、海上浮标和沿海潮位站是获得海啸数据的主要来源。由于受到各种天气和人为等因素的影响，从潮位信号中精确地提取海啸波仍然是比较困难的。

为此，这里将多种信号分析的方法综合使用于潮位信号的分析中，形成一种新的综合分析海啸波的模式，以更加准确全面地了解海啸波的各项物理特征。

图 6.1-1 灌河口测站位置

6.1.2 灌河口海啸波特征

对于灌河口潮位站，海啸期间实测潮位时间范围为 2011

年 3 月 11 日 13 时 46 分至 3 月 14 日 0 时，采样频率为 1 min。

在此基础上，通过小波能量谱图（图 6.1-2）发现，在整个 3 月份的图谱中，仅在 3 月 11 日 8 时之后有一股周期范围大致为 25～100 min 之间、波动能量比较强烈并且持续时间相对较长的波动进入灌河口站，这与日本地震海啸发生的时间比较吻合。

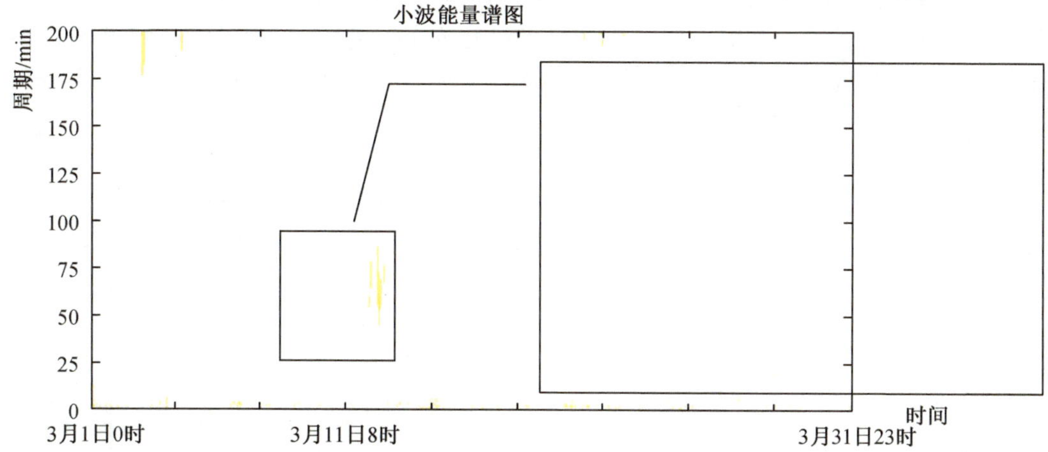

图 6.1-2 小波能量谱图

进一步分析表明，有一列周期范围在 37～98.5 min 的水位波动从 3 月 12 日早上 6 时 26 分左右开始影响灌河口站，并于 3 月 13 日凌晨 2 时 26 分左右结束，该周期范围恰好在海啸波的波动周期范围之内，也是初步怀疑的"可疑波动"。

以带通周期为 37～98.5 min 对信号进行滤波，如图 6.1-3。

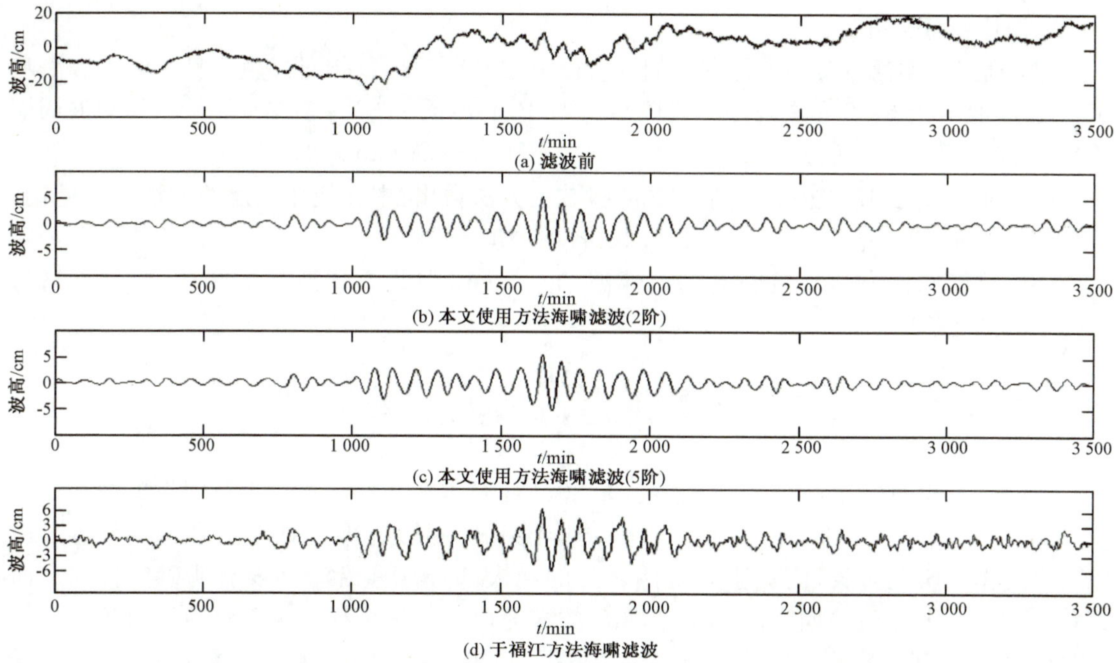

图 6.1-3 海啸滤波

从图中可以看出，海啸波最大波高为 5.05 cm，这与国家海洋局《2011 年中国海洋灾害公报》中连云港潮位站监测到的海啸波高 5 cm 十分吻合(连云港至灌河口距离仅 40 km 左右)。

同时，用于福江的海啸滤波方法对潮位进行滤波，与用本文方法滤波的波形进行对比发现，两列波动总体趋势很接近，都是先增大后减小，但是采用于福江方法的滤波中明显掺杂了噪声，波形参差不齐，而且最大波高为 6.05 cm，比本文滤波的最大波高增大了 20%，可见本文使用的过滤海啸波方法更加精确。进一步对滤波序列进行功率谱分析(如图 6.1-4)可以看出，海啸波波能主要成分分布在周期为 56～83 min 的波动中，最大峰值出现在 69.4 min，即对应海啸主周期。

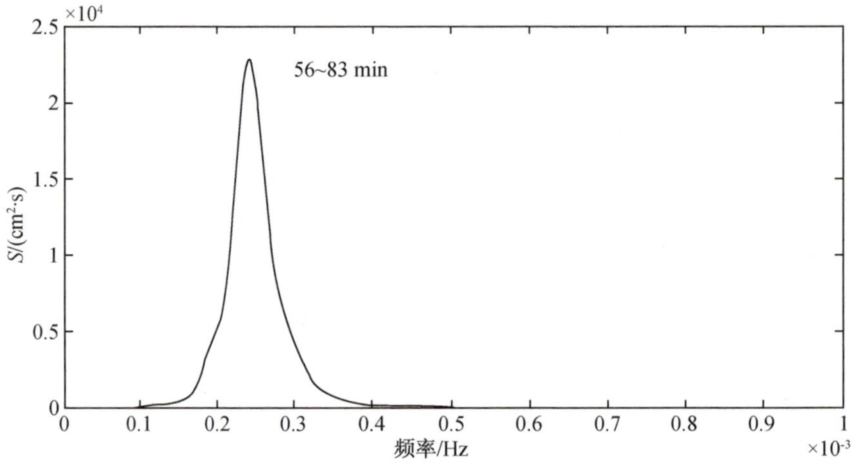

图 6.1-4　海啸波功率谱

由图比较分析可知：

(1) 通过对灌河口实测潮位资料的分析得出，2011 年 3 月 11 日发生于日本的地震海啸于 3 月 12 日早上 6:26 左右开始影响该站，3 月 13 日凌晨 2:26 左右结束影响。海啸波周期范围为 37～98.5 min，最大波高为 5.05 cm，主周期为 69.4 min 左右[49]。

(2) 对比本文和以往从潮位中过滤海啸波的方法得出，本文使用的滤波方法更加精确，并且更加全面、直观地表现出海啸波波动的各项物理特性。

(3) 河口站由海啸直接引起的海啸波约 2.5 cm，但是海啸波叠加之后，最大波高为 5.05 cm，是之前的 2 倍。

6.2　江苏近海海啸波变形机制

海啸对于我国沿海的影响不可忽视，如 2011 年日本东北部 9 级大地震引发的海啸亦对中国沿海产生了可见的影响。然而，以往的中国沿海海啸影响研究中，往往仅取到江苏吕四以南沿海作为研究对象，而对于除吕四之外的绝大部分江苏沿海并没有明确的探讨。而 2011 年 3 月的日本海啸期间，位于江苏北部的灌河口海洋站全程记录下海啸波对当地的影响，这为研究江苏沿海受海啸的影响提供了依据。同时，由于发生在太平洋的海啸很多都会通过冲绳海槽进入中国的东海大陆架，所以研究本次日本海啸对江苏沿海的影响具有重要意义。

这里主要通过对 2011 年日本东北地震海啸的数值模拟，结合实测资料，对江苏沿海海啸波影响特点以及形成原因进行分析。

6.2.1 背景及数据

利用灌河口海洋站海啸发生后 48 h 内的潮位数据，采样频率为 1 min，通过小波分析和滤波技术的应用，得到灌河口测站受到的海啸波影响。

同时，结合收集得到的海啸波系列，比较分析可知，中国东部沿海大部分测站（图 6.2-1）的最大波高位于首波，仅灌河口站的最大波高出现在海啸波序列的中间位置（图 6.2-2）。而在以往的观测中，海啸波的最大波高一般出现在前三波，灌河口站的实测资料首次发现了在江苏北部海啸波最大波高发生在波列中部的现象。

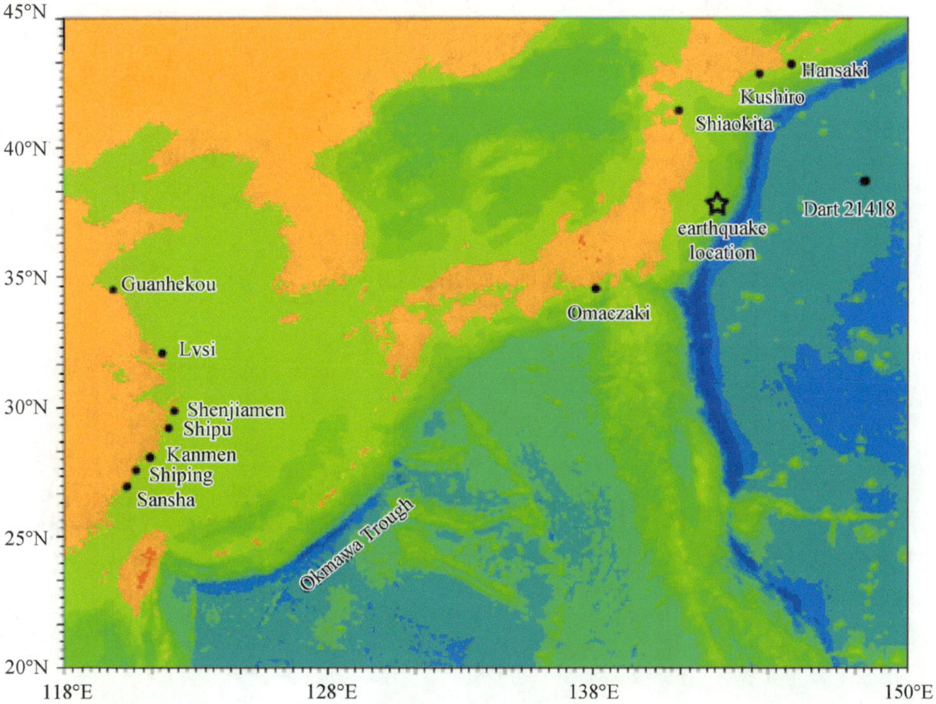

图 6.2-1 测站位置

6.2.2 中国东部近海海啸波传播过程

海啸波在日本东北部生成后，迅速向太平洋海域传播，绕过日本岛链后，穿越冲绳海槽登陆中国东海大陆架。由于海啸波的波速与水深相关，大陆架的水深相对大陆架外较浅，所以海啸波在大陆架上的波速降低，波峰线形状与大陆架边缘形状类似呈圆弧状。登陆大陆架后的海啸波可分为两部分：一部分率先影响中国东南沿海，其中一支海啸波还穿越台湾海峡传向南海；另一部分则向黄海传播，由于江苏近海水深很浅，海啸波波速严重降低，导致海啸波在影响江苏中部岸段之前率先抵达山东半岛，随后开始影响山东半岛南侧和江苏中北部岸（图 6.2-3）。绕过山东半岛的海啸波继续向渤海湾挺近，但是由于能量损失严重，海啸对渤海湾的影响十分微弱。

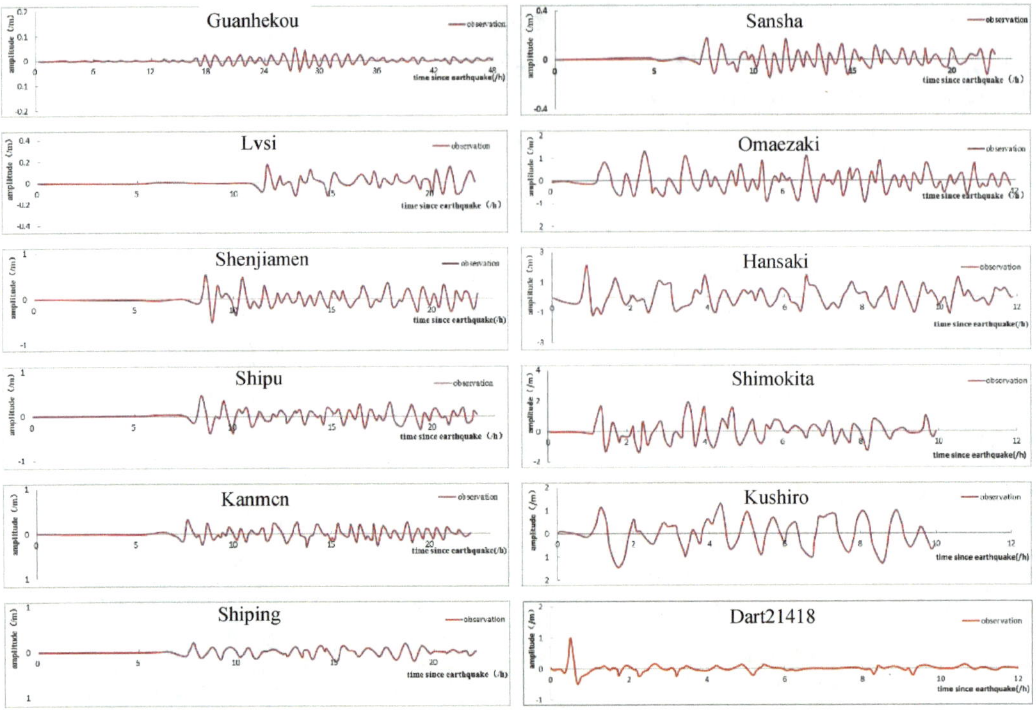

图 6.2-2　实测海啸波波列

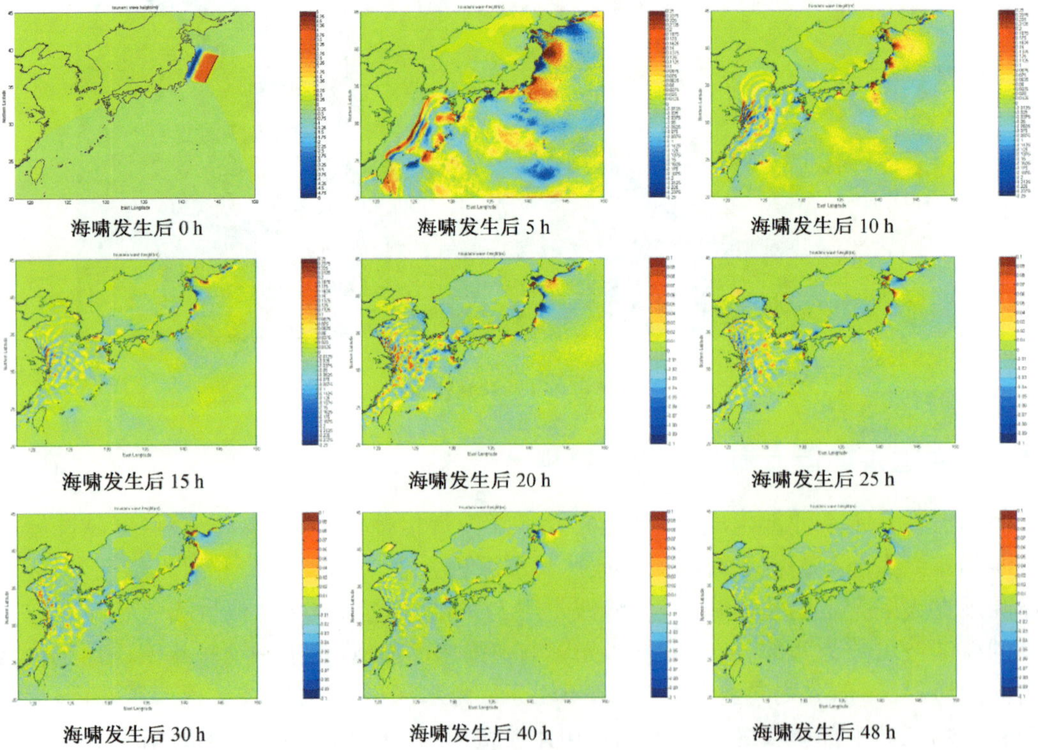

图 6.2-3　海啸传播示意图

6.2.3 江苏东部海岸海啸波特征

为了了解江苏沿海受海啸波的影响以及入射海啸波的性质，在经过验证的数学模型基础上，在江苏沿岸选取 8 个站点，冲绳海槽选取 1 个站点进行研究，站点位置如图 6.2-4，数值模拟结果如图 6.2-5。

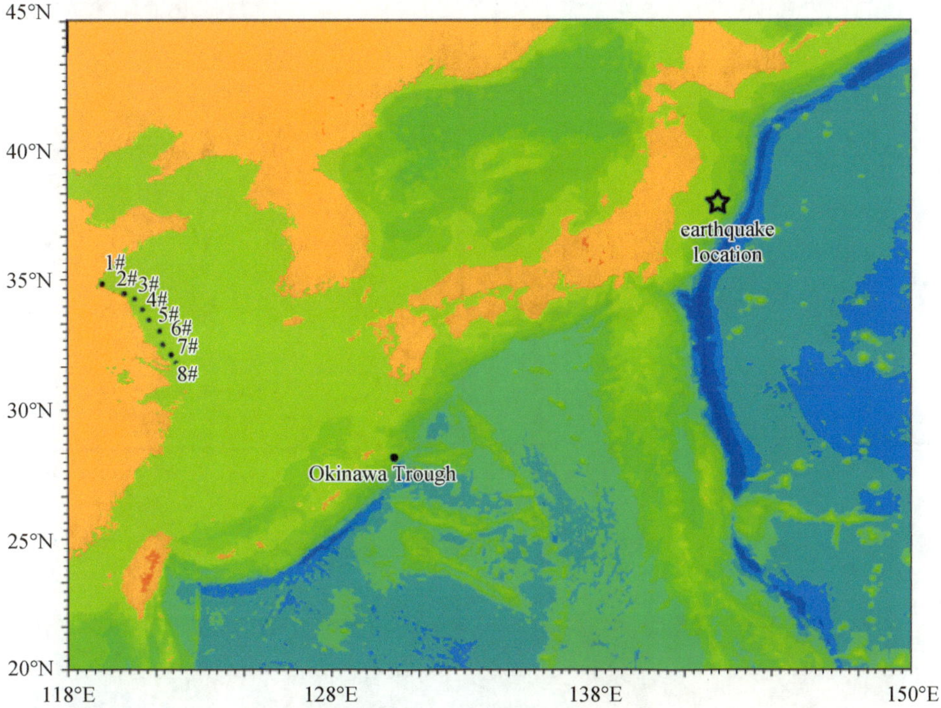

图 6.2-4 海啸波采样点位置示意

由图可知，震源和冲绳海槽处的海啸波动均为首波达到最大波高，表明海啸生成以后，经由冲绳海槽入射中国东部浅海的海啸波最大波高是出现在首波的。影响江苏沿海的海啸波最大波高整体上是从南到北逐渐减小的趋势，最大值出现在 8＃站点(39.5 cm)，最小值出现在 1＃站点(5.8 cm)，这是由于海啸波能量随着传播距离的增加而逐渐衰减的缘故。虽然整体上看波高不是很大，但是，1＃、7＃、8＃站点最大波高出现在首波；2＃～6＃站点最大波高则是出现在海啸波序列的中间部分，这与灌河口测站发现的现象一致，说明这种现象是广泛存在于江苏沿海的，尤其是辐射沙脊群岸段以北的沿海海域，约占江苏全部沿海的 3/4。

6.3 海啸波影响因子

6.3.1 陆岸反射对海啸波影响

为了研究陆岸反射对海啸波的影响，在江苏沿海、山东半岛南侧和朝鲜半岛西海岸设置海啸波吸收层，如图 6.3-1 蓝线位置，并将有、无陆岸反射影响的结果列于表 6.3-1 中。

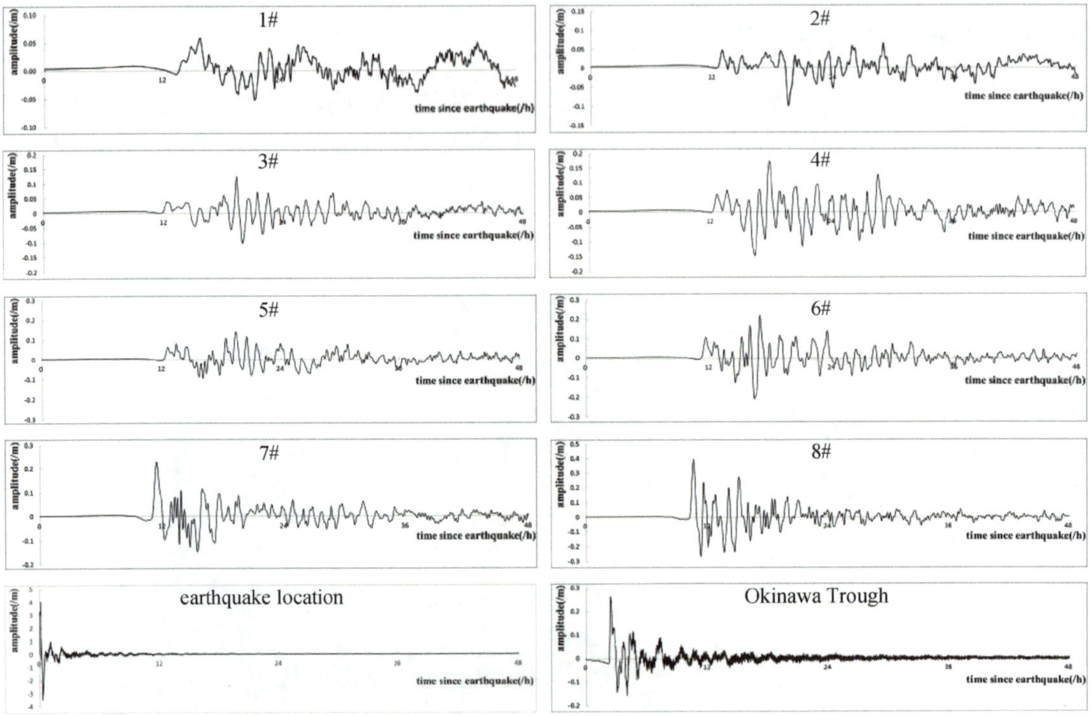

图 6.2-5　震源、冲绳海槽和江苏沿海各站点海啸模拟结果

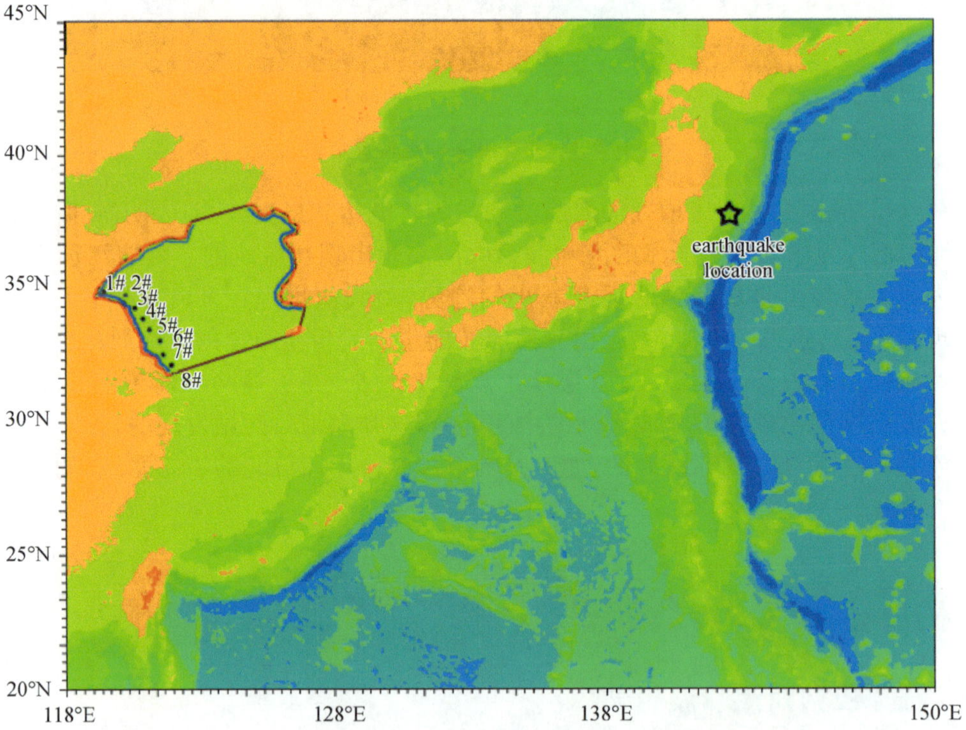

图 6.3-1　黄海海底地形取平均值范围及吸收层位置

表 6.3-1　陆岸边界反射对海啸波影响

测站		1#	2#	3#	4#	5#	6#	7#	8#
首波波峰到达时间/h	反射	15.846	12.978	12.792	12.627	12.574	11.634	11.411	10.629
	无反射	14.927	12.969	12.795	12.636	12.901	11.634	11.394	10.602
最大波高到达时间/h	反射	15.846	28.919	19.892	17.825	19.537	16.967	11.411	10.629
	无反射	27.641	23.782	29.123	21.287	19.942	15.986	11.394	10.602
t/h	反射	0	15.941	7.1	5.198	6.963	5.333	0	0
	无反射	12.714	10.813	16.328	8.651	7.041	4.352	0	0
n	反射	0	13	3	3	4	5	0	0
	无反射	4	9	12	6	3	3	0	0

注：为了表达最大波高在海啸波列中的位置，引入两个参数 t 和 n：
t=海啸波序列中最大波高时刻－海啸第首波波峰到达时刻。
n=海啸最大波高与首波波峰之间的完整波动个数。

陆岸反射作用对首波波峰到达时刻和最大波高到达时刻均有一定影响，并且对最大波高到达时刻的影响程度更大。陆岸反射对各站点海啸波的影响方式并不相同，表现为缺少陆岸反射作用的情况下，部分站点(2#、6#)n 和 t 值减小，最大波高位置前移；而另一部分站点(3#、4#、5#)t 和 n 值增大，最大波高位置后退。位于江苏沿海南方的 7#、8# 站点的 t 和 n 值一直为 0，说明这两个站点的最大波高一直在首波，陆岸反射的影响作用不明显；但是对于 1# 站点，包含陆岸反射的情况下 $t=n=0$，而不包含陆岸反射的情况下 t 和 n 值增大，最大波高位置后退，说明陆岸反射对 1# 站点最大波高出现于首波具有促进作用。

6.3.2　江苏东部浅海地形对海啸波影响

选取与江苏相邻的黄海海域作为地形条件的研究范围，如图 6.3-2 红线范围所示，且表 6.3-2 给出了江苏东部浅海地形对海啸波的影响结果。

表 6.3-2　江苏东部浅海地形对海啸波影响

测站		1#	2#	3#	4#	5#	6#	7#	8#
首波波峰到达时间/h	实际地形	15.846	12.978	12.792	12.627	12.574	11.634	11.411	10.629
	坦化地形	13.983	12.644	12.523	12.266	11.845	10.708	10.588	10.061
最大波高到达时间/h	实际地形	15.846	28.919	19.892	17.825	19.537	16.967	11.411	10.629
	坦化地形	19.209	21.198	18.062	17.164	16.536	13.923	10.588	10.061
t/h	实际地形	0	15.941	7.1	5.198	6.963	5.333	0	0
	坦化地形	5.226	8.554	5.539	4.898	4.691	3.215	0	0
n	实际地形	0	13	3	3	4	5	0	0
	坦化地形	3	8	4	2	3	2	0	0

研究表明，除了 1# 站点之外，坦化地形与实际地形相比，参数 t 和 n 都有减小的趋势，首波波峰到达时刻和最大波高到达时刻均有所提前，说明通过在江苏东部浅海地形取平均

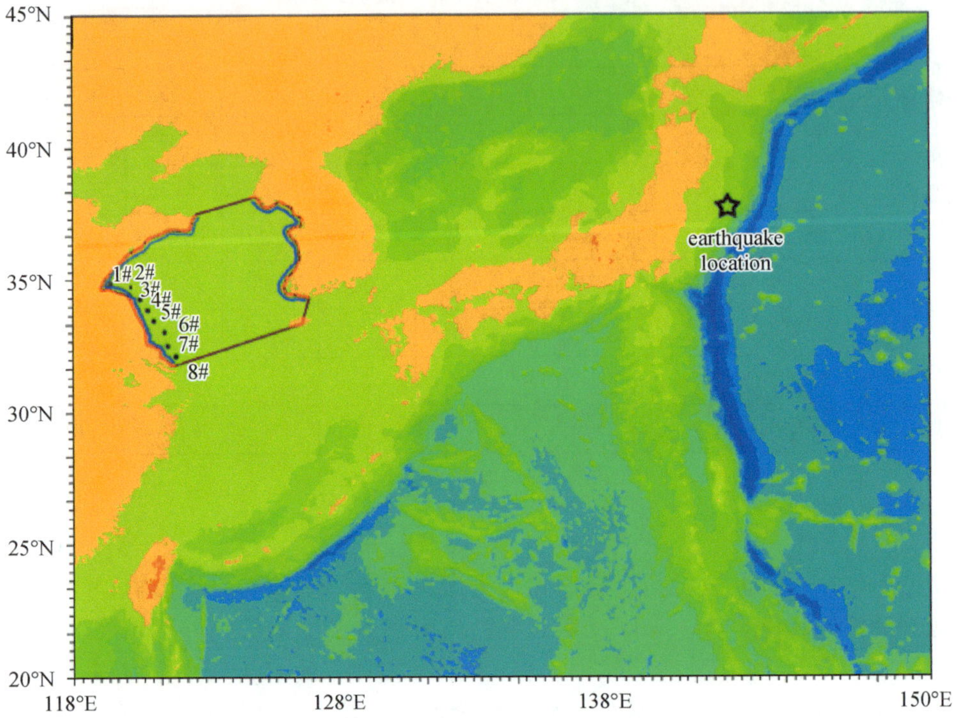

图 6.3-2　黄海海底地形取平均值范围及吸收层位置

值的方式可以明显地使这些站点的最大波高出现位置前移。而对于 1＃站点，实际地形条件下 $t=n=0$，坦化地形条件下 t 和 n 值增大，说明实际地形同样可以促进 1＃站点最大波高位置出现在首波。7＃和 8＃站点则无论是否改变地形，依然保持最大波高出现在首波，表明坦化地形的选取对这两个测站的影响不大。

6.3.3　中国东部大陆架对海啸波影响

进一步增大水下地形取均值的范围，将部分黄海和东海海域水下地形共同取为均值，其范围如图 6.3-3 所示，且表 6.3-3 给出了东部大陆架对海啸波传播的影响。

表 6.3-3　中国东部大陆架地形对海啸波影响

测站		1＃	2＃	3＃	4＃	5＃	6＃	7＃	8＃
首波波峰到达时间/h	实际地形	15.846	12.978	12.792	12.627	12.574	11.634	11.411	10.629
	坦化地形	8.527	8.078	7.841	7.792	7.578	7.437	7.003	6.761
最大波高到达时间/h	实际地形	15.846	28.919	19.892	17.825	19.537	16.967	11.411	10.629
	坦化地形	8.527	8.895	9.803	9.71	7.578	7.437	7.003	6.761
t/h	实际地形	0	15.941	7.1	5.198	6.963	5.333	0	0
	坦化地形	0	0.817	1.962	1.918	0	0	0	0

续表

测站		1#	2#	3#	4#	5#	6#	7#	8#
n	实际地形	0	13	3	3	4	5	0	0
	坦化地形	0	0	2	1	0	0	0	0

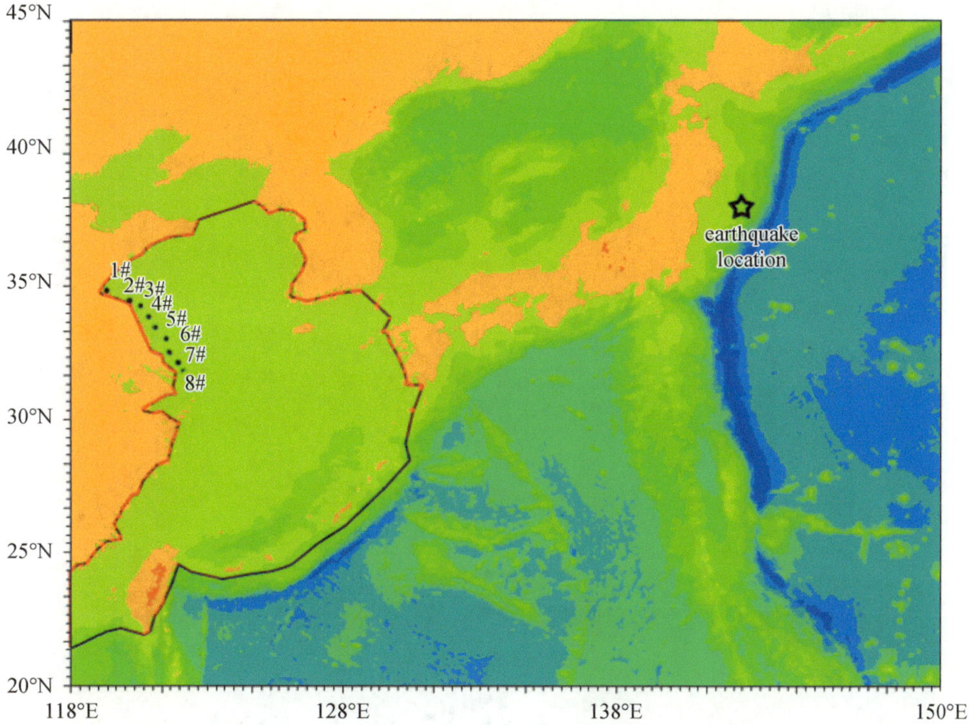

图 6.3-3 黄海和东海海底地形取平均值范围

研究表明，此时，各站点海啸波最大波高位置有了明显的前移。其中1#、5#、6#、7#、8#站点的 t 和 n 值为0，最大波高出现在首波，只有2#、3#、4#站点最大波高位置没有出现在首波，但已经十分接近波列前端。说明中国东部大陆架地形对江苏沿海海啸波波形的调整作用非常巨大，海啸波在经过东部浅海时将发生严重变形，这是导致大范围江苏沿海海啸波最大波高位置不出现在首波的最明显原因。

6.3.4 不同影响因子对海啸波影响比较

海啸波穿越冲绳海槽登陆中国东海大陆架后，在向江苏沿海传播的过程中，东海大陆架和黄海海域特殊的地形条件是诱发江苏沿海海啸波最大波高出现在波列中部的最主要原因。海啸波在水深较浅的地方传播速度降低，波高增大，而在水深较深的地方传播速度提高，波高减小，波峰线上各点传播速度不同导致海啸波传播方向发生改变，从而形成复杂的传播过程。不同方向和波高的海啸波互相叠加，从而形成江苏沿海特殊的波形。

陆岸反射对海啸波最大波高位置具有一定的影响。受到入射海啸波波形的限制，陆岸反射对于位置不同的各个站点的影响方式也不一样，主要与岸边界和站点之间的水平距离有关，其作用相对地形对海啸波的影响较弱。

科氏力对江苏沿海海啸波传播的影响作用比陆岸反射作用更加微弱，只能对海啸波形产生微幅调整，是三个主要因素中作用最弱的一环。

·第三篇·

江苏东部海域物质输运规律

第 7 章

辐射沙脊群现代物源

7.1 辐射沙脊群形成的时间和物质基底

7.1.1 辐射沙脊群形成时间

辐射沙脊群规模庞大，形成与发展需要漫长的时间。学者们通过各种方法（如潮波系统、海侵海退过程、地层层序、矿质成分、泥沙来源等）研究了辐射沙脊群的形成时间，得出了不同的结论。

王建等[36]根据对 15 000 年以来 30 个典型时期的海岸线情况下的东中国海潮波系统进行数值模拟，认为距今大约 10 000～8 500 年之间已经具备发育的动力条件。陈报章[33]研究认为距今约 8 000 年前的冰后期海面上升，形成了河口湾形状，M_2 系统潮波由旋转流变为往复流，古长江携带的泥沙发育成潮成沙体。李从先等[7]研究认为距今 6 000～5 000 年前古长江河口坝形成，长江三角洲向海延伸，并且辐射状潮流场移至辐射沙脊区。张家强等[50]分析了苏北近代潮成沙体分布区的地层层序，认为苏北近代潮成沙体的沉积时间应在冰后期海退阶段，开始发育的时间大约在距今 5 000 年前。张光威[30]通过对最接近潮流沙脊的 QC2 钻孔各项指标的分析和比较，据其层位和沉积相序组合判定，南黄海陆架沙脊最早形成年代为距今 4 000 年前。杨子赓[10]在全新世海相层潮流沙脊的南部向南约 100 km，水深 31.7 m 处的海底发现贝壳砂层，年代为(2 135±220)年前。万延森等[35]研究认为在 1128—1855 年的 727 年间，黄河大量泥沙入海，使岸线向海推进约 90 km，并堆积了大面积的水下三角洲，促使沙脊的发展。

由此可见，辐射沙脊群形成时间尚未能完全确定。到目前为止，以海侵海退过程为依据的观点只是一种推测，难以重现；而以地层层序、矿质成分为依据的观点，因钻孔采样成本高昂，在庞大的辐射沙脊群采样样本有限；以泥沙来源为依据的观点，认为巨大的辐射沙脊群仅由黄河几百年的泥沙提供而形成，这个观点还有待于进一步研究；以潮波系统为依据的观点虽具有一定的合理性，但辐射沙脊群是否在已经具备发育的动力条件时的 10 000～8 500 年前就具备了形成辐射沙脊群的物质基底，这仍有待于研究。

7.1.2 辐射沙脊群形成的物质基底

古时候中国沿海已有较高的泥沙供应率[51]。江苏沿海主要有黄河、古长江和淮河入海。河流携带泥沙入海，在潮流、海流和波浪等动力作用下对泥沙进行搬运，或者洋流从外海带入海相泥沙，这些都可能成为形成辐射沙脊群的物质基底的来源。

周长振等[52]通过分析砂体沉积物垂直分布特征，李成治等[53]通过对比矿物组合资料，黄易畅等[54]对比沙脊沉积物与黄河长江沿岸物质，认为辐射沙脊群沉积物的上部是黄河带来的陆源物质，下部是古长江三角洲的物质，古长江三角洲是沙脊发育的基底。Li 等[55]分析钻孔孔心和地表穿透剖面，认为早期来自古长江，后期来自黄河，还有海床冲刷物。Wang 等[56]分析重矿物和黏土矿物样本，认为主体来自古长江，北部物质来自黄河补给。汪亚平等[19]认为以蒋家沙为界，辐射沙脊群南北两翼沙洲体积差异反映了南北两翼黄河与长江供沙丰度的差异，古黄河泥沙主要供应北翼沙洲，古长江泥沙主要供应南翼沙洲。夏东兴等[57]和刘振夏[22]认为辐射沙脊发育在古长江、老黄河水下三角洲上，基底物质偏细，沟槽已下切至老水下三角洲基底，因而出现脊粗槽细的分布格局。

仲德林等[28]通过分析美国地球资源技术卫星多谱段相片，认为辐射沙脊群物质基础是古长江水下三角洲。傅命佐等[29]通过对江苏岸外海底沙脊群的沉积物的粒度、矿物和孢粉以及沉积结构、构造的分析研究，并与苏北废黄河水下三角洲、古长江水下三角洲、现代长江水下三角洲以及长江三角洲平原第四纪地层的沉积物的对比分析，指出在距今 60 000～1 000年前这一时期，古长江从江苏东台县新曹农场蹲门口至海底沙脊区一带入海，这就进一步证实了古长江为江苏岸外沙脊群提供了丰富的物质来源的可能性。

张光威[9]对钻孔样品进行测试，认为物质的来源应为黄河和淮河。杨长恕[4]分析沿岸流的动力条件、沉积物的粒度特征及砂体规模与分布，认为辐射沙脊群本身就是一个独立的巨大的潮成三角洲。赵松龄[32]分析来自苏北平原和长江三角洲地区若干钻孔所含海相地层以及岩心粒度，也认为辐射沙脊群是一个独立的“沙漠堆积体”。陈报章[6]对比较沉积学进行研究，认为辐射沙脊群是埋藏潮沙体的发展延续。尤坤元等[34]从辐射沙脊群研究区冲出的老壳发现，深槽海底泥沙来自沙洲底部老沉积侵蚀。

万延森等[35]对江苏近岸海区进行的悬浮泥沙取样、浅地层探测和水深测量资料进行分析，认为辐射沙脊群沉积物来源于各新老河流，有古长江、古黄河、古淮河和古长江沉积混合物，还有当地底质；张家强[8]和李从先等[58]根据地质雷达探测剖面分析发现，末次冰期以来没有大河自苏北潮成沙体分布区入海的可能性，长江以及黄河入海泥沙以潮流作用下的沿岸搬运进入沉积区，成为两个主要物源，同时海底侵蚀源，淮河、射阳河入海泥沙也可能是补充物源；王建等[36]总结前人研究成果并结合钻孔的岩相分析及数值模拟结果，认为来源于不同时代不同类型的沉积物与河流、海流、潮流、风暴流及风等动力带入物质的混合物。

综上所述，对于辐射沙脊群形成的物质基底这一问题，研究者主要从形态特征或者沉积物的粒度、矿物组成等进行推测。虽然这些分析具有实际意义和参考价值，但是研究者们各执一词，未有定论。我们认为辐射沙脊群形成的物质基底沉积物主要是古长江入海物质，辐射沙脊群上部沉积物主要是黄河带来的陆源物质的说法较为可信。由此推断南黄海陆架沙脊最早形成年代为距今 4 000～6 000 年前的可能性最大。

7.2 现代辐射沙脊群物质来源及输运

7.2.1 辐射沙脊群的物质来源

对于江苏沿海的大规模开发利用和围垦规划，朱大奎等[59]提出，根据目前江苏滩涂泥沙来源和数量，随着世界性海平面上升及江苏海域泥沙来源的逐渐减少，每年能围垦的数量将逐渐减少，因此，对江苏滩涂资源及其利用必须要有一个科学的实事求是的认识。显然江苏沿海海涂资源的合理开发利用，需要在把握辐射沙脊群历史发展演变进程的前提下，探求现代辐射沙脊群海域泥沙输运、来源和输沙均衡问题，特别是，现代辐射沙脊群外缘泥沙输运对于辐射沙脊群的影响。关于现代辐射沙脊群物质来源，主要有以下三种观点。

1. 来源于废黄河三角洲

大多数的研究成果表明，现代辐射沙脊群物质部分来源于废黄河三角洲侵蚀。以表层沉积物粒度级配与分布探究沉积物来源发现，沙脊组成主要是细砂，北部潮流通道(西洋)粉砂含量较南部多；南北向的西洋潮流通道内出现黏土沉积，黏土含量自外端(北)向内(南)骤减，反映出来自北部海域废黄河三角洲的冲刷补给。王嵘等[60]采用端元组分分析(EMMA)对底质粒度分析发现，废黄河水下三角洲的粉砂质沉积向南扩散，已至东沙南部，辐射沙脊群北部近岸已由砂质沉积转变为砂质粉砂沉积。废黄河三角洲海域悬沙净输运方向为偏南向，与涨潮流向 SSE 基本一致，位于废黄河口南侧的输沙断面，在一个潮周期内悬沙向南净输运 48 万 t。周良勇等[61]最近的研究还给出了废黄河水下三角洲侵蚀对辐射沙脊群百年来的泥沙供应量，指出废黄河水下三角洲过去百年间年均侵蚀再悬浮泥沙约 700～1 000 Mt，主要向离岸黄海西部、江苏沿海和黄海中部至济州岛南部泥质区输运，其中 20%～25%的泥沙补给辐射沙脊群乃至长江口海域。

2. 来源于现代长江口

关于长江口对苏北近海泥沙的供应，目前尚有不同的认识。部分学者认为现代辐射沙脊群海域岸滩沉积受现代长江补给。沈焕庭[62]认为现代长江入海泥沙的北向影响范围可达弶港附近，而蒿枝港—启东嘴岸段所受影响尤为显著，该岸段海滩沉积中一些较易风化的碎屑矿物大多表面新鲜，某些重矿物如锆石、磁铁矿的含量自南向北递减。Rao 等[63]利用元素地球化学示踪方法测定表层沉积物样本，认为长江口沉积物微量元素组成与江苏沿海沙脊群的微量元素组成接近，长江入海泥沙以及废黄河侵蚀再悬浮泥沙是辐射沙脊群最主要的泥沙补给源，长江口沉积物顺长江冲淡水流可直接北上补给辐射沙脊群区。王颖[3]根据卫片资料，认为长江口悬浮泥沙浊水流可影响到达遥望港外海域。朱大奎等[64]认为，黄河 1855 年北归注入渤海后，江苏沿岸失去黄河泥沙的直接供应，目前是黄河水下三角洲及水下堆积体的侵蚀为江苏滩涂提供部分沉积物。长江入海泥沙主要向南、东南方向运移，夏季汛期时入海径流有部分指向济州岛方向，其中约 10%从长江口沿江苏海岸向北。在江苏岸外辐射沙脊群海域所作的大面积水文泥沙断面，获得的基本数据为：从长江口沿江苏海岸北上的泥沙为 0.35 亿 t/a，东面来自长江水下三角洲的泥沙为 2.02 亿 t/a，来自北面废黄河水下三角洲的泥沙为 1.09 亿 t/a，向 NE 方向输向外海的泥沙量为 1.60 亿 t/a。王嵘等[60]根据 EMMA 分析表明，长江泥沙堆积形成的长江三角洲沉积物向北扩散显著，但范围相对较小，沿岸仅达吕四海岸，而向东北方向扩散明显。

然而，部分研究者认为辐射沙脊群海域缺乏现代长江的补给，在苏北沿岸流参与下，江苏近海悬浮泥沙总体向南输运，可达长江口海域，成为长江口淤积泥沙的主要来源。王昕等[65]根据长江口及邻近海域 16 根重力柱 ^{210}PB 沉积速率测试探究现代长江入海物质扩散输运范围，发现辐射沙脊群整体沉积速率较低，缺乏现代长江物质供应。张振克等[66]根据 ^{137}Cs 沉积速率变化发现，长江北支岸线与江苏海岸线交汇处——圆陀角与辐射沙脊群南翼潮滩淤积速率一致，小于长江口外泥沙沉积速率，苏北沿岸流携带的部分泥沙是圆陀角附近沉积的主要物质来源。邢飞等[67]从动力角度研究发现辐射沙脊群海域泥沙有向岸滩以及向南往长江口地区净输移趋势，是长江水下三角洲的重要泥沙补给源。在不断淤积的长江口北支的泥沙来源的判别中，有一种观点是苏北沿岸流挟沙南下，绕过苏北嘴进入北支，成为北支的重要泥沙源。但沈焕庭[62]认为长江口北支淤积泥沙的矿物组分与现代长江泥沙基本一致，而与黄河沙相去甚远，北支沉积物主要由长江本身补给，苏北沿岸流带来的物质甚微。

3. 其他的泥沙来源

关于现代辐射沙脊群物质来源除考虑废黄河口水下三角洲再悬浮泥沙、长江入海泥沙外，还存有一些不同认识。Rao 等[63]认为现代黄河沉积物可随绕过山东半岛南下的黄海沿岸流到达辐射沙脊群区，韩国河流和济州岛输送到黄海中的少量沉积物在黄海环流作用下可补给辐射沙脊群很少量物质。“908 专项”调查发现，辐射沙脊群总体上趋于蚀淤动态平衡，并未出现整体规模显著缩小或向岸迁移，事实上辐射沙脊群外侧遗留着由古长江、古黄河相互堆积的古江河三角洲体，甚至于“古扬子大三角洲体系”，为其供给泥沙。也有一些学者的研究认为，辐射沙脊群海域中心区域悬沙浓度最高，悬沙浓度由高至低向周围延伸，废黄河口三角洲海域以及夏季长江口海域同为悬沙浓度高值区，近海再悬浮泥沙以及陆源物质是辐射沙脊群主要泥沙来源，而外海来沙量较少。故而，随着废黄河水下三角洲夷平，辐射沙脊群大量泥沙补给源断绝，目前辐射沙脊群的整体演变格局为外侧冲刷萎缩，中心淤积并陆。张长宽[68]认为，由实测水文泥沙结果可知，废黄河三角洲受侵蚀每年约有 1×10^8 t 泥沙向南进入海底沙脊群区域；长江水下三角洲受侵蚀每年约有 2×10^8 t 泥沙从苦水洋、黄沙洋和烂沙洋进入沙脊群区域；而沙脊群区域，每年有 1.6×10^8 t 泥沙向 NE，从平涂洋向外输送。但与朱大奎等[69]依据的 20 世纪 80 年代的江苏省海岸带和海涂资源综合调查资料不同，此实测资料来源于“908 专项”的调查资料，其实测水文泥沙数据往往仅有一个潮或几个潮，是否能代表全年的情况，具体的泥沙输送量是否如此，还有依赖于更多的实测资料补充完善。

7.2.2 水动力对物质的输运作用

水体是物质输运的载体，水流流向对于物质迁移方向具有指示意义。关于南黄海环流结构的研究和认识，以往多基于温盐等水温资料的推断分析或数值模拟，长时间连续实测海流的研究很少，特别是 40 m 水深以浅(辐射沙脊群海域水深范围 0～－25 m)的黄海沿岸流结构由于缺乏观测，且很少有研究者对其特别描述，笼统认为与黄海热盐环流流向一致，即由北向南流。众多研究者[70-73]给出的黄海环流结构示意图中均表明南黄海西侧沿岸流全年向南输运，且冬强夏弱。但 2007 年以来南黄海海域频发的浒苔绿潮表明，夏季南黄海近岸水体(表层流)存在向北输运趋势，而风场驱动是北向流产生的主要原因[74-76]。

长江冲淡水具有冬季顺岸南下影响浙闽沿岸，夏季主体向东北方向扩展，最远可波及济州岛海域的显著特征。而 Wu 等[77]认为长江冲淡水除上述两种扩展方式外，在东海前进潮波产生的北向斯托克斯余流和夏季盛行的南风控制下，夏秋季还存有小部分长江冲淡水沿江苏外海向北扩展，可达 33.5°N。

综上观点，关于废黄河口水下三角洲大量再悬浮物质可由南向流携带输运至辐射沙脊群进行沉积物补给的观点，研究者们基本一致认同，而关于现代长江口入海泥沙能否补给辐射沙脊群尚有不同看法。

7.3 辐射沙脊群与长江口的泥沙交换

7.3.1 江苏沿海物质输运的同位素地球化学示踪研究

Rao 等[63]于 2013 年 4 月初在山东黄河入海口、江苏废黄河口区域、条子泥区域、长江口附近采集了 31 个表层沉积物样品，同年 7 月份，在东沙沙脊采集了 31 个表层沉积物样品，采样点见图 7.3-1。

采用 Nd-Sr 同位素测定的结果表明，相对于现代黄河口，长江口和废黄河口沉积物的同位素组成更接近江苏沿海沙脊群的同位素组成。因此，长江口和废黄河口可能给江苏沿海沙脊群提供了主要的泥沙物质，而现代黄河次之。

图 7.3-1 沉积物采样点位置

基于沙脊群与潜在源区沉积物微量元素测定结果绘制 Th-Co-Zr/10 三角图，结果表明长江口样品与废黄河样品有部分重叠，长江口样品与废黄河口更接近，且根据 Zr/10 含量可以较好区分现代黄河、废黄河口、长江口沉积物。条子泥可能接受来自现代黄河、废黄河口、长江口的补给，长江口与废黄河的补给较多，现代黄河补给较少。长江口沉积物 Th-Co-Zr/10 元素投影整个都在东沙范围内，这意味着东沙更多地可能来自长江携带泥沙补给，废黄河与现代黄河沉积物部分补给东沙。条子泥在图中的分布大部分在东沙范围，这暗示东沙与条子泥之间有很紧密的物质联系或有相同的物质来源。东沙沙脊群沉积物分布范围较广，可能其物质来源更为多样。

7.3.2 辐射沙脊群海域漂流监测及示踪模拟

丁贤荣在 2014 年冬季于草米树洋的江家坞槽投放漂流瓶，采用 GPS 和北斗导航跟踪定位技术，记录下近一个月(28 d)的连续漂流轨迹，途经竹根沙、苦水洋、蒋家沙、黄沙洋、太阳沙、烂沙洋。漂流瓶轨迹(参见图 7.3-2)表明，辐射沙脊群表层余流存在由北向南的整体漂移特征，即由草米树洋，经竹根沙、苦水洋、蒋家沙、黄沙洋、太阳沙，到烂沙洋的漂移趋势与过程。该漂移特征与辐射沙脊群外围受苏北沿岸流由北向南的运移总体特征相吻合。

王义刚采用三维数学模型，在 2006 年冬季于废黄河口外、西洋水道、陈家坞槽、黄沙洋、小庙洪水道以及蒿枝港外表层(图 7.3-3)、底层(图 7.3-4)各释放示踪粒子，反映辐射沙洲海域一个月水体输运特征，以水体输运方向指示泥沙输运方向。结果表明，辐射沙脊群区域水体运动易受到沙脊、深槽交错的地形约束，示踪粒子潮周期内以半封闭轨迹沿两条沙脊之间的水道主槽方向运动；在潮动力影响下冬季辐射沙脊群外缘水体总体由北向南净输运，伴有部分水体向岸净输运趋势。

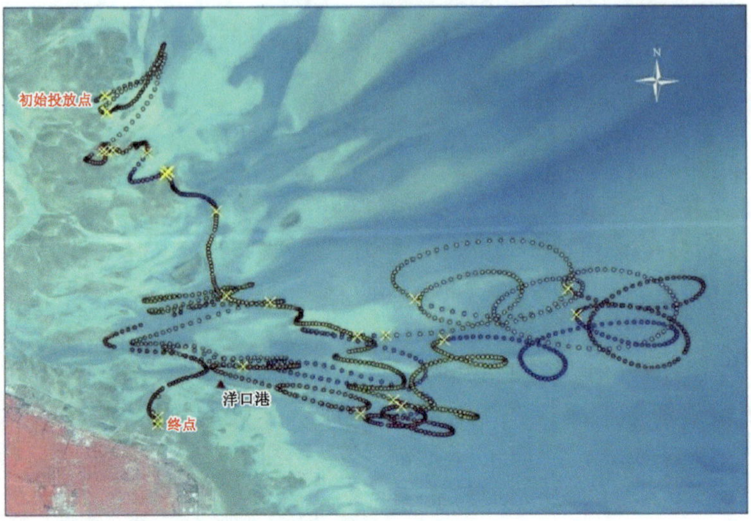

图 7.3-2　漂流瓶近一个月连续实测漂流轨迹

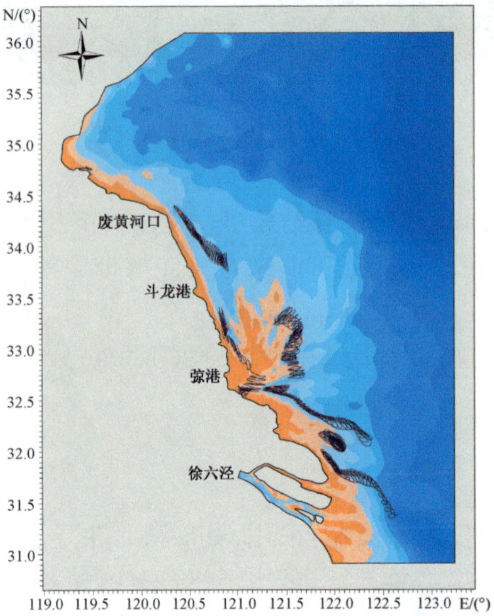

图 7.3-3　表层示踪粒子一个月运动轨迹

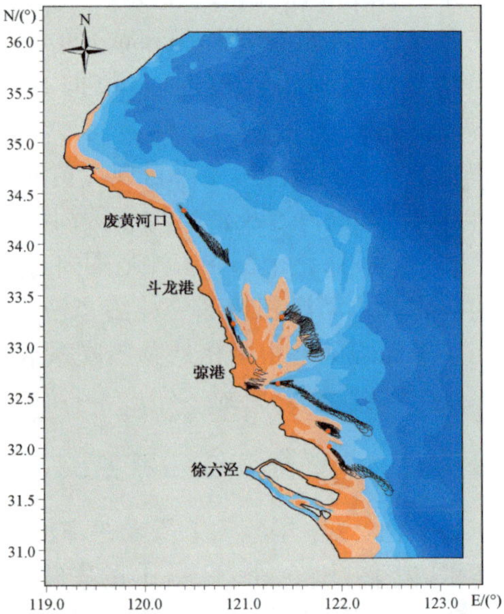

图 7.3-4　底层示踪粒子一个月运动轨迹

7.3.3　由水体输运特征揭示辐射沙脊群沙体演变规律

潮动力影响下江苏沿海水体向南净输移，外围水体向南输运的同时伴有向外海输运的特征，对辐射沙脊群区域沙体迁移具有指示意义。根据 1973—2010 年间 10 期低潮位遥感影像分析两大潮波系统交汇带条子泥二分水地貌演变特征，发现 1984 年以后，二分水逐年向南偏移，1984—2010 年摆幅近 10 km。根据 1979—2012 年间 6 期低潮位遥感影像分析东沙滩脊主线演变特征，东沙滩脊线呈南北向，其演变动态总体表现向东（向外海）摆动。以上根据地貌遥感等手段得出的辐射沙脊群主要沙体滩脊线演变趋势与江苏沿海大范围水体输运特征是吻合的。

不过,同位素地球化学示踪和微量元素测定结果研究表明,辐射沙脊群海域沉积受长江泥沙补给,长江泥沙有北上输运趋势。而漂流瓶监测以及数值模型模拟示踪粒子研究表明,辐射沙脊群海域水体具有向南输运趋势,在水流携沙作用下,由辐射沙脊群海域南下的悬沙可输运至长江口外海域。两者之间是有矛盾的。如果说漂流瓶和水动力示踪粒子表明悬浮泥沙从北向南输运,那是否可能在波浪等动力作用下,底沙自南向北输移呢?由图 7.3-5 可以看出,由启东伸向外海的沙嘴,明显由北偏南延伸,表明底沙也是由北向南输送的。在 20 世纪 80 年代的江苏省海岸带与海涂资源调查中,也曾经投放了 3 500 个漂流瓶,回收了 1 179 个,结果显示冬季江苏沿海水体均为向南,秋季总体也向南;夏季有向北的趋势,但不稳定,也有向南的,春季有以向北流动为主的趋势,在长江口投放的若干漂流瓶以两个月的时间漂至山东半岛。鉴于黄海沿岸流和江苏海岸沿岸流由北向南输运,因而有可能漂流瓶出长江口后漂至外海,而后在台湾暖流或黄海暖流的作用下漂向北部。长江口的泥沙也许如文献[3]所述,是从苦水洋、黄沙洋和烂沙洋进入沙脊群区域。因此关于辐射沙脊群与长江口泥沙交换方面还有许多问题需要进行深入研究。

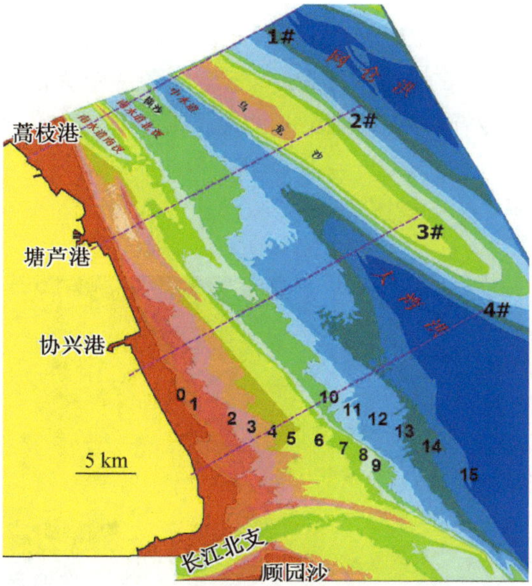

图 7.3-5　2010 年启东嘴实测水下地形

7.4　辐射沙脊群海域悬沙输移特性

研究辐射沙脊群海域泥沙运移问题对于了解海床稳定、海域物质输移扩散规律等具有重要科学意义。辐射沙脊群海域悬沙主要来自废黄河口、长江口和东部海域,泥沙在潮流作用下通过诸水道进入本研究海区,是本海区悬沙的主要物质来源,此外海域流速较大,对底床泥沙有一定的冲刷作用,底部泥沙再悬浮也是一个次要物质来源。

弶港外海域辐射状潮流场受移动性驻潮波控制,驻潮波是北部旋转潮波和南部前进潮波会合的结果。受涨潮流向弶港方向的辐聚作用,大体上以弶港—黄沙洋—线为界,北部旋转潮波区泥沙向南输送供应驻潮波区,南部前进潮波区泥沙向北输送供应驻潮波区。现代海岸条件下,北部泥沙来源为废黄河三角洲,由于陆岸三角洲头部及两岸的工程防护较好,波浪侵蚀基本上得到抑制,但水下三角洲仍继续被侵蚀,仍有泥沙向南输送;南部泥沙来源为长江口,入海泥沙扩散,部分向北输送,主要是洪季,长江入海泥沙多,口外泥沙浓度高。沙脊群外围黄河三角洲和长江口来沙在沙脊群演变发育过程中分别发挥过重要而不同的作用,都有过“鼎盛”时期,黄河三角洲影响时间短,而长江口影响时间则持续很长,两者至少差一个量级以上。两者的影响现代都渐趋“衰落”时期,外围来沙日益减少,沙脊群趋于自身的冲淤动态平衡状态。

7.4.1 悬沙浓度空间分布

为了从整体上了解南黄海辐射沙脊群附近水域悬浮泥沙的时空分布变化情况，本文利用 2006 年夏季和 2007 年冬季各一个大潮和小潮期间的水文泥沙实测资料进行了南黄海辐射沙脊群附近水域的水流及悬沙输运数值模拟。在此基础上，模拟出了南黄海辐射沙脊群附近水域 2006 年夏季和 2007 年冬季各一个大潮和小潮潮平均含沙量场分布情况，详细见图 7.4-1～图 7.4-4。

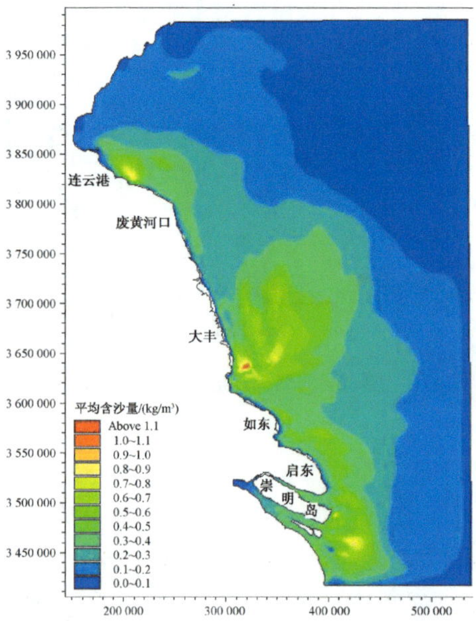

图 7.4-1 夏季大潮全潮平均含沙量场

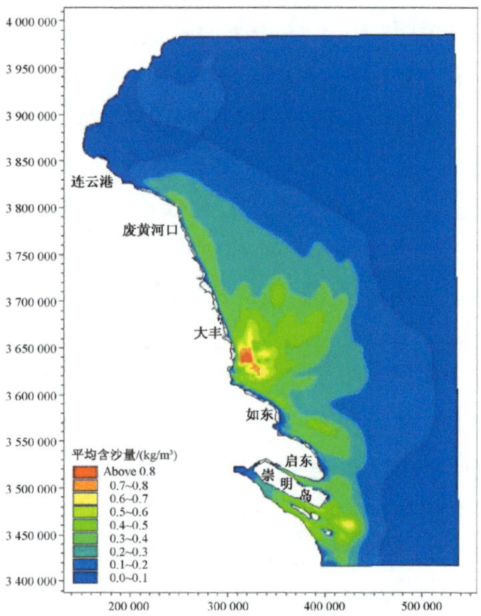

图 7.4-2 夏季小潮全潮平均含沙量场

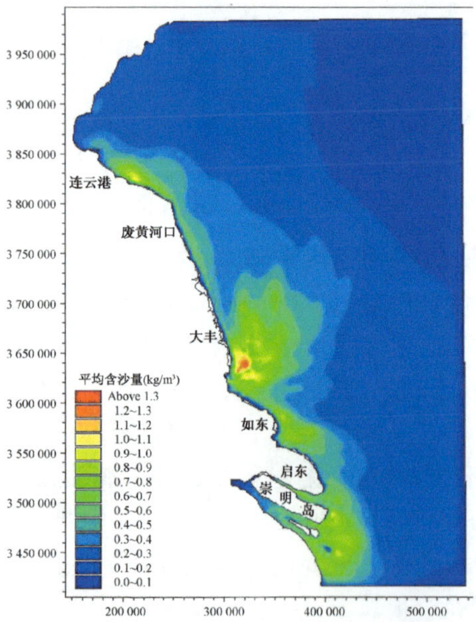

图 7.4-3 冬季大潮全潮平均含沙量场

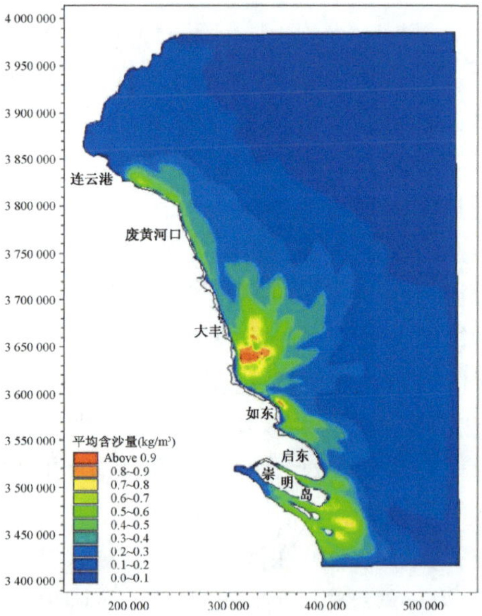

图 7.4-4 冬季小潮全潮平均含沙量场

由图可以看出，南黄海辐射沙脊群附近水域含沙量呈现比较明显的时间和空间上的分布变化规律。

从空间分布来看，夏季和冬季、大潮和小潮期间潮平均含沙量场的分布趋势较为相似。观察图7.4-4可以发现，计算区域内有三个高含沙量区：废黄河口附近海域、辐射沙脊群海域、长江口附近海域。废黄河口附近海域泥沙主要是由于黄河在改道之前在此入海，导致大量泥沙堆积于此，辐射沙脊群海域处泥沙的堆积主要是由于东海前进潮波和反射潮波两潮波系统在此辐聚辐散的影响，长江口附近海域高含沙量场是长江携带大量泥沙在此长期堆积形成的。辐射沙脊群海域含沙量最高，其次是长江口附近海域，废黄河口附近海域含沙量最低。其中辐射沙脊群海域是重点研究区域，下面详细介绍。

辐射沙脊群海域的含沙量分布总体呈现由中部条子泥附近水域向东部、南部和北部逐渐降低的趋势。条子泥附近水域悬沙浓度高于其他水域的悬沙浓度，夏季大潮潮平均含沙量可达1.65 kg/m^{3}以上，冬季大潮潮平均含沙量可达1.95 kg/m^{3}以上。

条子泥北部水域的含沙量较南部水域高，分析原因：①主要是由于条子泥北部直接与西洋水道相接，西洋水道作为辐射沙脊群海域的主要潮汐通道之一，是辐射沙脊群西北部近岸水域的主要水沙输运通道。该水域潮动力强劲，床面泥沙在较强的床面切应力作用下容易再悬浮而进入水体，并随涨落潮流一起运动。②西洋水道与废黄河口水下三角洲相连，其潮流有充足的泥沙来源供给。③辐射沙脊群东部深海水域虽同时受到东海前进潮波和苏北旋转潮波的影响，潮动力条件不弱，但水深较大，水体含沙量并不大，因此辐射沙脊群东部海域搬运至辐射沙脊群水域的泥沙不多。因此，在这3个方面因素的共同作用下，形成了条子泥北部近岸水域含沙量相对较高的现象。

条子泥南部水域的含沙量低于北部水域是因为：①辐射沙脊群南部水域虽有烂沙洋及黄沙洋水道等存在，但条子泥水域为近岸沙脊，高滩基本与岸线相连，南部仅与烂沙洋近岸水域相接，涨落潮动力较条子泥北部稍弱，因此悬沙及底沙交换的强度亦相对较弱。②辐射沙脊群南部水域虽与长江口相连，但长江口的水沙以南下为主，北上的水沙并不多。③辐射沙洲南部水域东面的深水海域同样由于水深较大，水体含沙量较小，无法给辐射沙洲南部水域提供充足的泥沙来源。

7.4.2 悬沙浓度时间分布

从时间的变化来看，夏季和冬季平均含沙量差异较明显，冬季平均含沙量大于夏季平均含沙量，冬季大潮潮平均最大含沙量可达1.3 kg/m^{3}以上，夏季大潮含沙量最大在1.1 kg/m^{3}以上，冬季小潮潮平均最大含沙量在0.9 kg/m^{3}以上，夏季小潮含沙量最大在0.8 kg/m^{3}以上。

无论是夏季还是冬季，大潮和小潮潮平均含沙量的差异相当明显。辐射沙脊群海域的含沙量与水动力条件的变化密切相关，大潮潮平均含沙量明显比小潮潮平均含沙量高，并且总体呈现距离辐射沙脊群中心条子泥附近区域越远，大潮和小潮潮平均含沙量的差异也相对越小的特征，但二者之间仍有差别。分析大潮和小潮整体的分布变化趋势可知，这种时间变化趋势与辐射沙脊群近岸水域泥沙在水流作用下容易发生沉降和再悬浮运动，进而导致辐射沙洲水域水下地形频繁变化的实际情况较为吻合。

7.4.3 悬沙输运与沙脊群发育

悬沙量的平面分布总趋势是，弶港附近海域及辐射沙脊群北部的含沙量最高，而南部海域除近岸地区含沙量较高外，其余南部海域的含沙量均较小，并且含沙量向海则逐渐降低。含沙量的分布与动力条件的强弱密切相关，整个海域大潮平均含沙量普遍高于小潮平均含沙量，波浪作用下的平均含沙量明显要高于单纯潮流作用下的平均含沙量，但波浪对含沙量的分布格局影响不大，潮流对泥沙输运起主要作用。

辐射沙脊群北大南小不对称格局的塑造，与泥沙的输运及分布规律密切相关。悬沙的平面分布规律显示，辐射沙脊群北部海域是高含沙量区，并且范围大，因而北部的辐射沙脊最为发育；而辐射沙脊群南部海域是低含沙量区，相应南部的辐射沙脊个体小而短。

悬沙在大致以弶港为顶点的辐射状潮流场中扩散、运移，该区的潮流场控制着泥沙的扩散、运移和分布，进而控制海底地形的发育，只要有足够的泥沙来源，经过漫长的时期和复杂的动力沉积过程后，辐聚、辐散的潮流最终塑造出辐射沙脊群，辐射沙脊群的形成、维持以及演变均受控于该区的潮流场。

7.5 冬夏季悬沙通量分析

辐射沙脊群海域海底地形特殊，水流、泥沙运动规律非常复杂。利用悬沙通量来研究该海域的演变规律，正值表示泥沙从外海向内部输运，负值表示泥沙从内部向外海输运。这里利用建立的辐射沙脊群水域水沙数学模型，对悬沙通量进行计算，以探明辐射沙脊群各个水道中泥沙的来源和去向，并详细分析其演变趋势。

7.5.1 悬沙通量整体分析

首先在辐射沙脊群外围取 4 个断面，详见图 7.5-1，此 4 个断面基本上把整个辐射沙脊群包括在内，通过计算这 4 个断面的悬沙通量，可以对辐射沙脊群整体的泥沙进出有一个初步的判断和近似的数量估计。

各断面夏冬季大小潮的悬沙通量计算值见表 7.5-1。

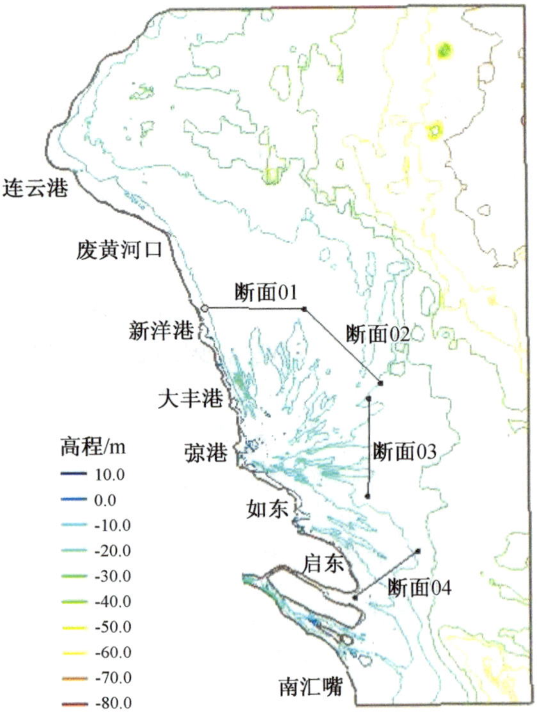

图 7.5-1 各断面选取示意图

表 7.5-1 各计算时间内悬沙通量(10^5 t)

时间段	断面 01	断面 02	断面 03	断面 04	总计
夏季大潮	4.56	−6.28	5.82	0.64	4.74
夏季小潮	3.00	−3.88	2.89	0.51	2.52
冬季大潮	3.12	−3.26	3.13	1.17	4.16
冬季小潮	2.65	−2.71	2.24	0.99	3.17

利用表中的计算结果，计算夏季悬沙通量和冬季悬沙通量，具体计算如下，计算结果见表 7.5-2。

表 7.5-2　夏季和冬季悬沙通量(10^7 t)

季节	断面 01	断面 02	断面 03	断面 04	总计
夏季	3.30	−4.44	3.80	0.51	3.17
冬季	2.52	−2.60	2.35	0.94	3.20

$$\text{夏季悬沙通量}=\frac{(\text{夏季大潮悬沙通量}+\text{夏季小潮悬沙通量})}{2}\times\frac{24}{25}\times\frac{365}{4} \quad (7.5\text{-}1)$$

式(7.5-1)表示夏季悬沙通量是由夏季大潮和夏季小潮悬沙通量的平均值除以两个潮周期时长(以 25 h 计算)，再乘以一天时长(以 24 h 计算)，最后乘以一个季节的天数而得到。

$$\text{冬季悬沙通量}=\frac{(\text{冬季大潮悬沙通量}+\text{冬季小潮悬沙通量})}{2}\times\frac{24}{25}\times\frac{365}{4} \quad (7.5\text{-}2)$$

式(7.5-2)表示冬季悬沙通量是由冬季大潮和冬季小潮悬沙通量的平均值除以两个潮周期时长(以 25 h 计算)，再乘以一天时长(以 24 h 计算)，最后乘以一个季节的天数而得到。

为了对年悬沙通量有个量级上的概念，本文以夏季和冬季悬沙通量的平均值作为一个季节的平均悬沙通量，再按时间放大后求出年悬沙通量。具体见公式：

$$\text{年悬沙通量}=\frac{(\text{夏季悬沙通量}+\text{冬季悬沙通量})}{2}\times 4 \quad (7.5\text{-}3)$$

把计算结果和 1985 年调查估算结果进行对比，具体见表 7.5-3。由表可见，除了断面 01 之外，各断面悬沙通量绝对值都有所减小，整个海域悬沙通量也有所减小。

表 7.5-3　年悬沙通量对比表(10^8 t)

数据来源	断面 01	断面 02	断面 03	断面 04	总计
1985 年调查	1.09	−1.62	2.03	0.36	1.86
数模计算	1.16	−1.41	1.23	0.29	1.27

综上所述，辐射沙脊群海域总体悬沙通量为正，泥沙由外海向内部输运。在北面有废黄河水下三角洲的供给，在东面有东海前进潮波带来的长江水下三角洲的悬沙，在南面有来自现代长江口的泥沙。前两者的泥沙供给量差不多，比第三者要大得多。只有在东北方向有悬沙输出，且输出量大于其他任何一个断面的泥沙输入量。对于辐射沙脊群整体而言，泥沙是向内部输运的，且一年的净输沙量是 1.27 亿 t。

与 1985 年调查报告对比，4 个断面的悬沙通量在方向上是相同的，01、02 和 04 断面的悬沙通量在数量上也相差不大，断面 03 和总体悬沙通量相差大一些。分析原因，可能是因为：

(1) 报告是对 1985 年调查资料进行计算，报告中提出“提供量级上的概念，对沙洲区外围 4 个断面的断面余输沙量进行了概算”，两次结果对比，量级上是相同的，数值上相差在 50%之内，且 1985 年调查为“概算”，因此本文结果也与调查概算结果差别不大。

(2) 数模计算的01断面的悬沙通量大于1985年调查概算结果。可能是由于近三四十年以来苏北的侵蚀岸段已不限于废黄河三角洲海岸，而是扩大到两侧的滨海平原海岸。据20世纪90年代测量，已南移到射阳河口以南的沙港闸附近。此界限在20世纪七八十年代大约以1 km/a的速度南移。因此尽管废黄河口蚀退减弱，但由于侵蚀岸段长度不断扩大，沙源还是可以不断地向南输沙的，并且输移的泥沙量更多。还可能由于近年来全球海平面上升，江苏海岸风暴潮有加剧趋势，风暴潮的加剧也对江苏海岸造成严重的突发性侵蚀[78]。

(3) 数模计算的03断面的悬沙通量和1985年调查概算结果相差较大，且数模计算的偏小。可能是03断面贯穿苦水洋、黄沙洋和烂沙洋，这三大洋的潮流通道虽然都处于冲刷状态，但是由于近年来围垦工程不断增加，而且实施了一些护基手段，使得潮流通道冲刷减弱，相应的悬沙通量减少。

(4) 数模计算的04断面的悬沙通量小于1985年调查概算结果。04断面的悬沙通量是由长江口向北部输运形成的，由于三峡工程的实施，使得长江入海泥沙大幅度减少，相应的长江口北上泥沙也减少，从而导致04断面悬沙通量较1985年调查结果变少。

(5) 数模计算的02断面的悬沙通量小于1985年调查概算结果。由于整个辐射沙脊群区域泥沙循环是受东海前进潮波直接影响的，从辐射沙脊群东边和南边进来的泥沙都变少了，从而使得02断面的向外输沙也相应地变少了。

(6) 数模计算的悬沙总量比1985年调查概算结果要小一些。前面已经把各断面变化的原因进行了分析。悬沙通量的减小说明虽然整个辐射沙脊群总体是处于淤积状态的，但是淤积量在逐年减少。很多水道沉积动力条件也在趋于稳定，有利于建港，并对通航条件与航道稳定性有潜在的影响。

7.5.2 典型水道悬沙通量

通过前面对辐射沙脊群外围4个断面悬沙通量的计算和分析，对辐射沙脊群整体的冲淤变化和泥沙净输移量有了初步的了解。为了更细致更详细地认识辐射沙脊群的发展和泥沙的来源，需要对其主要水道的悬沙通量进行分析。为了能对各水道的悬沙通量进行准确地计算，必须要在同一水深下测量出水道的宽度。

图7.5-2中各断面宽度是各水道在水深−10 m处的宽度。

图7.5-2中共有10条断面，这些断面基本把整个辐射沙脊群海域的主要水道都截断了。本书利用水沙模型计算了夏季大潮、夏季小潮、冬季大潮和冬季小潮各两个潮周期内(25 h)各断面的悬沙通量。结算结果见表7.5-4。

表7.5-4 各水道断面的悬沙通量(10^5 t)

断面	05	06	07	08	09	10	11	12	13	14
夏季大潮	1.82	0.96	−1.09	−0.86	−0.95	0.59	1.34	1.36	0.37	0.49
夏季小潮	1.15	0.51	−0.71	−0.30	0.47	0.32	0.96	0.75	0.11	0.13
冬季大潮	1.65	1.09	−1.00	−0.97	−1.23	0.53	1.32	1.54	0.46	0.53
冬季小潮	1.21	0.54	−0.63	−0.37	−0.57	0.37	0.87	1.06	0.16	0.11
总计	5.83	3.10	−3.43	−2.50	−2.28	1.81	4.49	4.71	1.10	1.26

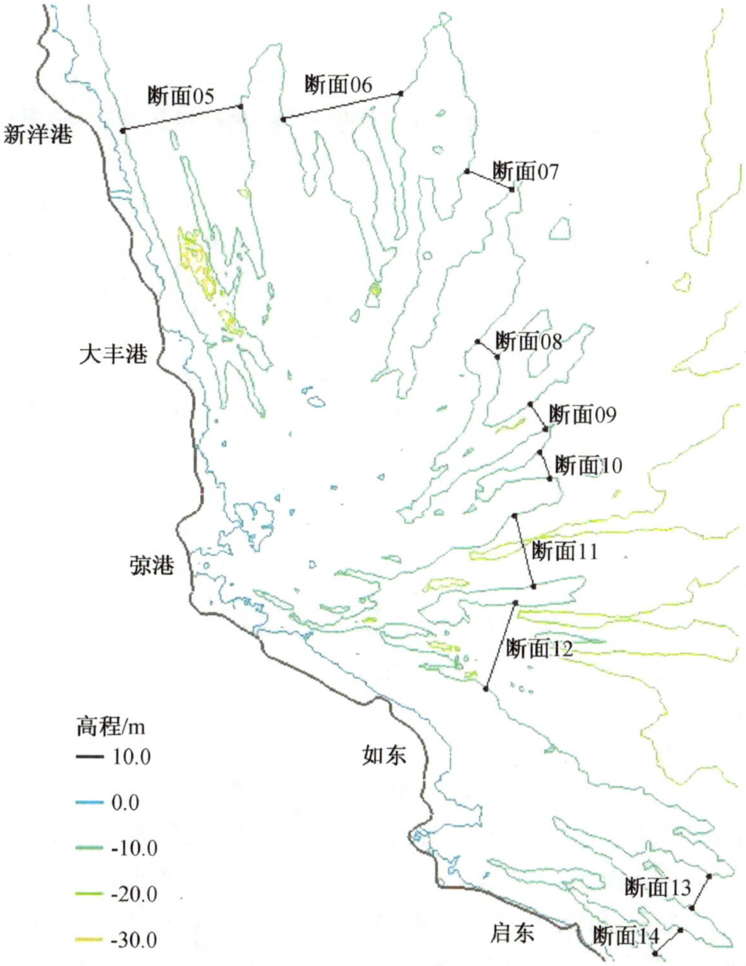

图 7.5-2　各水道断面示意图

观察表 7.5-4 可以发现，大部分断面的悬沙通量都是冬季大于夏季，大潮大于小潮。除了 09 断面外，其他断面 4 个计算时间段内的悬沙通量的符号都是一致的。09 断面的夏季小潮悬沙通量符号和其他 3 个时间段不一致，可能是此处地形复杂，水动力条件较为紊乱的原因。下面利用表中的数据通过式(7.5-1)、式(7.5-2)和式(7.5-3)，计算出各断面的年悬沙通量，计算结果见表 7.5-5。

表 7.5-5　各水道断面的年悬沙通量(10^7 t)

断面	05	06	07	08	09	10	11	12	13	14
年悬沙通量	5.11	2.72	−3.00	−2.19	−2.00	1.58	3.93	4.12	0.97	1.10

结合图 7.5-2 可以看出，05 断面位于西洋水道北端，悬沙通量为正就说明废黄河水下三角洲及沿岸潮滩的泥沙顺着西洋水道进入辐射沙脊群。由表 7.5-5 可知，西洋水道的净输沙量都是向南输移的，说明西洋中的悬沙中有部分是由北面向其汇入的，通过与西洋东西两岸一系列的输入、输出，并结合西洋内部的冲刷、淤积，最终向辐射沙脊群中心区输移。从数据可以看

出，西洋水道的净输沙量是所有水道中最大的，可以证明西洋是南黄海辐射沙脊群北部最大的潮流通道。06 断面位于平涂洋南端，悬沙通量也为正，说明废黄河水下三角洲的泥沙通过平涂洋沿着小北槽和大北槽向辐射沙脊群中心区输移。由于平涂洋比西洋离废黄河水下三角洲及沿岸潮滩较远，水体中含沙量较小，因此 06 断面的悬沙净输移量比 05 断面要小很多。

07 断面位于陈家坞槽内，此断面的悬沙通量是负值，表示净泥沙输移是从辐射沙脊群向外部的。而且年悬沙通量的绝对值较大，说明陈家坞槽是辐射沙脊群向外输沙的重要通道。08 断面和 09 断面位于外毛竹沙的两侧，08 断面在草米树洋内，09 断面位于苦水洋内，两断面的悬沙通量都是负值，都是辐射沙脊群向外部输沙的重要通道，但是这两个断面的悬沙通量的绝对值比 07 断面要小，可能是由于宽度比 07 断面要窄的原因。

10 断面位于苦水洋内，11 断面位于黄沙洋内，此两者的悬沙通量都是正值，说明净输沙是从辐射沙脊群东部海域向辐射沙脊群中心输移的。且 11 断面的值比 10 断面要大得多。分析原因可能是：首先，11 断面比 10 断面宽很多，过水过沙量也相应大很多；其次，11 断面所处的水道比 10 断面所处的水道要通畅得多，利于水流和泥沙的输运；最后，这两个断面所处的水道位于不同的“洋”内，苦水洋和黄沙洋的水沙动力环境是不一样的，因此两个断面的悬沙通量差距较大。

12 断面位于烂沙洋内，年悬沙通量为正，因此 12 断面所在的水道是泥沙从辐射沙脊群东部海域向内部输移的重要通道。由于值很大，可以说明烂沙洋是南黄海辐射沙脊群南部最大的潮流通道。

13 断面位于冷家沙和腰沙之间的网仓洪内，14 断面位于腰沙南部的小庙洪内。此两断面的年悬沙通量都是正值，说明两者所在的水道是长江口泥沙向辐射沙脊群内部输移的重要通道。但是值比较小，因为长江口约 44%的泥沙在水下三角洲地区沉积下来，大约 27%向南进入杭州湾，向东入海的有 20%左右，仅有 9%左右的泥沙向北进入江苏海域。14 断面的悬沙通量大于 13 断面，可能是因为 14 断面离岸较近，长江水下三角洲及沿岸潮滩的泥沙顺着水道进入辐射沙脊群比 13 断面要多。

综上所述，泥沙是从辐射沙脊群外部向内部输移的。北边的断面悬沙通量为正，表示废黄河水下三角洲的泥沙向辐射沙脊群内部传输，东边的断面为正表示东海前进潮波带来的长江水下三角洲的悬沙向辐射沙脊群内部输移，南边的断面为正表示现代长江口的泥沙向沙脊群内部输运，只有东北方向的断面悬沙通量为负，说明泥沙自此断面向外部输运。虽然辐射沙脊群整体是处于淤积状态，但内部各区域冲刷淤积有所差异。对于辐射沙脊群所有通道而言，泥沙是向沙脊群内部输运的，且一年的净输沙量是 1.23 亿 t，和辐射沙脊群整体泥沙输移的计算结果基本吻合。

第8章

辐射沙脊群百年尺度地貌演变

8.1 河口海岸地貌模型发展历史

河口海岸地貌模型作为预测海岸、河流以及河口系统的基本工具，其发展是从早期的岸线模型开始的，近30年来经历了二维水深平均、准三维和三维模式，现已经得到广泛的应用。

De Vriend等[79]将海岸地貌模型分为两类，分别定义为面向过程模拟(process-oriented modeling)和面向表现模拟(behavior-oriented modeling)。

其中，面向过程模拟研究小尺度现象的具体发展过程，而面向表现模拟认为海岸现象存在时间尺度不匹配的问题，在模拟中仅关注与被研究变量尺度相近的动力作用下的净影响。多年来学者们对两种模型的优势与不足进行了探讨[80,81]，认为面向表现模拟能够适用于长时间尺度(年到千年)的研究，但是忽略了真实的力学背景，往往仅适用于特定的算例，通用性较差。面向过程模拟理论较为成熟，在模拟时间尺度较短(小时到天)的海岸动力地貌时精度和可靠性较高，但是在长周期尺度下并不优于面向表现模拟。造成这一现象的原因有两方面：一方面是因为长周期的动力地貌是一个复杂系统，其动力作用具有多时空尺度，且各模块(水动力、泥沙输运、地貌演变)相互耦合，无法完全详尽正确地描述；另一方面，面向过程模型在偏微分方程解的计算中具有数值误差，这种误差在长时间尺度的大量迭代计算中被累积，并反馈在最终的地貌演变中。

为了减少面向过程模型的数值误差，提高长周期动力地貌模型的可靠性，De Vriend[82]和Latteux[83]引入了信息约减概念，包括输入约减、模型约减和输出约减，使得面向过程模型得到了发展并受到了广泛的应用。此外，Roelvink[84]还提出了地貌更新技术，将地貌更新方法分为潮平均法、地貌快速判定法、联机法和并行联机法。基于两种模拟思路的总结和实践，Himba等[85]提出将长时间尺度动力地貌模型分为复杂模型和理想化模型，前者使用真实的地形、边界条件和物理参数，能够反映出研究区域的真实情况，后者使用简化的方程和地形，把地貌演变的主要过程孤立出来进行分析。这几年，一些学者(Jimenez等[86]，Karunarathna等[87])还提出了混合模型。混合模型结合了前两类模型的优点，有良好的发展前景。

8.2 长周期模型应用

在人类活动与自然条件变化日益强烈的情况下，长周期地貌模型正被广泛用于研究和预测海岸地貌系统长期演变。由于研究理论和技术的逐渐成熟，模型能够较好地用于研究沿岸地区、河口地区、潮汐水道系统以及三角洲地区的地貌演变。

8.2.1 沿岸地貌

Nicholson 等[88]建立了 5 种不同的海岸地区动力地貌模型并将其应用于离岸防波堤布局，将各计算方法的结果与实验室和现场数据预测结果进行了比较，认为在波浪、水流、泥沙输运的耦合下，模型能够有效评估离岸防波堤影响下主要动力地貌演变特征。Kristensen 等[89]提出了岸线长周期地貌形态模型的概念，演示并探讨了一些应用实例，认为要想建立有效的海岸演变模型，需要对沿岸输运进行定量分析，建立泥沙输运和岸线地貌演变耦合方式，还需在合理的时间内计算出有效的结果。Zhang 等[90]利用面向过程模型模拟了岸线区域的波浪、水流以及泥沙运输，利用面向表现模型模拟了十到千年尺度的波浪主导的海岸演变，认为长周期地貌演变模型虽未十分成熟，但可以反映出岸线地貌演变的主要特征。

8.2.2 河口地貌

Hu 等[91]模拟了在三峡工程和南水北调工程导致长江入海泥沙量锐减背景下的长江口九段沙地貌演变，模拟结果与实际情况对应良好，并预测了今后 20 年内九段沙的地貌演变趋势。Reeve 等[92]利用布尔网络法分析了三种河口的长周期演变，认为长周期动力地貌响应取决于河口类型以及系统内泥沙的供求关系，适度的人类活动（疏浚、人工建筑物）对整个地貌系统的长周期没有显著影响。

8.2.3 潮汐水道地貌

Wang 等[93]基于地貌演变程序包 DELMOR 建立了瓦登海潮汐汊道地貌演变模型，计算了水流、泥沙输移、初始床面高程变化率以及长周期地貌发展，认为模型虽然在细节上不太真实，但可成为有用的研究工具。

Van Goor 等[94]和 Kragtwijk 等[95]分别研究了自然变化（海平面上升）和人类活动（封闭邻近潮盆）影响下潮汐汊道为达到新的平衡态所作出的调整过程。Xie 等[96]用二维模型模拟了杭州湾大型潮汐水道系统的形成过程，认为理想化的模型难以再现杭州湾的复杂流场特征，必须采用仅将水道夷平的真实地形。

8.2.4 三角洲地形

Grunnet[97]利用面向过程模型模拟了荷兰泰尔斯海林岛沙洲滨海堆积的地貌发展，认为地貌动力的结果依赖于空间尺度的选择，在大空间尺度下模型预测效果较好，然而泥沙输运与地貌变化之间的相位缺失是沙坝预测不理想的主要因素。Wu 等[98]开发了一个珠江三角洲长周期“动力-沉积-形态”模型（PRD-LTMM），较好地描述了珠江三角洲在距今 6 000 年以来的沉积模式，基本重现了珠江三角洲及河网主干道形成演变过程。

8.3 时空尺度划分及长时间尺度模型计算原理

在长周期动力地貌演变中，一定时空尺度的水动力作用和地貌演变过程是互相联系的。

De Vriend 等[99]将海岸动力地貌过程分为小尺度、中尺度、中长尺度以及长尺度。

不同的空间尺度与时间尺度是相对应的(表 8.3-1),同一行为现象可能是噪声,也可能是地形变化的动力作用,还可能是外部条件。因此在长周期地形模型建立前就应选出影响地形地貌演变的最主要的水动力过程,避免噪声信息混杂其中,提高模拟的计算效率与可靠性。

表 8.3-1 不同时空尺度下水动力与地形地貌的对应关系

时空尺度			动力地貌	
尺度分类	时间	空间	水动力	地形地貌
小尺度	秒、小时	米	紊流、波浪等	沙波、沙丘等
中尺度	天	十米至千米	潮汐过程	槽滩、潮脊等
中长尺度	月、年	千米以上	季节性变化	潮汐汊道、小型河口等
长尺度	十年以上	几千米以上	气候、海平面变化	海盆、大河口、三角洲等

De Vriend 等[100]认为长周期模型是基于严格的物理原理,将一系列水动力、沉积物运输和地形演变方程应用于模型的各模块中,先详细描述短时间尺度下水动力及泥沙输运情况,再通过循环以计算长时间尺度(几年至上千年)的海岸地形演变过程。计算流程如图 8.3-1 所示。

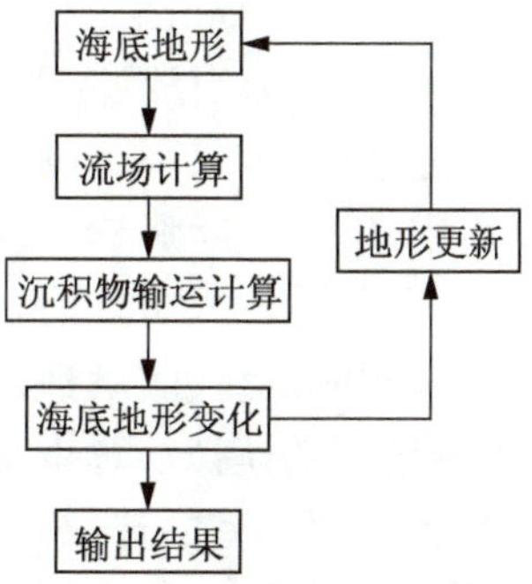

图 8.3-1 长周期地貌演变模型计算流程

由于模型是在长时间尺度下发育并演变,其验证方法与短时间尺度有所不同,Himba 等[101]提出两种验证方法:第一是模拟结果与实测地貌形态的比较,第二是将模拟结果与经验/半经验模型或者其他长时间尺度模型结果进行相互验证。

8.4 信息约减技术

地形变化是短时间尺度上的波浪、潮流等水动力因子不断作用的结果,在长时间的累积下海岸地区的地貌才会发生显著变化。在面向过程模型中,如果需要精确计算地貌变化则需在长时间尺度上连续计算水动力及泥沙输运过程,这将产生巨大的计算量以及多次迭代累积的误差,因而信息约减技术应运而生。

De Vriend 等[99,100]提出了一系列简化思路,包括延长地形时间步长、用变量或函数进行子模块间的数据传递、地形变化较小时采用连续校正法、小时空尺度内采用半经验性的平均算法以及模型整体上的参数化、结构化等。基于此,Latteux[102]总结出信息约减的 3 个主要原则:①选择代表性的输入条件;②简化地形变化对流场的扰动;③增加地形演变时间步长。这 3 个原则能够很好地应用于潮流驱动下的海岸动力地貌模型中,其中第一个原则属于输入条件约减,后两个原则属于模型约减。此外,输出条件约减也是必不可少的简化方法。

8.4.1 输入条件约减

输入条件约减的基本思想是在长时间尺度下忽略次要因子，找出主要因子，即对长周期过程中变化较小的参数(糙率、扩散系数)进行近似处理，同时考虑长周期的净影响，找出代表性的输入条件。潮流是泥沙输运及地貌演变的主要动力，然而潮汐运动的实际序列在长周期模拟中将产生不可接受的耗费，因此代表潮的选取是输入条件约减的关键。

8.4.1.1 代表潮选取方法

由于海域边界远离河口湾，且受到地形影响较小，因而可以假设潮位在千年尺度中变化较小，即古潮汐与现代潮汐相似，且潮汐沿程变化规律相近。在长时间尺度中，对潮和其权重加以选择，用少数潮循环以取代整个真实潮，使得床底地形变化与真实情况相似。Latteux[102]提出了代表潮选取步骤：①计算各测点 P_i 在长时间尺度下的平均泥沙输运；②对于各测点 P_i，确定各潮差类 T_j 的泥沙输运与实际平均泥沙输运的比值 $\lambda_i(T_j)$；③找出一个潮序列 j_c，使得各测点 P_i 中的 $\lambda_i(T_{jc})$ 是恒定值，且泥沙输运方向与实际情况相近。那么潮序列 $j_c/\lambda_i(T_{jc})$ 即是所需的代表潮。

8.4.1.2 代表潮个数的选取

Latteux[102]认为当地形简单时，单一代表潮足以用来模拟长时间尺度海岸动力地貌过程；当地形复杂时，容易引起潮流的不规则变化，若仅仅采用单一代表潮，模拟结果会出现较大误差，需用几个代表潮结合不同的权重系数作为输入条件。当以 2 个代表潮(大潮和小潮，权重相等)作为输入条件时，误差大幅减小，而 3 个代表潮(大潮、小潮、平均潮)时，误差减小不明显，同时，当代表潮数量继续增加时，对误差的改变均不明显。任杰等[103]对古珠江河口湾进行长周期模拟计算也得到了类似的结论。

8.4.1.3 代表潮潮差的选取

代表潮的平均潮差小于真实潮平均时，代表潮与真实潮引起的泥沙输运率将相去甚远。Steijn[104]发现，由于泥沙输运公式的选取不同，代表潮的潮差应略高于平均潮差 7%～20%。任杰等[103]认为古珠江河口湾采用大于平均潮差约 12.5%的 3 个代表潮为输入条件时，代表潮与真实潮产生的泥沙平均输运率误差最小。

8.4.2 模型约减

模型约减的思想是基于对模拟模式、物理过程与机制的分析和把握，而略去影响小尺度行为的分析，将模型设定在关注的尺度内。模型约减包括简化地形变化对流场的扰动以及增加地形演变时间步长。

8.4.2.1 简化地形变化对流场扰动

当地形变化足够微小时，可以认为水流和泥沙运动不受地形影响，此时不必进行水动力计算，只需要使用连续校正(continuity correction)来调整水流运动的参数。连续校正是长周期模拟中常用的方法，其思想可以概括为：地形更新时局部流量不变，即 Uh 为阶段性常量(U 为速率，h 为水深)，流向对地形变化的敏感性差[105]。然而连续校正法只适用于地形的微小变化，若地形发生较大变化，则需重新进行水动力的计算。

另外，还可以通过浅水方程线性化来简化地形变化对流场的扰动，但只适用于水流扰动足够微弱且无旋时，在复杂的水动力以及地形环境中并不适合[102]。

8.4.2.2 增加地形演变时间步长

目前存在 3 种方法增加地形演变的时间步长，分别是直接推延法(straightforward extrapolation)、时间中心推延法(centered extrapolation)以及潮汐延长法(tide lengthening)。

直接推延法是假设在一个有限的相对底床变化($\Delta h/h$)之下，底床变化对流场的扰动忽略不计，设第一个潮的底床变化为 Δh，将其直接推延 N 个潮，则 N 个潮底床变化为 $N\Delta h$，在 $N+1$ 个潮后更新地形条件，重新对水动力和泥沙输运进行计算。

时间中心推延法在直接推延法基础上进行了改进[14]，在一相对底床变化下，设第一个潮的床底变化为 Δh_1，将其推延 N 个潮，更新地形，计算出第 $N+1$ 个潮的底床变化 Δh_2，则校正后的第一个潮的底床变化为$(\Delta h_1+\Delta h_2)/2$，则 N 个潮底床变化为 $N(\Delta h_1+\Delta h_2)/2$。在 $N+1$ 个潮后更新地形条件，重新进行上述循环计算。De Vriend[105]提出的预测校正法与此类似。

潮汐延长法是按相位对应关系将 N 个连续潮重置成一个单一潮，即将连续潮同相位段编排在一起，因此地形模型的时间步长等于 N 倍泥沙输运的时间步长。每一个地形时间步长之后需进行地形更新，且潮况发生变化。

直接推延法思路简单，计算简便，在地形变化较小时对水流和泥沙输运的影响较小，当潮个数较多时地形更新不包含底床连续变化，容易导致模型不稳定。时间中心推延在相邻时层作了地形沉积厚度的平滑，具有一定稳定性，但在较小的时间尺度内就会出现误差。潮汐延长法模型稳定，结果也较精确，可以对潮个数取较大的值，适合于长周期地形模拟[106]。

8.4.3 输出约减

任杰认为输出约减是信息约减必不可少的环节。长时间尺度的模拟是由小尺度复合而成的，需进行大量的计算，而每一步计算的误差都会积累，因此要对误差进行衰减处理。另外，每一步的输出结果中也存在计算噪声，为了避免噪声干扰，应该在结果中提取有用信息，合理地进行模型的简化处理。

8.5 1855 年辐射沙脊群示踪粒子迁移

根据文献以及地图资料，恢复 1855 年废黄河河口、水下三角洲以及江苏沿海岸线地形。在废黄河口、辐射沙脊群海域释放 1 361 个示踪粒子，仿真 1855 年月时间尺度下江苏沿海水体输运特征。示踪粒子释放于水体表层，同时，为充分仿真近岸水域水体运动特征，在近岸区加密投放示踪粒子。

图 8.5-1 所示粒子运动特征表明，1855 年江苏沿海水体整体呈现向南输运态势。由于 1855 年盐城海域岸线较为缓和，辐聚、辐散状潮流场特征弱化，盐城外海潮流矢量大多呈现旋转流，该海域水体交换受地形限制不显著，故与现代水体输运速率相比，1855 年水体向南输运速率更快。

现代以及 1855 年江苏南部沿海水体均呈现向南输运态势，表明废黄河入海泥沙、水下三角洲为辐射沙脊群提供了大量泥沙来源，从而以江苏东南部沿海原有基底为基础，在潮流场作用下不断演变、塑造成现代辐射沙脊群。

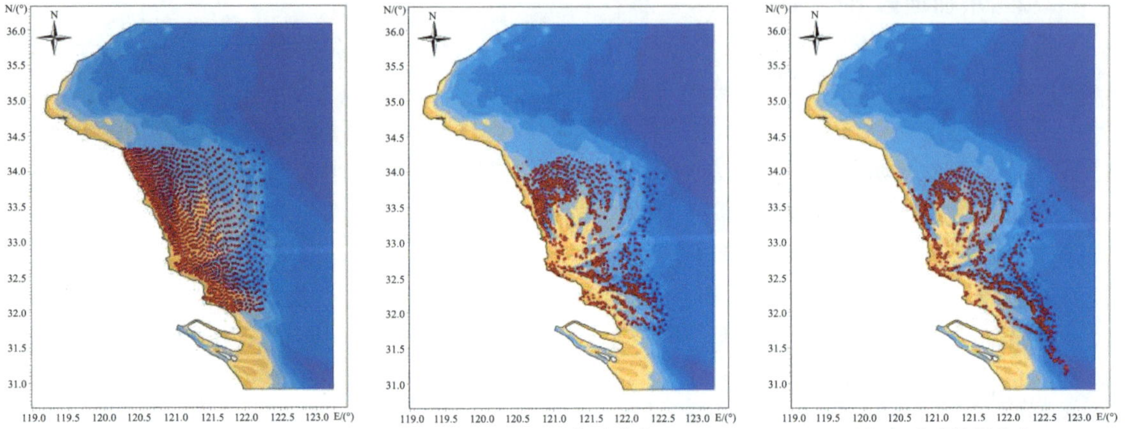

(a) 初始位置　　(b) 15 d 后粒子分布　　(c) 30 d 后粒子分布

图 8.5-1　示踪粒子分布

8.6　辐射沙脊群地貌演变动力机制分析

辐射沙脊群组成物质相对均匀单一，主要是细砂和粉砂，从动力地貌角度主要是潮流塑造的堆积地貌体。因此，其地貌体系主要是地形差异的正、负地貌体系。按照地形特征，主要分为：以潮汐水道为核心的负地形纳潮盆地地貌体系和以潮流沙脊为核心的正地形沙脊地貌体系。

辐射沙脊群地域范围广，形成历史悠久，且潮滩、深槽冲淤多变，因而，对于辐射沙脊群地貌演变分析需要抓住主要矛盾，从其突出地貌特征——大型沙脊辐射状分布着手，探究辐射沙脊群长期地貌演变特征，揭示沙脊群形成、演变的动力机制。

8.6.1　江苏沿海潮流矢量特征

选取 2006 年长江口洪季最大入海径流量阶段作为研究时段，分析长江入海径流对潮波传播的影响。给出了有或无长江径流影响下的长江口及江苏东部沿海大范围海区一个潮周期内的潮流矢量图，以此描述江苏东部沿海潮流分布特征。

长江口区潮波系统主要是东海前进潮波，以半日分潮 M_2、S_2分潮为主导；同时受黄海旋转潮波影响，全日分潮 K_1、O_1分潮显著。口门外以旋转潮波为主，口门内受地形制约，以往复流形态为主。

江苏东部沿海受南黄海旋转潮波和东海前进潮波共同作用，流场呈现明显的南北差异。废黄河口东北部附近海域由于旋转潮波的存在，流速略小于南部海域；南部水域受外海前进潮波影响，潮流速矢量相对略大。此外，辐射沙脊群内部水域，受辐射状分布的潮汐通道及沙脊制约，涨落潮流矢量呈现明显的往复流形态。

长江口入海径流动力对江苏沿海流场影响很小，有或无长江下泄径流背景下，江苏沿海大范围潮流矢量的方向及大小均基本保持一致，江苏沿海整体的潮流场形态基本未发生变化，仅与长江口毗邻的辐射沙脊群南翼海区的潮流形态稍有差异，无长江径流影响时，涨落潮流的主流向比有长江径流作用下更趋于直线，且涨落潮流速略有减小(图 8.6-1～图 8.6-

2)。但总体而言,长江入海径流难以显著改变江苏东部近海的整体水动力环境。

因而,鉴于波浪、风暴潮仅短期内扰动辐射沙脊群地形,长江入海径流对辐射沙脊群海域动力环境影响很弱,因而对于辐射沙脊群长期地貌演变而言,潮流是决定性动力因素。

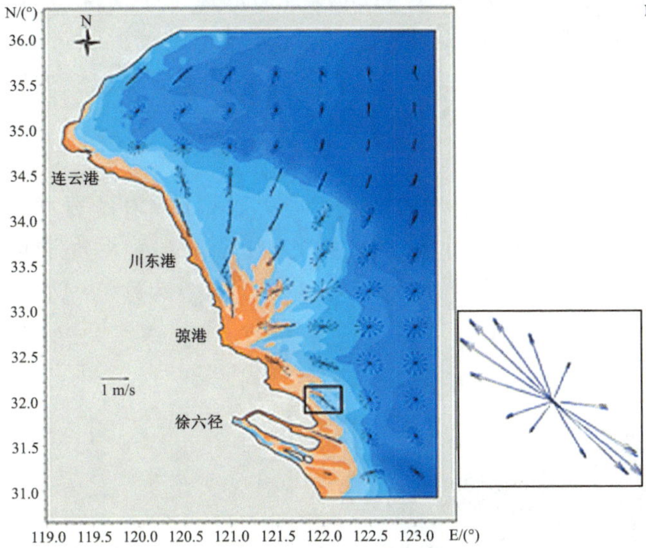

图 8.6-1　洪季长江大流量径流作用下潮流矢量

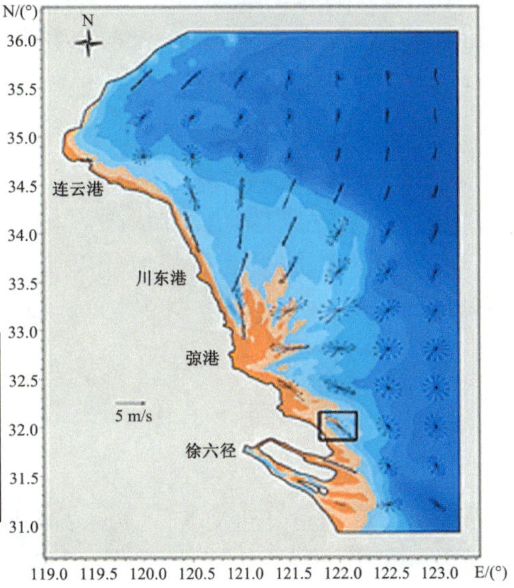

图 8.6-2　无径流作用下潮流矢量

8.6.2　均匀化现代辐射沙脊群地貌演变模型

为充分显示辐聚、辐散状潮流动力场对辐射沙脊群地貌演变的影响,将现代辐射沙脊群地形均匀化处理,抹去其显著地貌特征——大型沙脊辐射状分布。

8.6.2.1　辐射沙脊群长周期地貌演变模型建立

辐射沙脊群的地貌演变是一个长时间尺度、大空间尺度的过程,短周期(以潮为典型时间尺度)模型显然难以解决这个问题,必须建立一个长周期地貌演变模型进行模拟。潮流是泥沙输运及地貌演变的主要动力,潮汐运动的实际长期序列是循环的,因此可以选取对泥沙输运有代表性的潮序列作用代表潮,以一个代表潮序列的地形冲淤量,推算长时间的地形冲淤量,以提高模型效率。或者,考虑到长期地貌演变模型计算需要耗费很长的时间,可对地貌演变模块选择适当的地貌加速因子,加快地形冲淤演变进程,使之提早达到平衡冲淤状态,当然,若加速因子过大,计算结果可能失真,若加速因子过小,则模型运算时间会过长。

代表潮、加速因子选定:

根据辐射沙脊群海域潮流模型结果,以潮波辐合区指定特征点潮差为研究对象,将这些潮差平均分成 5 组,每组所占的比例为 20%,由大到小标示为 tide1、tide2、tide3、tide4 与 tide5,用这 5 种潮差下的潮汐来替代该特征点所经历的潮汐过程,选择出与实际潮历时下输沙效果相似的代表潮。为了选定代表潮,将 5 种潮汐共同作用后的平均泥沙输运率与实际潮历时作用下的平均泥沙输运率进行相关性分析,相关作用最大的是潮差为 tide2 的潮汐,因此,将该潮汐作为代表潮汐来代替所有潮汐对泥沙输运的作用。但是,该代表潮汐单独作用下的平均泥沙输运率与总的平均泥沙输运率只是相关,并不是相等。经研究发现,数值上前者要比后者大 13%左右。这个结果与 Latteux(1995)和 Steijn(1992)的研究结果相似,他们认为代表潮汐的作用比平均潮汐的作用要大 7%~20%。Brown、Davies(2009)和 Roelvink、Reniers(2012)的研究表明,若以单独一个潮引起的地形变化来代替实际潮汐引起的地形变化的话,前者会夸大后者的效应,这个差别在 10%左右。因此,对于在选用合适加速因子情况下,可选用实际有代表性的潮汐过程来模拟长期地貌演变过程,能在保证计算效率的情况下,使计算结果不失真。此处,选取 3 个地貌加速因子(20,100,300)进行了试算,结果显示地貌加速因子取 $R=100$ 较为合适。

8.6.2.2 地貌模型设置

为充分显示辐聚、辐散状潮流动力场对辐射沙脊群地貌演变影响,将现代辐射沙脊群地形均匀化处理,抹去其显著地貌特征——大型沙脊辐射状分布。当匀化辐射沙脊群海域地形后,为尽量减少边界条件的影响,模型选取大范围海域作为计算区域。模型计算范围如图 8.6-3 所示,计算网格为 31 786 个。

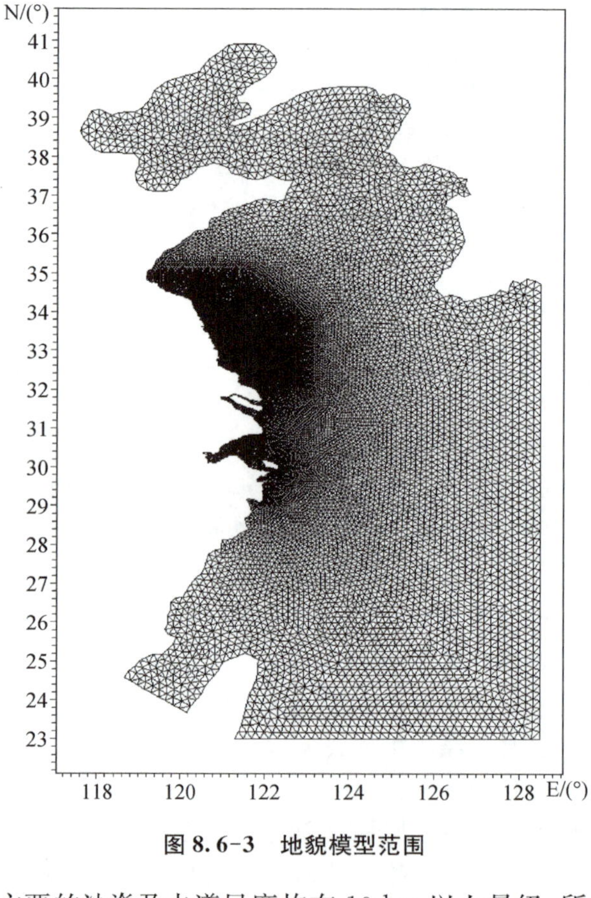

图 8.6-3 地貌模型范围

鉴于辐射沙脊群主要的沙脊及水道尺度均在 10 km 以上量级,所用模型最小网格尺度为 1 km,靠近辐射沙脊群中心区域,网格进行加密。

8.6.2.3 地貌模型研究结果分析

图 8.6-4 为现代辐射沙脊群地形,图 8.6-5 是根据现代辐射沙脊群地形得到的匀化地形。

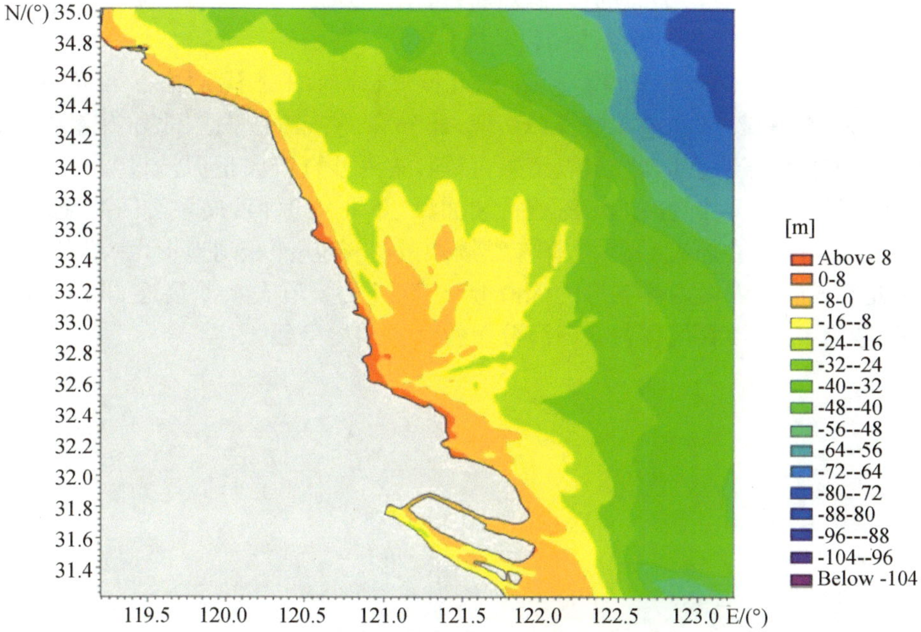

图 8.6-4　现代辐射沙脊群地形

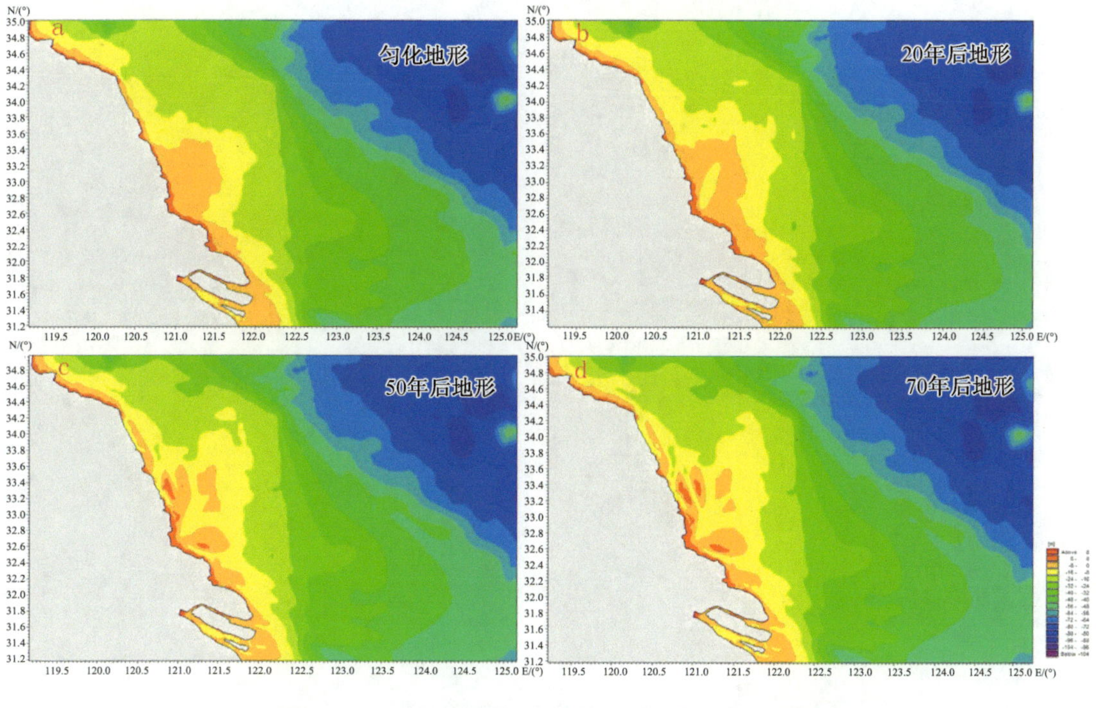

图 8.6-5　理想地貌模型下辐射沙脊群地貌演变过程

以匀化地形为基础建立长期地貌演变模型，探讨辐聚、辐散状潮流场对沙脊群地貌塑造效果。

结果显示，客观存在的辐射状潮流场结合充足的泥沙供应塑造成辐射沙脊群：

(1) 0～20 年内，变化最显著的是潮波辐合带出现 1 条深槽，深槽由弶港向东北向延伸。其他区域地形变化不大，16 m 等深线稍往外海偏移。

(2) 20～50 年内，在原有基础上，弶港以北区域，原有深槽不断加深，西洋、陈家坞槽雏形初现。弶港以南海域，条渔港深槽雏形初现，16 m 等深线继续向东北外海偏移。而东沙、条子泥近岸海域持续淤高。因此，可以猜想，目前，辐射沙脊群大量泥沙来源虽已断绝，但辐聚、辐散潮流场将使辐射沙脊群海域深槽持续加深，并将大量泥沙向核心区汇聚。

(3) 50～70 年内，在原有基础上，潮流继续塑造沙脊-浅滩相间地形，弶港以北出现多个深槽，而最先形成的可看做西洋雏形的深槽继续遭受侵蚀，最大水深接近 25 m。此时，辐射沙脊群以弶港为中心，沙脊呈辐射状向海分布特征已明显呈现。

第 9 章

江苏近海水质点输移轨迹特征

9.1 潮周期水质点运移轨迹

水流作为悬浮泥沙运动的载体，对于泥沙输运特征的分析至关重要。水流运动的方向，在一定程度上决定了泥沙运动的方向。鉴于此，为分析南黄海辐射沙脊群海域泥沙输运特征，同样需要利用辐射沙脊群海域二维水沙数学模型，采用拉格朗日质点跟踪法跟踪描述水质点在一个完整的大小潮周期内的运动轨迹。

其中，夏季和冬季大小潮两涨两落水质点的运动轨迹具体见图 9.1-1～图 9.1-4，图中运动轨迹的起始时刻是开始涨潮最低潮位的时刻，轨迹线上的彩色小方框是开始时刻水质点的位置。

由图可以看出，无论是大潮还是小潮，夏季和冬季水质点的运动轨迹较为相似，但是同一季节的大潮和小潮水质点的运动轨迹有较明显的差别，涨落潮期间，水质点基本沿着潮汐

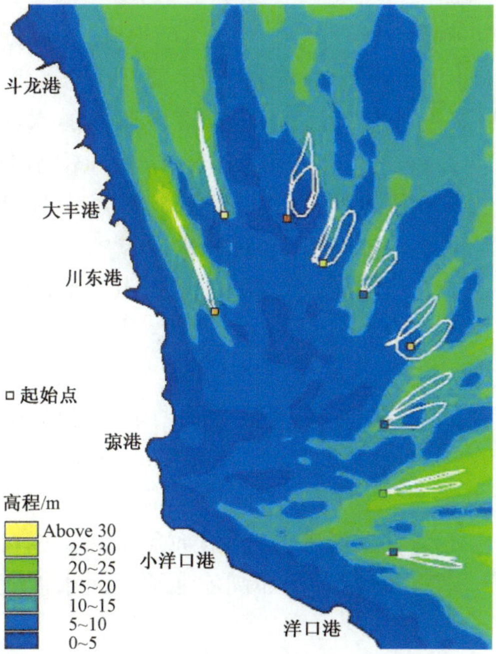

图 9.1-1　夏季大潮水质点运动轨迹

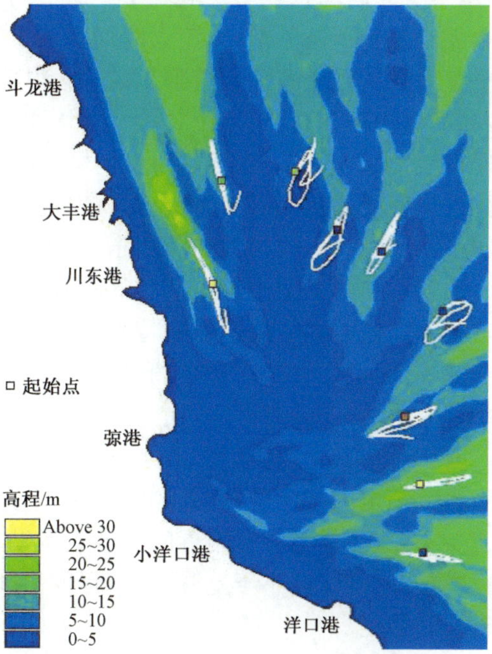

图 9.1-2　夏季小潮水质点运动轨迹

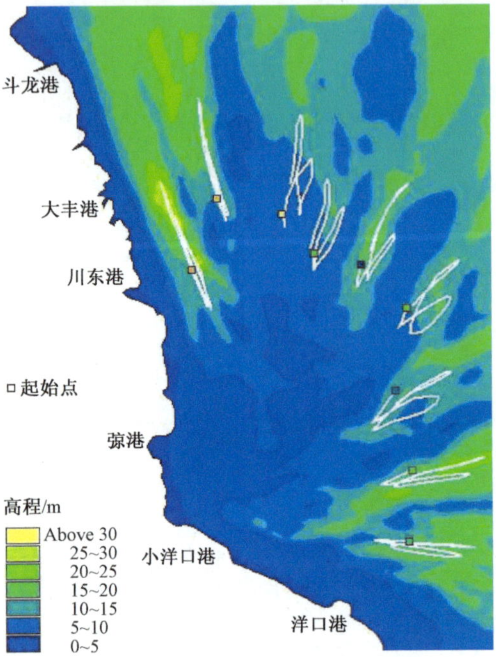

图 9.1-3　冬季大潮水质点运动轨迹

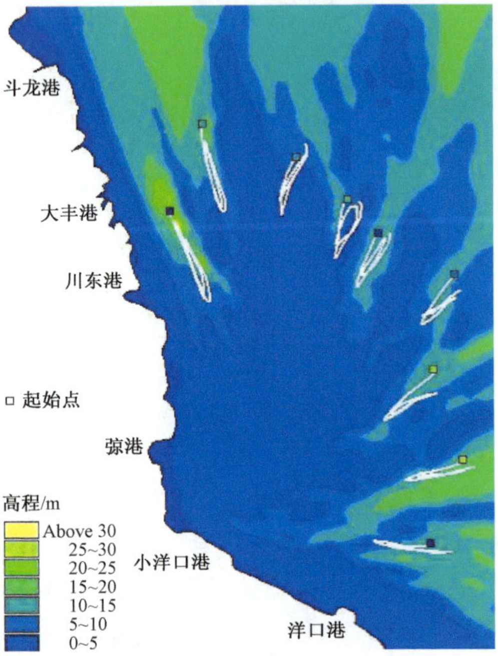

图 9.1-4　冬季小潮水质点运动轨迹

通道往复运动，运动的轨迹主要限制在潮汐通道内部。北部通道附近，由于受苏北旋转潮波的影响和西洋及陈家坞槽等潮汐通道的限制，水质点的运动轨迹基本呈西—北和西南—东北走向；而南部及东部潮汐通道附近，则由于东海前进潮波的影响和烂沙洋潮汐通道的存在，水质点的运动轨迹主要呈现东—西走向。

无论夏季还是冬季，比较大潮期间和小潮期间水质点运动轨迹的差别可得知，大潮期间水质点运动轨迹受潮汐通道限制的程度相对弱于小潮期间。分析原因，主要是由于大潮期间，高潮位相对较高，高潮位时沙脊群大部分处于淹没状态。因此，相邻潮汐通道的水体可以通过沙脊之上的横向通道进行水体交换，从而使得沙脊附近的水质点运动轨迹较小潮时显得更为凌乱；而小潮期间，由于高潮位相对较低，高潮位时沙脊群仅部分淹没，一定程度上削弱了一个潮周期内相邻潮汐通道之间水体交换的时间和强度。因此，水质点的运动轨迹极大程度上受到了潮汐通道走向的限制，使得相比于大潮期间，小潮期间水质点的运动轨迹呈现更为明显的往复流运动的特点。

此外，无论是大潮还是小潮，比较夏季和冬季可以发现，夏季的水质点运动轨迹长度比冬季要短些，轨迹线更凌乱些。虽然没有大小潮差别那么大，但是还是存在比较明显的差异。分析可知其主要原因和大小潮差别的原因基本相似，由于夏季潮位相对冬季较高，沙脊群淹没区域也大于冬季，相邻潮汐通道的水体通过沙脊之上的横向通道进行的水体交换也强于冬季，从而显得沙脊附近的水质点运动轨迹较冬季时显得更为凌乱；而冬季潮位相对较低，沙脊群淹没区域小于夏季，一定程度上削弱了一个潮周期内相邻潮汐通道之间水体交换的时间和强度。

因此，水质点的运动轨迹较大程度上受到了潮汐通道走向的限制，使得相比于夏季，冬季水质点的运动轨迹呈现更为明显的往复流运动的特点。

通过对水质点运动轨迹的分析可知,辐射沙洲区域悬浮泥沙的运动一定程度上受到了潮汐通道的限制。二分水即条子泥附近水域的悬浮泥沙主要通过西洋潮汐通道与来源于废黄河口水下三角洲的泥沙发生交换,同时,亦通过黄沙洋、烂沙洋及小庙洪等潮汐通道与长江口水域北上的泥沙发生交换。此外,由于该区域泥沙颗粒粒径不大,且由于黄海潮波和东海潮波交汇,汐能在条子泥附近水域辐聚,潮能量极为惊人,小洋口港附近实测最大潮差甚至可达 9 m 以上。在如此强劲的潮能量及波浪等外部动力的扰动下,该水域床面泥沙亦容易发生再悬浮、输运和沉降运动,这也在一定程度上解释了含沙量平面分布呈现条子泥附近水域逐渐向辐射沙脊群外围递减变化趋势的原因。

另外,从夏季或者冬季大潮或者小潮期间水质点运动轨迹呈现较为明显的半封闭形态可知,辐射沙脊群水域泥沙与外部泥沙交换的速度相对较慢。在涨潮流的作用下,潮汐通道中的悬浮泥沙从沙脊群外部逐渐以条子泥为中心呈辐射状相向运动,而当落潮时,悬浮泥沙在落潮流的挟带下,以条子泥为中心呈辐射状向外部海域运动。一个完整的潮周期内,泥沙的净输运距离并不大,因此,总体而言,虽然辐射沙脊群内潮汐通道众多,但内部水域泥沙与外部水域泥沙的交换速度并不快,半交换期相对比较长。

9.2 现代大时空尺度水体输运示踪

江苏沿海蕴有巨大的辐射沙脊群,其槽脊相见,平面呈辐射状分布,地形复杂,形态特殊。由于底床泥沙易受水体扰动而悬浮,由水体携带,在水道、沙脊间迁移,并在水体挟沙能力不足时落淤。研究水体交换强度、输移方向可以反映出研究区域物质输运的特征。

潮流是沿岸海域物质输运的主要动力要素之一,由于潮流本身的非线性现象,在一个潮周期内,运动水质点携带悬浮物质在水道、沙脊间发生迁移。因此,研究水质点的运动轨迹可以最为直观地反映出辐射沙脊群悬浮物质的输运特征。为此,这里基于三维潮流数值模拟,结合拉格朗日质点示踪技术,探究了辐射沙脊群典型潮汐水道表层、底层质点输移过程,以及江苏沿海大范围水质点长时间输移方向。

基于三维潮流数值模拟,结合拉格朗日粒子示踪技术,综合分析长时间尺度下辐射沙脊群水域水体输移路径以及江苏沿海大范围水体输运特征,借此明确辐射沙脊群海区大范围水体(物质)净输运方向。

9.2.1 Lagrange 粒子示踪技术

三维潮流数学模型基于欧拉场建立,流体粒子运动轨迹是基于 Lagrange 思想阐述的,需要将欧拉场中计算结果与粒子位移进行相关,以三维水动力模型计算结果为基础建立粒子追踪模块,得出指定粒子长时间运动轨迹。

对于 $t=t_0$ 时刻的标识粒子,其起始位置是为 $\vec{x}_0$,计算时间步长为 Δt,在 n 个时间步长之后,即 $t=t_0+n\Delta t$ 时刻标识粒子的位置为 $\vec{x}_n$,潮流场中任意位置处流速满足 $\vec{v}=U_L(r_0,t)=U_E(r,t)$,其中 U_L 为任意时刻被标识点 Lagrange 速度,U_E 为粒子所处空间点速度,则有:

$$\vec{x}_n=\vec{x}_0+\sum_{i=0}^{n-1}\int_{t_0+i\Delta t}^{t_0+(i+1)\Delta t}\vec{v}(\vec{x},t)\mathrm{d}t$$

9.2.2 辐射沙洲海域示踪粒子输移路径

潮汐水道、沙脊滩面是辐射沙洲主要的地貌元素，鉴于此，选取12个典型位置释放示踪粒子，其中①处初始时刻表层、底层各释放一个示踪粒子，其余位置示踪粒子均释放于表层，具体如图9.2-1所示。

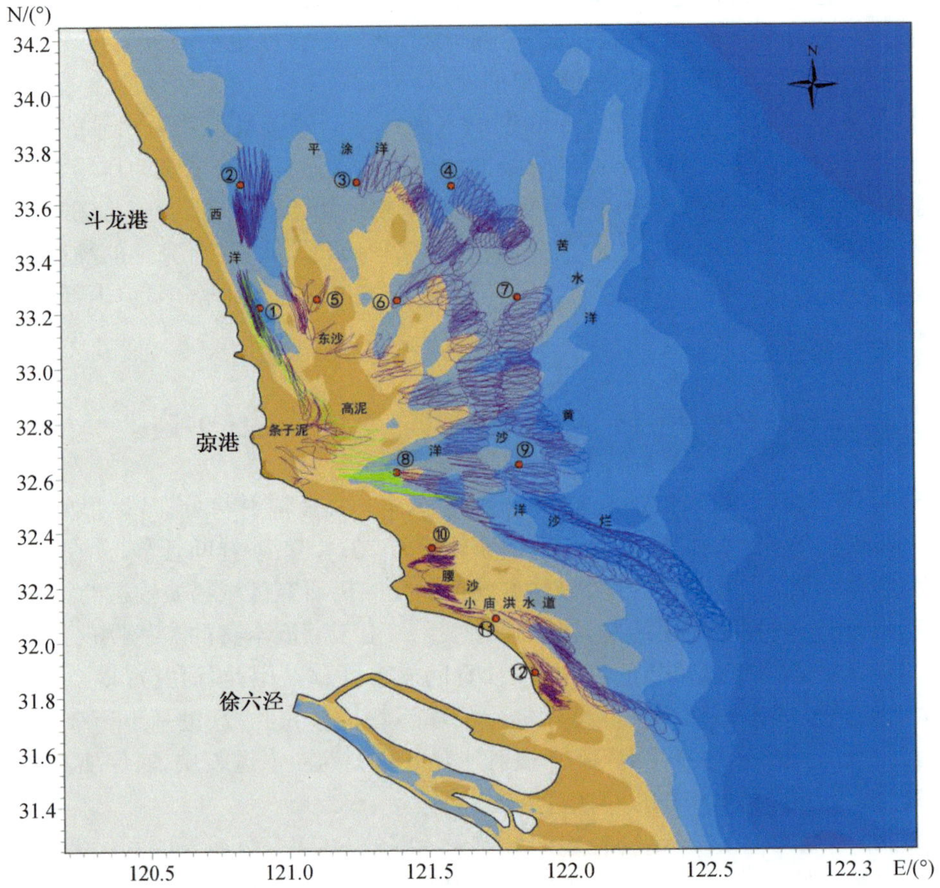

（红色圆点为示踪粒子初始位置，紫色轨迹线为表层示踪点运动路径，绿色轨迹线为底层示踪粒子运动路径）

图 9.2-1 辐射沙洲水域粒子运动输移路径

模拟时间定于冬季，结果表明，①号位置粒子运动受西洋水道限制，表现出明显的往复特征，同时产生沿水道向南的净输移，当粒子越过条子泥二分水后，由于沙脊处水深小，常有浅滩出露，粒子运动路径受地形影响显著，显得较为凌乱。此时，出现两种输移路径，或向岸输移并靠岸，或汇入二分水南部的新条渔港水道，并继续沿深槽向南净输移。

同时，其余示踪粒子的运动轨迹受涨落潮流的交替作用，亦呈现出比较典型的螺旋状形态，并表现出向南净输移的基本特征，且尤以辐射沙洲外围水域的示踪粒子表现出的向南净输移态势最为显著。其中，辐射沙洲区北部近岸水体有越过条子泥二分水向南、向岸输运的趋势，离岸水体则沿沙洲区外围水道向南净输运；而辐射沙洲区南部水体则以沿东南—西北向辐射状深槽向东偏南方向输运的趋势为主，且部分辐射沙洲南翼近岸水体有直接向南输移而与长江口外北部水体发生交换的趋势，不过受长江口入海径流顶托作用，南下水体以沿长江口外向南、向外海输运为主。

此外，由于周期性潮动力受地形扰动作用，上下层水体产生垂向掺混。为此，图 9.2-2 给出了典型①号位置表层、底层示踪粒子运动轨迹剖面形态，以详细描述示踪粒子垂向掺混过程随时间变化的情况。

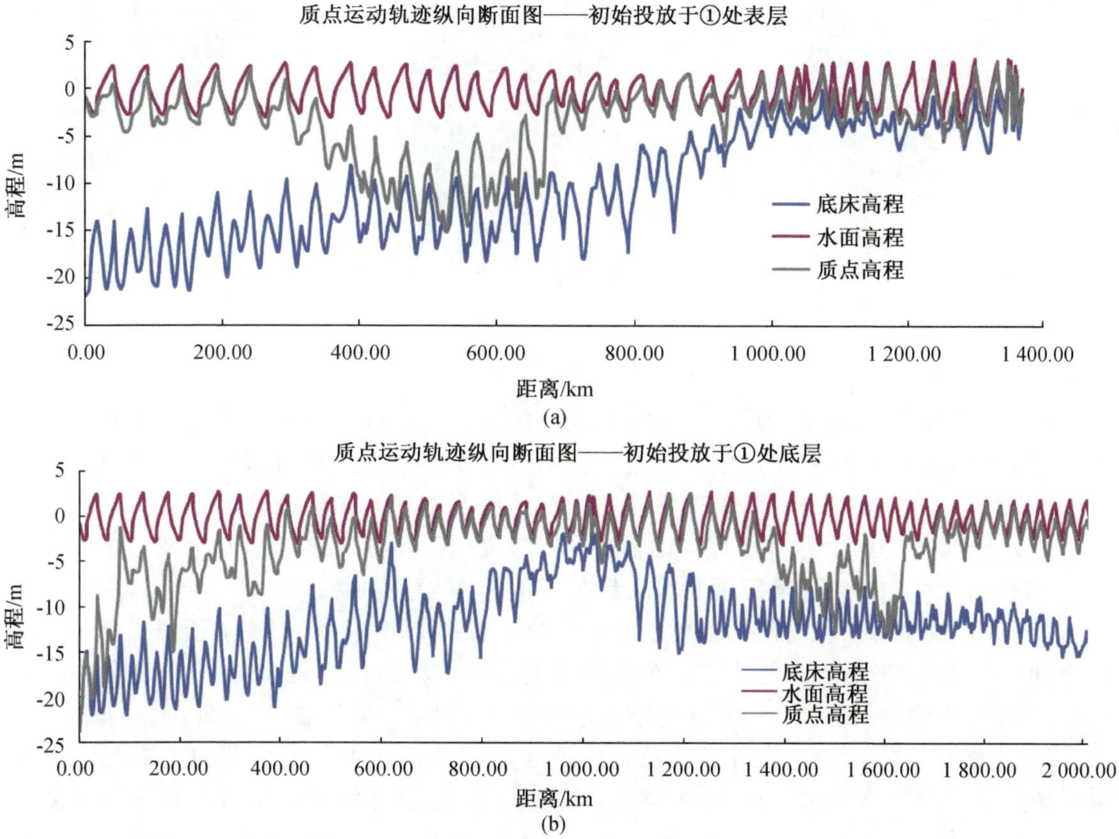

图 9.2-2 ①处投放粒子运动轨迹纵向断面图（横轴为粒子行进路程，纵轴为高程）

由图可知，辐射沙洲区浅滩、深槽交错，水体垂向交换明显，①号位置的表层、底层示踪粒子仅在释放初期表现出明显的垂向位置差异，而后，示踪粒子位置随水体运动而发生平面及垂向迁移。若干个潮周期后，表层及底层示踪粒子垂向位置已存在很大的随机性，难以保持初始的表层或底层位置。尤其是当示踪粒子处于地形起伏剧烈的区域且适逢大潮期时，粒子垂向位置的迁移更为显著。

9.2.3 月时间尺度水体输运特征

由于辐射沙洲海域水体垂向掺混剧烈，各层水体交换强度大，以长时间尺度对其水体输运特征进行分析时，水体已掺混充分，粒子初始时刻垂向释放位置对分析水体输运结果影响几可忽略。基于此，北以废黄河水下三角洲为界，南以腰沙、冷家沙为界，于江苏中部沿海释放 1 426 个示踪粒子，仿真冬季月时间尺度下江苏沿海水体输运特征。示踪粒子释放于水体表层，同时，为充分仿真近岸水域水体运动特征，在近岸区加密投放示踪粒子。潮动力作用下不同时间段示踪粒子位置如图 9.2-3 所示。

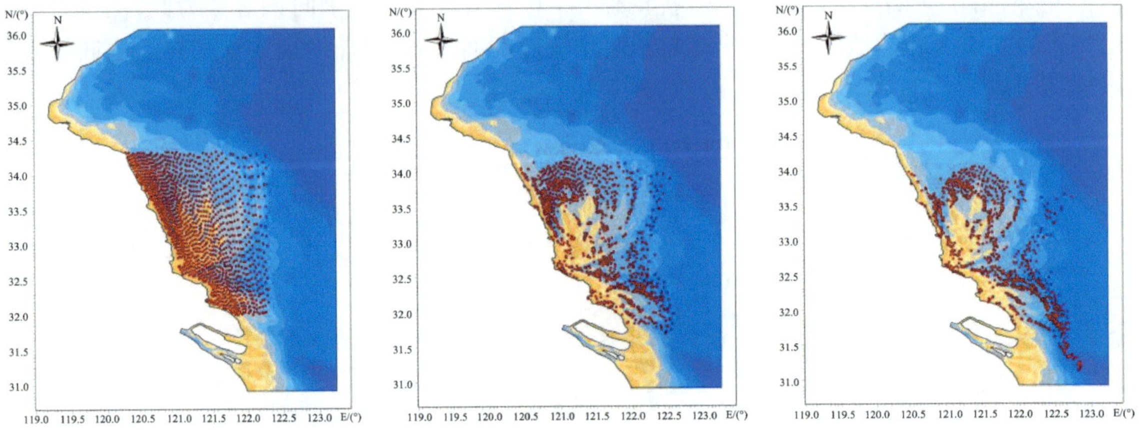

(a) 初始位置　　(b) 15 d 后粒子分布　　(c) 30 d 后粒子分布

图 9.2-3　示踪粒子分布

由图 9.2-3 可知，粒子运动 15 d 后呈现明显的辐射状分布，沙脊的存在削弱了相邻潮汐水道之间水体交换强度，粒子运动轨迹受潮汐水道限制，集中分布于辐射状的潮汐水道中；水体整体产生了向南的净输移，外围水体向南输运的同时伴有向外海输运的趋势。粒子运动 30 d 后分布位置表明，水体整体向南输运的趋势更加明显，且经过长江口北支向东南方向进一步输运，水体向外海扩散范围基本限制在 123°E 以西范围内。

根据地貌遥感等手段得出的辐射沙洲主要沙体滩脊线演变趋势——条子泥二分水向南摆动、东沙滩脊线向东摆动，与本文江苏沿海大范围水体输运特征是吻合的。事实上，水体向南、向外海净输运的特征与以往认为辐射沙洲整体处于破碎、萎缩阶段，外围沙洲遭受侵蚀、部分向南输运的含沙水体可抵达长江口地区并成为长江水下三角洲的重要泥沙补给源的观点还是比较符合的。同时，废黄河口附近示踪粒子向南净输移的趋势亦与废黄河水下三角洲是辐射沙洲主要泥沙来源的观点一致。因而，大范围水体输运特征一定程度上表明，废黄河口外沉积物质在潮动力作用下有向辐射沙洲区域输运的趋势，废黄河入海泥沙及其水下三角洲与辐射沙洲组成物质可能归于同源；同时，受辐射沙洲物质向南部净输运态势及长江口入海径流顶托作用，辐射沙洲南翼物质可能与长江口口外拦门沙物质归于同源。

潮动力影响下江苏沿海水体向南净输移，外围水体向南输运的同时伴有向外海输运的特征对辐射沙脊群区域沙体迁移具有指示意义。根据 1973—2010 年间 10 期低潮位遥感影像分析两大潮波系统交汇带条子泥二分水地貌演变特征，研究表明 1984 年以后，二分水逐年向南偏移，1984—2010 年摆幅近 10 km。根据 1979—2012 年间 6 期低潮位遥感影像分析东沙滩脊主线演变特征，东沙滩脊线呈南北向，其演变动态总体表现向东（向外海）摆动。以上根据地貌遥感等手段得出的辐射沙脊群主要沙体滩脊线演变趋势与江苏沿海大范围水体输运特征是吻合的。

9.2.4　夏季表层漂浮粒子迁移特征

众多研究者给出的黄海环流结构示意图均表明南黄海西侧沿岸流全年向南输运，且冬强夏弱，这与上文所得结论辐射沙洲海域物质总体向南及向外海输运的趋势是吻合的。但2007年以来南黄海频发浒苔绿潮，海洋生物学者们虽对浒苔溯源问题持有不同观点，却均认为浒苔发源于江苏沿海黄海西南部海域，而后北迁至青岛海域，卫星遥感等监测资料也证实了浒苔北迁的事实。

浒苔北迁现象表明夏季南黄海近岸水体(表层流)存在向北输运趋势。故本文进一步模拟了夏季辐射沙洲海域潮流场，并于表层释放漂浮粒子，通过漂浮粒子迁移特征反映潮动力作用是否能驱使表层漂浮物向北输运。

图9.2-4粒子示踪结果表明，潮动力作用下，辐射沙洲海域表层漂浮粒子同样遵循向南、向外海输运的态势，潮动力并不是辐射沙洲海域表层漂浮物向北漂移的驱动力，表明夏季黄海西南部海域表层流场环境较为复杂，仅考虑潮动力作用是远不够的。夏季，黄海西南部海域盛行东南风，风力是浒苔漂移的主要强迫力，风场驱动下海洋表层流场的年际变化是浒苔漂移路径变异的主要原因[107-109]。

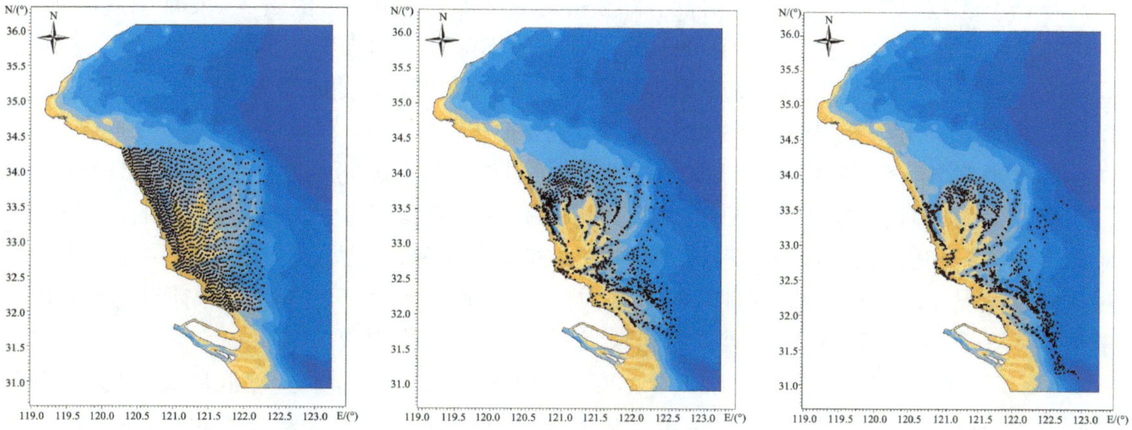

(a) 初始位置　　(b) 15 d后粒子分布　　(c) 30 d后粒子分布

图9.2-4　夏季表层漂浮粒子分布

但鉴于季风对底层水体输运影响较小，亦对泥沙起动、迁移贡献很小；同时考虑到风浪“掀沙”作用仅短期扰动地形，故上文潮动力作用下辐射沙洲海域水体输运特征能够反映辐射沙洲海域物质净输运方向；对条子泥、东沙等主要沙脊地貌演变规律做出的解释也是合理可行的。

第 10 章

波流作用下淤泥质边滩泥沙输运

10.1 波流作用下的岸滩演变

1982—1984 年有关单位曾分别在南汇东滩的插网港、潘家洪、三三马路、石皮勒、汇角咀等断面的高、中滩面布设水泥桩，桩距 100 m，一个月观测一次滩面高程。在 1983 年 10 号台风前后对上述断面进行滩面冲淤量观测，取得了在异常天气条件下的潮滩冲淤资料。茅志昌根据上述潮滩冲淤资料，并结合引水船和大戢山海洋站的风、浪资料，发现引起滩地冲刷的风级主要是≥6 级的大风，而且滩地的冲刷一般不随大风风向的不同而发生相反的转化，只是在冲刷量值上有大小之分(离岸风除外)；≤5 级的风如果持续时间长，对滩地也能起冲刷作用。如从 1982 年 5 月 22 日傍晚起一直到 5 月 28 日半夜止，平均风速为 11.0 m/s，持续时间达五天半之久，三三马路断面从 6 号桩到 11 号桩约 1 km 宽的滩地上平均刷深 7 cm。

杨世伦[110]通过分析 1987 年 6 月 15 日—9 月 21 日连续 7 个大中小潮周期的南汇东滩滩面实测资料和引水船风、浪资料，发现风浪是控制开敞潮滩短期演变的主要动力因子，并对比两个潮况十分相近的大小潮周期下滩面冲淤情况，发现大于 8 m/s 的向岸风频率由 0 增至 6.4%，滩面实测的 6 个光滩点都出现强烈的侵蚀，平均刷深 7.2 cm。

Verney 等[111]在法国 Seine 河口两处滩涂通过水流、悬沙含量和滩涂底床高程的同步测量获取了高频率和高精度的数据，定量地研究了风和船行波对滩涂发育的影响，指出波、流共同作用产生的切应力比单纯潮流切应力高一个数量级，这些高能事件可以产生几厘米的侵蚀作用，因此风和船行波是滩涂区域两个重要的水动力参数。

上述原型观测和实测资料实例都说明了波浪作用是淤泥质浅滩泥沙再悬浮的主要动力因素，大风浪对浅滩产生强烈的侵蚀。刘猛等[112]通过分析长江口深水航道实测浮泥厚度和牛皮礁平台站实测波浪资料，发现高能波浪运动对北槽航道回淤产生了显著的不利影响，它与北槽航道回淤量的增加息息相关。考虑到深水航道丁坝群之间浅滩和航道的变化趋势是槽淤积、滩冲刷，而深水航道丁坝群之间的滩面泥沙淤积规律与促淤区泥沙淤积规律相近，因此可以认为波浪作用对促淤区泥沙淤积起不利作用。

综上所述，波浪作用是淤泥质海岸浅滩冲淤演变的主要动力因素之一，原型观测表明大风浪对淤泥质浅滩泥沙和促淤区内泥沙淤积均产生不利影响。因此，在促淤工程后泥沙淤积预报模式中考虑波流共同作用的影响很有必要。

10.2 波流作用下淤泥质海岸边滩促淤预报

10.2.1 边滩促淤预测方法

科学预报促淤工程后悬沙落淤效果是合理拟定促淤工程方案的重要依据。在国内，刘家驹[113-115]早期进行了淤泥质海岸边滩促淤的计算及预报研究，他从悬移质输沙连续方程出发，建立了淤泥质海岸促淤工程的淤积计算模式。宋立松[116]从河床变形方程出发建立了促淤初期可能淤积速率公式和平衡淤积厚度公式，由于迭代求解悬沙回淤过程中水沙要素不易确定，因此采用灰色预测方法来预估回淤过程。王义刚等[117]从窦国仁的潮汐水流悬沙运动方程出发，推导出淤泥质河口边滩促淤后淤积强度计算公式，建立了工程后促淤效果的预报模式，并根据促淤强度与浅滩水深成正比的关系，建立了计算多年回淤强度的计算方法。然而，对促淤效果的研究多集中于冲淤规律的模拟、方案的择优比较、淤积速率等问题，鲜有深入分析和探讨波浪作用对促淤效果影响的研究。而随着促淤工程向低滩、波浪作用相对较大区域发展，波浪作用对悬沙运动和输移的影响越显重要，因此分析并探讨波浪作用对促淤效果的影响具有重要的意义。

因此，现阶段从大量水文、波浪、泥沙和地形实测资料出发，分析不同波浪作用下水动力环境的变化，对波流共同作用下泥沙运动进行探讨，并就悬沙淤积强度对波浪作用进行敏感性分析，对于揭示促淤区泥沙淤积强度对波浪作用响应机制，建立适用于淤泥质河口海岸且合理反映波浪作用对悬沙回淤影响的促淤强度计算公式和淤积预报模式，并对波、流共同作用下淤泥质河口海岸边滩工程促淤效果进行预测等具有重要意义。

王义刚曾从窦国仁潮汐水流悬沙运动方程出发，利用长江口实测水文泥沙资料，建立了淤泥质河口边滩促淤工程后悬沙淤积预报模式，并利用所建立的预报模式对临港新城(人工半岛)一期边滩促淤工程淤积效果进行了预报，预报值与多年实测值相比，吻合较好。然而，通过与实测资料的进一步比较也发现，虽然预报结果与实测结果较为相似，但通过初步分析认为未考虑波浪作用可能是造成淤积预报效果与实测略有偏差的原因所在。

为此，基于王义刚淤积预报模式，通过理论推导的方式，并结合潮流泥沙数学模型和波浪模型，探讨了分级波浪作用对河口海岸边滩促淤区悬沙落淤的作用机制，借此提出了波流共同作用下的促淤预报模式。

预报模式具体公式如下：

$$p = \frac{\alpha n \overline{k_0{}'} h S_{*1}}{\gamma_c}\left(1 - \frac{S_{*2}}{S_{*1}}\right)$$

$$S_* = K_1\left(\frac{U^2}{gh}\right)^m$$

$$\overline{k_0{}'} = \beta_0\,(k_0{}')_0 + \beta_1\,(k_0{}')_1 + \cdots + \beta_N\,(k_0{}')_N = \sum_{i=0}^{N}\beta_i\,(k_0{}')_i$$

$$k_0{}' = \begin{cases} -0.92\ln(\gamma) - 1.137, & \text{浅滩泥沙相对起动波高} \leqslant \gamma \leqslant \text{相对破碎波高;} \\ 1.0, & \gamma < \text{浅滩泥沙相对起动波高。} \end{cases}$$

式中：P 为年淤积厚度，m/s；α 为沉降机率；n 为一年的潮数；$\overline{k_0'}$ 为修正系数的平均值；γ_c 为干容重，kg/m³；S_{*1} 为工程前挟沙力；S_{*2} 为工程后挟沙力；K_1、m 为系数；U 为流速，m/s；g 为重力加速度，m/s²；β_i 为系数；γ 为相对波高；k_0' 为修正系数。

10.2.2 淤积预报检验

近几十年来，在长江口南汇边滩分期实施了多次促淤围垦工程，在这些工程实施过程中和完工后进行了大量的淤积效果观测分析，积累了宝贵的经验。1994 年实施的南汇南滩临港新城促淤圈围工程和 2008 年实施的浦东机场外侧促淤圈围工程分别位于南汇南滩和浦东新区中部岸段。这里综合波浪资料，利用临港新城促淤圈围工程和浦东机场外侧促淤圈围工程实测资料对完善后的淤积预报模式进行检验。

图 10.2-1～图 10.2-2 给出了利用本书提出的考虑波浪作用的促淤区悬沙落淤公式计算得到的临港新城促淤工程及浦东机场外侧促淤工程区域的淤积强度值和实测值的比较结果。

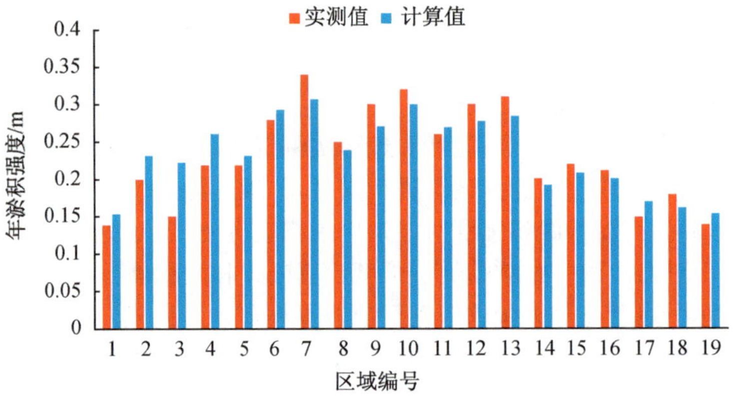

图 10.2-1 临港新城促淤工程泥沙淤积强度计算值和实测值比较

从不同区域促淤工程区悬沙落淤计算值与实测值的比较来看，计算值和实测值吻合较好，且能较好地反映促淤区内不同分区的泥沙回淤变化规律，表明考虑波浪作用的河口海岸边滩促淤预报模式的预报精度较高，可用于河口海岸边滩区域促淤工程促淤效果的预报。

10.2.3 预报模式的精度比较

为了比较本次研究提出的考虑波浪作用的促淤预报模式的计算精度，与下述两个河口海岸边滩促淤常用的预报公式进行精度比较。

王义刚公式：

$$p = \frac{\alpha nkhS_{*1}}{\gamma_c}\left(1 - \frac{S_{*2}}{S_{*1}}\right)$$

式中：k 为系数；其余符号意义同前。

浙江省常用公式：

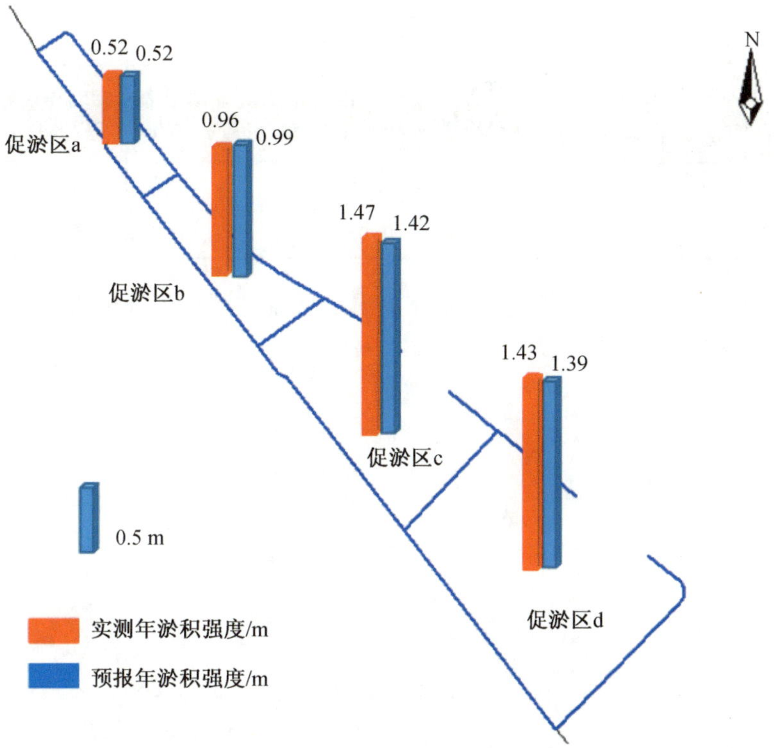

图 10.2-2 浦东机场外侧各促淤区年淤积量计算值和实测值比较

$$p=\frac{\alpha\omega S\Delta t}{\gamma_c}\left(1-\left(\frac{u_2}{u_1}\right)^2\left(\frac{H_1}{H_2}\right)\right)$$

式中：p 为年淤积厚度，m/a；H_1 为工程前水深，m；H_2 为工程后水深，m；S 为工程前含沙量，kg/m^3；ω 为沉速，m/s；Δt 为淤积历时，s；u_1 为工程前流速，m/s；u_2 为工程后流速，m/s。

利用不同河口边滩促淤效果预报模式对长江口和杭州湾两个促淤工程分区作出预报，与实测值相比精度见表 10.2-1。

表 10.2-1 不同河口边滩促淤效果预报模式精度比较

促淤区	实测淤积强度/(m/a)	王义刚公式		浙江省常用公式		本研究公式	
		预报值/(m/a)	相对误差/%	预报值/(m/a)	相对误差/%	预报值/(m/a)	相对误差/%
南汇南滩临港新城(人工半岛)一期工程	0.23	0.21	−9%	0.69	199%	0.22	−5%
浦东机场外侧圈围工程 3＃a 区	0.52	0.38	−27%	2.02	288%	0.49	−5%
浦东机场外侧圈围工程 3＃b 区	0.96	0.71	−26%	3.30	244%	0.99	3%
浦东机场外侧圈围工程 3＃c 区	1.47	1.08	−27%	4.39	199%	1.40	−5%
浦东机场外侧圈围工程 3＃d 区	1.43	1.08	−24%	5.07	255%	1.39	−3%
南汇东滩大治河以南示范区工程 S1 区	1.17	0.95	−19%	4.96	324%	1.23	5%

续表

促淤区	实测淤积强度/(m/a)	王义刚公式		浙江省常用公式		本研究公式	
		预报值/(m/a)	相对误差/%	预报值/(m/a)	相对误差/%	预报值/(m/a)	相对误差/%
南汇东滩大治河以南示范区工程 S2 区	1.21	0.95	−21%	5.40	346%	1.12	−7%
南汇东滩大治河以南示范区工程 S3 区	1.18	0.95	−19%	6.25	430%	1.09	−8%

由表可见，与其他预报模式相比，本研究提出的波流共同作用下的促淤预报模式精度相对最高，且与实测结果相当吻合。

·第四篇·

江苏海陆分界及特征潮面

第 11 章

江苏海陆分界讨论

11.1 海岸线资源

11.1.1 海岸线问题

《中华人民共和国海域使用管理法》(以下简称《海域使用管理法》)于 2002 年 1 月 1 日起正式实施。《海域使用管理法》中关于海域的定义为:“本法所称海域,是指中华人民共和国内水、领海的水面、水体、海床和底土。本法所称内水,是指中华人民共和国领海基线向陆地一侧至海岸线的海域”。即海域是一个一定范围的立体空间概念,其纵向范围是从水面到底土,横向范围包括内水和领海。自此,《海域使用管理法》明确了海陆分界线就是海岸线。

但是,由于对于实际海岸线没有明确的确定方法,造成涉海各方在一些地区出现了管理范围的交叉与重叠。因此,虽然《海域使用管理法》明确规定了“海岸线”为海陆分界线,但这条线究竟如何划分,在实际操作中还是比较困难。长期以来,在围绕海岸线(岛屿岸线、明礁)及其起算面方面一直存在着不同的定义和描述,即使在国家标准已明确定义海岸线就是常年平均大潮高潮面形成的实际痕迹线并以此作为海陆分界线的情况下,仍然还有不少异议和模糊认识[118]。这是一个关系到基准面统一的大问题,对海洋测绘和我国海域使用管理产生直接影响。

全球有 60 余万 km 海岸线,其中 7 大洲大陆海岸线 27 万余 km。世界上有 170 多个国家有海岸线,其中有 13 个国家海岸线在 1 万 km 以上,有 44 个无海岸线的内陆国家。中国有 18 000 km 的大陆海岸线和 14 000 km 的岛屿海岸线。海岸线长度与国土面积之比为海岸线系数,世界上绝大多数国家的岸线系数都在 1 以下,我国的岸线系数只有 0.001 88,居世界第 94 位[119]。海岸线是海、陆的分界线,海、陆交通的转换处,临海国家的海防前哨和最宝贵的国土资源。海岸线是人类向海洋进军的出发地。

海岸线的利用已有悠久的历史。随着人类经济活动不断地向海洋转移,许多生产部门和非生产部门都逐渐向沿海集中,使海岸地区成为沿海国家重要的经济活动区。海洋经济是我国国民经济的重要组成部分,海洋产业已成为我国沿海地区的支柱产业之一。海洋拥有丰富的自然资源和广阔的空间,与人类的生存和发展息息相关。这些资源和空间的开发和利用对缓解大陆资源日益短缺和人口负载不断加剧是一个重要途径。伴随着陆地资源的日益短缺,人类社会经济发展的增长点将越来越多地转向海洋。向海洋要资源,向海洋要效益,已成为沿海国家经济发展的战略选择。

由于海岸线的利用具有多功能的特性，因而它有很强的吸引力，并使海岸线的利用率逐年提高。而且利用方式和内容越来越多，已由过去岸线的简单利用转向综合利用。许多旅游岸线已形成了旅游和水产养殖双层利用；农渔岸线的利用也形成了从陆域至水域的垂向利用结构，从而大大提高了海岸线的使用价值。但是，海岸线的难以确定，造成了沿海地区各管理部门在界线认识上产生分歧。涉海部门各自依据相关的法律法规认识确定自己的职责范围并从事行政管理工作。但在这些管理职责中，对于管理的内容依各自的职能有多种理解和解释，相互间也缺乏比较明确的管理职责分工，加之目前尚未建立起有效的综合协调机制，因此，造成管辖职权范围的重叠，导致利益冲突的产生，影响了社会安定团结，造成海岸线资源的浪费与破坏，致使目前岸线的利用和分配缺乏统一规划，海岸线的利用水平尚比较低，岸线利用的潜力没有充分发挥，岸线利用中出现许多不合理现象，制约了海洋资源环境的开发与保护。

因此，积极开展对海陆分界、海岸线界定理论的研究，厘清认识、统一基准、明确定义，确定海岸线的具体位置，明确海陆管理界限就成为一项迫切的工作，它是研究海岸带科学，如资源环境承载力分析、污染控制、自然灾害管理、生物多样性保持、环境评价和滩涂湿地利用、红树林保护等问题的关键。对海陆分界进行科学的定位和现实的描述不仅为当前我国沿海经济建设、海域使用管理、海岸带开发、海洋工程、海道测量以及有关专项调查，规范海洋开发和管理秩序，合理开发海洋资源提供科学依据，而且对于有效维护沿海地区社会稳定，为海洋经济发展战略保驾护航，实现海洋经济可持续发展具有十分重要的意义，包含重大的实践价值和理论价值。

11.1.2 海岸带定义

人类对海岸带的认识经历了一个漫长的过程。没有谁曾确切地追溯过人类与海岸打交道最早发生在何时，但我们不难推知：自从有了人，人与海岸的关系就已存在。"海岸带"顾名思义是沿海地带和海域的一种带状区域。一般包括受陆地影响的海洋和受海洋影响的陆地。但是这种解释海岸带的说法显然就范围来说，界定得较为模糊。事实上，关于海岸带的定义，世界各国的说法形形色色，学术界的论述也很不统一。可以肯定的是，无论海岸带的范围如何界定，它在全球经济、社会和政治上的重要性都是毋庸置疑的。对自然和社会都具有十分重要的意义，是人类开发利用海洋的重要前沿地区。它有自己的特点：

（1）地理类型多，包括滩涂、浅海、河口、港湾、沼泽等；

（2）资源种类多，包括各种生物资源、滨海矿物资源、潮汐能源、土地资源、旅游资源以及可供利用的其他海洋资源；

（3）人口相对集中，经济、文化科技发达，是人类活动最频繁的地带；

（4）是污染集中地区。

正因为如此，海岸带也是最脆弱、最容易遭受破坏的地区。

早期的海岸带概念或海岸的概念指沿海的狭窄陆地，其代表是 Johnson Dw 1919 年提出的海岸概念，是指高潮线之外的陆地部分的海岸（如图 11.1-1）。

20 世纪 50—80 年代，海岸带的界定通常包括水下和水上两部分，如我国 1980—1995 年进行的全国海岸带海涂资源综合调查中使用的海岸带范围是向上陆地为沿岸 10 km，向海达到水深 20 m。

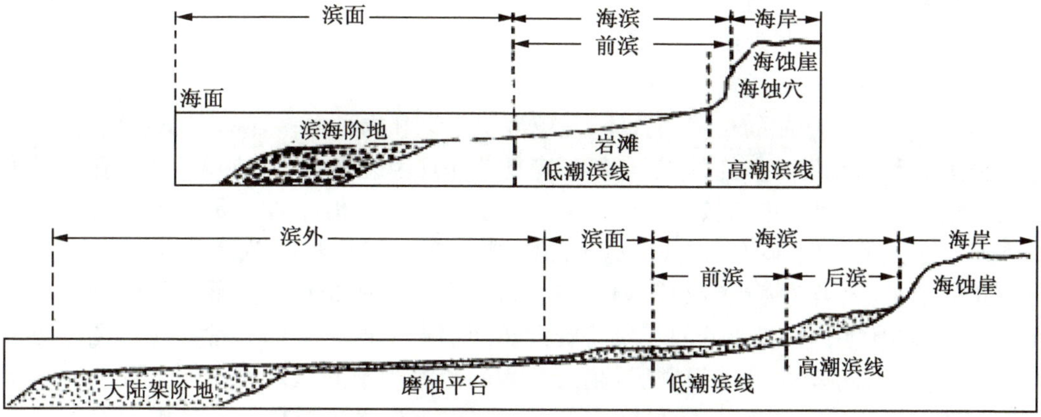

图 11.1-1　Johnson Dw 的海岸带概念

20 世纪 80 年代以后，地球系统科学逐渐引起学术界的重视，国际地圈-生物圈(IGBP)将海岸带陆海相互作用(LOICZ)单独列为其核心计划之一，该计划将海岸带定义为：海岸带就是这样一种区域，它从近岸平原一直延伸到大陆架边缘，反映出陆地-海洋相互作用的地带，尤其是第四纪末期以来曾出没于淹没的海岸地带。这一海岸带定义的范围如图 11.1-2 所示。

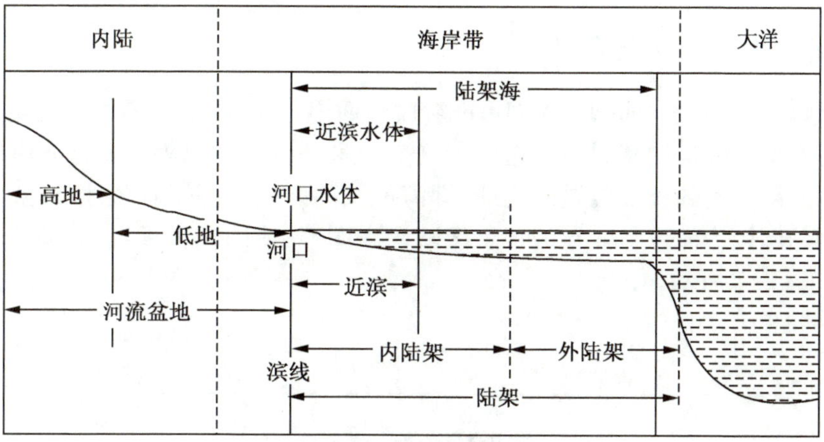

图 11.1-2　LOICZ 的海岸带概念

根据 LOCIZ 计划界定的海岸带区域，如以现代海平面上下 200 m 为其区域，它具有以下特征：整个海岸带地区占全球面积的 18%，居住着 60%的世界人口，其中超过 160 万人口的大都市有 2/3 在海岸带地区；海岸带地区水体只占 8%的海洋表面积、0.5%的海洋水体，却占全球初级生产的 1/4，世界 90%的渔获量来自于该地区。另外，还占有 80%的全球海洋埋藏有机物，90%的全球沉积矿体和 50%以上的碳酸盐沉积；海岸带地区是大气圈、水圈、岩石圈、生物圈共同作用的区域，也是物理过程、化学过程、生物过程和地质过程相互作用的区域，该区域受人类活动影响最频繁。作为地球系统的一个主要部分，海岸带对全球生物循环及气候的相互作用有显著贡献[5]。其包含具有显著生物和非生物特性及过程的海岸系统，如沼泽，红树林、珊瑚礁、盐碱滩、泻湖、潮间带等。海岸带环境由于受海水、淡水、冰、降雨、蒸发、陆地和大气的影响，所以对各种自然过程(包括海平面变化以及各种人类活动)引起的环境扰动比较敏感。在强烈的开发利用与波动的气候和海平面条件下，海岸带系统生物资源的可持续性具有支持人类需要的能力。

海岸带是一个多功能的自然综合体，是资源最丰饶和物种最多样的生态系统之一，是自然过程极为活跃的地带，同时海岸带自然环境复杂并且生态平衡较为脆弱，即使在无人类活动参与的情况下，其演变也是较剧烈的。因此，就稳定而言，海岸带应是较为脆弱的地理单元。海岸带于人类开发利用海洋又有诸多的优越性，所以海岸带又必然成为高密度、高强度开发利用的地带，人类对海岸带的影响和损害自然也是在所难免。正是在自然和人类双重力量的有害影响作用下，海岸带的环境与资源正经历着前所未有的异常变化。在经历了国际政治、经济变化、重大事件等问题后，越来越多的沿海国家和地区将海岸带视为一个特定的区域和独立系统，认为应从国家的海岸带权益、环境、资源的整体利益出发，通过政策、法规、区划、规划的制定和实施，推动资源环境承载力分析、污染控制、自然灾害管理、生物多样性保持、环境评价和滩涂湿地利用、红树林保护等海岸带科学研究，统筹协调、综合平衡海岸带开发、利用和保护的关系，达到维护海岸带权益，保护海岸带环境，合理开发海岸带资源，促进海岸带经济持续、快速、协调发展的目的。

11.2　海岸线基本概念

11.2.1　海岸线的定义及意义

什么是海岸线？对这个问题，人们可能会脱口而出：是海陆的分界线。甚至还可以进一步指出：是海水面与陆地的交界线。这个定义是大家公认的。地貌学上给海岸线更确切的定义是：海水向陆达到的极限位置的连线，即海岸线的向陆一侧是永久性陆地[120]。做这样的定义十分必要，因为海水与陆地的接触线随潮涨潮落(或因灾害天气)而频繁地移动。其示意图如图 11.2-1 所示。

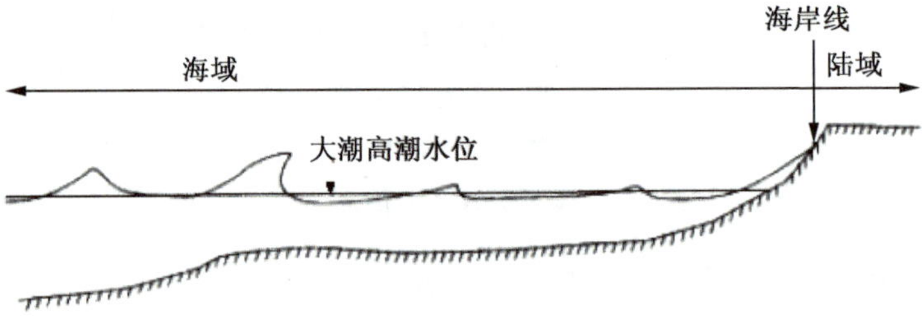

图 11.2-1　海岸线位置简图

除大比例尺海图外，海岸线在大多数地图上只画一条简单的曲线，但是在实地上却要复杂得多。作为海面，尤其是高潮位时的海面很难有平静的状态，在风浪和涌浪的作用下，海水上冲流向岸冲向陆地的高度和距离会比大潮高潮面更高更远，在坡度大的沙质海岸，上冲流可向陆地伸入数米至数十米，在低平的淤泥质潮滩，上冲流可能伸入陆地的距离更远，达几十米甚至百米以上。这条被浪潮推波助澜的海水线常在它到达的陆域边缘留下自己的痕迹：被水浸过和干出的陆地之间的界线，即农历初一、十五左右会留下被海水浸过的湿水印迹，界线上还常散布着贝壳碎片或植物枯枝败茎等。这条线才是我们指的确切的"海岸线"。

海岸线是沿海国家和地区最宝贵的国土资源。我国背依亚洲大陆，面向太平洋，沿海地区是一个巨大的弧形并向东南突出，因而形成了一条漫长蜿蜒的海岸线，它北起中朝两国交界的鸭绿江，经辽宁、河北、天津、山东、江苏、上海、浙江、福建、广东、海南、广西等 11 个省、市、自治区，南至中越边界上的北仑河口。以上不包括岛屿的岸线。

11.2.2 海岸线变化及其影响因素

20 世纪 60 年代以来我国一直沿用的大际海岸线长 18 400 km 如今已经名不符实。最新的权威测绘结果是：我国大陆海岸线只有 16 500 多 km，有 1 400 多 km 在这 40 余年悄悄地消失了。而海岛个数则新增了 500 多个，总数已达 7 100 多个。我国海岸侵蚀岸线所占比例较大，侵蚀海岸分布广泛，侵蚀程度存在差异。据统计有 70%的沙质海滩和大部分开阔水域的泥质潮滩受到侵蚀，侵蚀岸线长度占全国大陆岸线总长度的 1/3，在渤海沿岸为 46%，黄海沿岸为 49%，东海沿岸（包括台湾岛）为 44%，南海沿岸（包括海南岛）为 21%。海岛新增这么多，则是地壳内部各种作用力不断"争斗"的结果。

自然岸线是由各种地质因素相互作用，河流和海洋沉积物的淤积扩散，以及种种气象和海洋条件造成的，其中某种因素如海岸侵蚀、淤涨、海平面上升等的变化，和人工堤坝、围垦、采砂等社会因素的变化，都可能导致岸线的扩展或退缩。海岸线的变动是一个动态、连续的发展过程，反映了自然、经济和社会的综合作用。改革开放以来，我国沿海地区经济快速发展，海岸线资源面临着越来越严峻的形势，海岸的侵蚀与淤积、海平面上升等自然因素降低了岸线的稳定性，海岸线的变化远超过历史时期的变化。

海岸线的变化具有不同的时间尺度。不同时间尺度的变化往往具有不同的控制因子。

（1）长时间尺度变化因子

地壳升降和冰期-间冰期交替引起的岸线进退通常需要用千年以上的时间尺度来衡量。1.5 万年以来海平面出现了快速、大幅度的上升。海岸线经历了多达几百千米的迁移，沿海大片低地被海水吞噬。若以 1.5 万年中海平面升高 150 m 而论，海平面平均升高速率为 10 mm/a，远高于目前海平面的上升速率。若以 1.5 万年中海岸线后退 600 km 计，则海岸线平均后退速率达 40 m/a。这两种速率都是惊人的。事实上，末次冰期以来的海平面上升，总体上呈减速运动（尽管目前因受人类排放温室气体影响而呈加速趋势），即早期上升很快，而后逐渐减缓。以时间为横坐标、海平面所在高程为纵坐标的海平面变化时间过程线，总体上表现为凸型。那时的海岸线在现在的陆架外缘，据现代岸线数十至数百千米。海平面上升是引起大范围岸线内移的重要因素，在局部地区与构造升降运动、地面沉降迭加使相对海平面上升速度增加，引起海岸线加速后退。海平面上升给海岸环境带来的挑战不仅仅是土地问题，它还波及沿海经济社会的许多方面，因而引起各国政府和科学家的高度重视。

（2）中时间尺度变化因子

河流供沙条件改变引起的岸滩淤涨和侵蚀可算一种中时间尺度的变化。将海岸作为一个系统来看，稳定状态下，物质和能量的输入输出处于平衡。海岸系统的物质基础是泥沙的运移，能量因素是海岸波浪、流场、潮汐的作用。造成海岸线变化的物质能量机制是海岸泥沙供给改变或由于海岸海洋动力自然变化致使泥沙在海岸系统中的增加或减少。河流输沙是海滩沙的主要来源，我国沿海入海河流的泥沙输出量巨大，泥沙量对海岸线的后退淤进有举足轻重的作用。河流改道引起泥沙来源断绝，使原来淤进的岸线迅速转变为侵蚀后退，最典型的例子就是废黄河口的岸线后退。1128—1855年间黄河由江苏入海，使苏北海岸迅速淤涨。1855年铜瓦厢决口，黄河回归渤海。一百多年来现代黄河三角洲以惊人的速度向海推进，但江苏废黄河三角洲却侵蚀后退了几十千米[121]。根据南京大学海岸与海岛实验室的研究，1930—1980年废黄河口岸段海岸线平均后退20～30 m/a，北段后退15 m/a，南段20～30 m/a，滩面蚀低0.5～1.0 m/a[122]。河流入海径流和入海输沙量的逐步减少也会引起河口海岸线的后退。如引滦入津工程引起入海水沙变化，对现代滦河三角洲岸线演变有明显的影响，工程前，多年平均入海水量41.9×10^8 m^3，入海沙量2.22×10^7 t，工程后(1980—1984年)，入海水量3.55×10^8 m^3，入海沙量1.03×10^6 t；工程前海岸线向海延伸，最大延伸速率达81.8 m/a，工程后，岸线普遍侵蚀后退，后退速率以口门最大，为300 m/a，向两侧变小[123]。

(3) 短时间尺度变化因子

岸滩冲淤的季节性循环、风暴循环、大小潮循环和涨落潮循环都可以看作是短期变化。风况的季节性变化通常被认为是砂质海滩季节性冲淤循环的控制因子[124]；但在河口淤泥质海岸，海面潮差和悬沙浓度的季节性变化也被认为是重要的因素[125]。大小潮和涨落潮冲淤循环都是潮汐作为控制作用引起的岸滩冲淤变化。

人类的干扰作为短时间尺度变化因子正越来越多直接或间接地对海岸施加影响。如果考虑到人类自工业化时代以来造成的全球气温升高和海平面上升，就可以说，海岸线上的每一个点实际上都已受到人类的干扰。人们耕海牧渔，大规模修建了养鱼(虾、蟹等)池，在海湾与泻湖入海口等处修建堤坝；为了开拓港口，兴修沿海公路而填海造陆；为了保护河口和海滩，修筑了大量拦潮闸、护岸堤、防波堤，使海岸固化、直线化；为了建设经济开发区及沿海旅游设施，占用了广阔的沿海湿地；为了扩展生存空间，在滩涂和河口区进行大规模围海造地等。这一切打破了原有的沿岸水动力平衡体系，使海岸外侧水动力加剧，侵蚀作用增强；使海岸内侧保留下来的使用水域，水动力减缓，与外海沟通减少，淤积量增大，在不太长的时间内有可能使海湾和泻湖水深变浅、水质变淡，乃至淤积成湖、成陆，使海洋生态环境转变成陆地生态环境，使原有的沿海湿地永久陆化，形成“人为陆化环境”。陆化海岸的影响也在很大程度上加速了海岸线的演变。因修建水库等水利措施而拦截河流，使河流向海的输沙大量减少，同时部分海岸无计划采沙，造成海岸因泥沙来源不足而强烈侵蚀，这也是导致海岸线变化的原因之一。宽大而没有封闭的防波堤或栈桥，在利用遥感测绘方法计算其长度时导致海岸线变长，进而引起海岸线和海湾面积发生变化。珊瑚礁、红树林、芦苇、岩礁、砂砾等的随意挖采破坏，造成了向岸波动能不受阻拦地直接击岸，岸滩遭受直接侵蚀，引起岸线迅速后退。

11.3 海陆分界划定方法探讨

海陆分界的划定存在很大的人为因素和行政因素影响。实际上，海岸线虽然有明确的定义，但作为海陆交界线的“海岸线”原来就是因潮汐风浪影响而变化的，因此不同的科技文献中将高潮位、中潮位或低潮位线定为海岸线的都有，认识尚不一致[126,127]，造成不同人或部门对海陆分界具体位置的理解或确定存在意见分歧。《中国大百科全书》中的大气科学、海洋科学、水文科学卷中“海岸带综合利用”条目，将海岸线定义为沿海岸滩与平均海平面的交线。个别地方把当地土地管理部门和海洋管理部门过去沿用的管理界线作为海岸线。目前世界上绝大多数国家是以多年平均高潮线作为海岸线的标志[128]。

根据联合国经济与社会理事会编著的《海岸带管理与开发》中的定义，海岸带是海陆相互作用的地带。这是一个比较模糊的观念。只讲相互作用的话，其范围可以很大，并且可以包含所有我们拟解决的问题。但它并不适合作为行政管理的一个概念，没有明确的管理范围，就不可能实现有效的管理。事实上海岸带范围并非越大越好，因为想要控制如此广阔的区域，在实施过程中会遇到较大的阻力，造成与现有机构管理范围的重叠和冲突，导致职能含糊不清，何况人力、财力有限，结果只能适得其反。相反的，海岸带越窄，海岸带管理预计得到的权利越多，启动有效的海岸带管理规划所需要的社会凝聚力也就越大。但是海岸带的范围也不能太窄，否则便与海陆一体化的认识发生冲突，也无法包含拟解决的问题，海岸带综合管理也不能取得良好的效果。因此，海岸带管理边界越明确、越适宜，越有助于各权利部门达成共识，越有利于问题的解决。

海岸线不但是一条自然地理界线，也是国土资源中重要的组成部分。总的看来，目前因岸线的利用和分配缺乏统一规划，导致了岸线利用中出现了许多不合理现象。我国海岸带资源属国家所有，但从事开发利用和保护的却是多种力量、多种成分的集合。现在的海岸带管理工作，只是若有若无地体现在一些部门、行业和地方的行政管理中，由于管理的目的不同、界限不明、责任不清，致使海岸带使用布局混乱，造成了养殖与港口锚地、养殖与滨海旅游、盐田与养殖、排污与滨海旅游、排污与养殖以及海岸带开发与国防设施安全等一系列问题和矛盾长期得不到解决，在个别地区甚至导致矛盾激化，发生械斗，影响了社会稳定。在海岸带使用上，部门行业之间、用海者之间、中央地方之间存在严重矛盾，纠纷不断，这些都严重影响了海岸带的合理开发利用。对测绘、行政管理、科学研究和海洋开发等部门而言，它们需要一条位置清晰确定的海陆界线。运用上述定义所得的海岸线，要在地图上表示出来就产生了困难。绘制地图需要一条位置确切的线以区分海洋和陆地，相关行政管理部门、海岸带开发部门也需要一条科学的海陆界线以实施管理和开发。海岸线的划分，关系到开发利用和职权部门的责任。所以，划定一条以自然属性为依据、标准统一的海岸线是十分必要的。

这条线的形成除受潮位的影响外，还受当地海洋动力环境、海岸地形、海岸平面轮廓等多要素影响，尤其是火山暴发、地震、潮汐和风浪，使海水处于动荡不定的状态中，海水面并不处在一个固定的平面位置上，而是不断变化着的。这种平面位置的变化，又随着不同地区的不同地理条件而有明显的差异。以潮汐变化引起的海水面的变化为例，高潮面和低潮面与陆地的交界线的平面位置，在山区陡岸处变化会很小，在起伏不大的丘陵地区可以相差几十米、几百米，而在某些平原地区，如我国苏北沿岸，则可以相差几公里，甚至几十公里。其实，海水到达海岸线所在位置停留的时间非常短暂：在半日潮海岸，理论上一个月只有少数几天的大潮（阴历初一、十五左右的两次大潮）高潮潮水可以抵达海岸线，且停留时间很短。因为1次潮水高潮面仅维持几十分钟，而在1次高潮“憩潮”的几十分钟内，海水向“痕迹线”不断地上冲和回撤，并不能在“痕迹线”稳定地停留。由此算来，1个月内海水仅很少几次抵达海岸线，而且即达即退。海岸线被海水光顾的时间仅占其裸露时间的数百分之一。那么为什么人们不用海岸潮间带干出的时间，即一半时间干出、一半时间淹浸的位置作为海陆分界线，也不用中潮线作为海岸线，而用海水每月很少光顾，且时间短暂的“痕迹线”作为海陆分界线呢？原因只有一个，就是这条线两侧有着海洋环境和陆域境最根本的差异。人类生活在陆地，陆地的生态环境是淡水主导的。若常有海水光顾，即便时间短暂，也难以使陆生动植物成活，故而归于海洋的范畴。这是我们所理解的海岸线最基本的内涵，也是我们进行任何类型的海陆分界划定应当遵循的依据。

11.3.1 国内外海陆分界有关规定

在我国，长期以来，从国家到地方，涉海部门的各项管理工作，都至少包括了平均高潮线以下的海域，大部分将海陆分界线定为平均大潮高潮线。其示意图如图 11.3-1 所示。

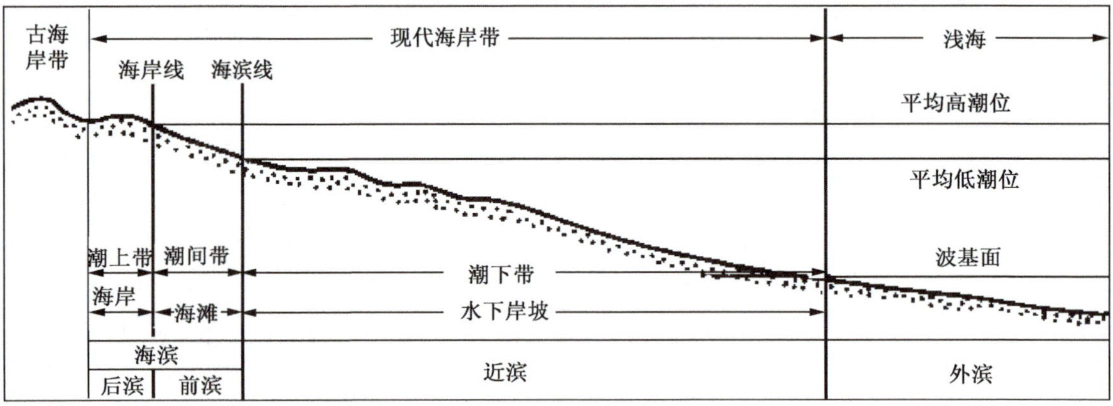

图 11.3-1 海岸线位置示意图

1971 年 1 月航海保证部出版的《海图图式》第一项“岸线”的说明中提出：“略最高高潮面时的水陆分界线为海岸线”。但是略最高高潮面和略最低低潮面是用同一种方法计算的互为对应的高、低潮面。在 1957 年以后，中国的深度基准面采用理论最低潮面，对应的高潮面应该是理论最高潮面，即应以本书提出的理论最高潮面时的水陆分界线作为海岸线。

相关国家政策规定海陆分界线是平均大潮高潮线；相关国家行业标准规定海岸线是平均大潮高潮线；早在 1990 年，我国国家技术监督局实施的国家标准(GB 12317—90)指出，“海岸线是指平均大潮高潮时水陆分界的痕迹线”。中华人民共和国国家标准《海洋学术语 海洋地质学》(GB/T 18190—2000)给出的海岸线定义是“海岸线是海陆分界线，在我国系指多年大潮高潮位时的海陆界线”；1978 年全国海岸带与海涂资源综合调查确定海岸线为平均高潮线，海岸带为海岸线向陆 10 km，向海至水深－20 m[129]。现行的地图、海图，测绘等国家标准中海岸线也均为高潮线；历年来我国涉及海岸线的相关行业对海岸线的规定均是海岸线是平均大潮高潮线。我国现有相关海洋管理工作均以平均大潮高潮线作为海岸线；与有关法律、政策相对应，长期以来，平均大潮高潮线已经作为国家涉海部门和涉海项目的海岸线。但平均大潮如何确定，多年又是指几年，仍无一确定的标准。

而在国外，不论发达的沿海国家，还是发展中的沿海国家，也不论其海岸管理制度是否系统健全，在海陆分界的确定上大都选取了平均高潮线。如：《美国水下土地法》对水下土地做出了明确的界定，即潮水永久性淹没或周期性淹没的土地，陆侧不超过平均高潮线；美国 1978 年夏威夷州确定的海岸线的定义为非风暴潮和地震波浪情况下，一年中波浪所能作用的最上限，通常有明显的植被生长或留有波浪作用后的碎屑物的一条界线。这些法律法规都确定了美国的海陆分界线是平均高潮线。《韩国海岸管理法》(1998 年颁布)其总纲(2)款之 B 规定海域为从涨潮水位线至领海外侧界限海域,由此可知,韩国的海岸线为高潮线。在日本,社会上通常的观点是,根据海水表面涨到最高潮时达到的水边线为基准划分海和陆,并且现在一般认为海面以下的地盘不是土地,由此可见日本是将潮间带归为海域,高潮线为海岸线。1953 年,新西兰《城乡规划法》明确,管辖范围终止于平均高潮线,形成了对陆地管理和水域管理明确的分界线。法国通过《关于海洋国有地产的法律》将高潮线以下滩涂纳入海域的范围统一管理。斯里兰卡 1981 年颁布了《海岸保护令》,规定凡使用从平均高潮线向陆一侧 300 m,向海一侧至 2 000 m 之间的海域的,必须向海岸保护局提出申请报告,批准同意后发给使用许可证,方可启动项目的实施。

通过对沿海各国确定的海岸线现状的考察,我们可以得出大多数国家都采取平均大潮高潮线作为海陆分界划定标准的结论。

11.3.2 平均大潮高潮面含义和基本实现

平均大潮高潮线是常年平均大潮高潮面与陆地相交形成的实际痕迹线。平均大潮高潮面可描述为半日潮大潮期间高潮位的平均值。为了减小偶然误差的影响,通常在朔望日附近取潮差最大的连续 3 d(在我国它们大都发生在朔望之后)高潮位计算其平均值,并将其作为一次大潮的高潮位,然后计算所有大潮高潮位的平均值。平均大潮高潮面的计算数学模型为:

$$
\begin{aligned}
H = {} & 1.007(M_2 + S_2) + 0.025\frac{(K_1 + O_1)^2}{M_2} - \\
& 0.020\frac{(K_1 + O_1)^2}{M_2}\cos(g_{K_1} + g_{O_1} - g_{M_2}) + \\
& M_4\left(1 + 2\frac{S_2}{M_2}\right)\cos(g_{M_4} - 2g_{M_2}) + \\
& M_6\left(1 + 3\frac{S_2}{M_2}\right)\cos(g_{M_6} - 3g_{M_2})
\end{aligned}
$$

式中:各参数表示相关分潮的振幅和迟角。

11.3.3 理论最高潮面定义、含义和基本实现

这里先介绍一下我国海岸带的三个基准面。

我国的《海图图式》第一项"岸线"的说明称:略最高高潮面时的水陆分界线为海岸线。略最高高潮面和略最低低潮面是互为对应的高、低潮面。《海道测量规定》规定:暂以理论最低潮面作为海图深度基准面,基准面从当地平均海面起算。国际测量会议虽提倡采用同一深度基准面,但各国各因其习惯,至今未能统一。1956 年中、苏、朝、越四国在北京召开的海道测量会议上决定共同采用理论最低潮面作为深度基准面以来,我国的海图至今仍采用这一深度基准面,理论最低潮面是根据天文理论计算可能产生的最低潮面。不以平均海面而用某一低潮面为深度基准面是为使海图表示的水深能经常在潮位没有低于深度基准面的情况下得到保证水深为正值。同样,为使海图表示的由高度求距离有关的高度能经常(在潮位没有高于高度基准面的情况下)得到保证,海图的灯塔高度不用平均海面或低潮面为基准

面，而用高潮面作为基准面。大陆终止的海岸线是不为海水淹及的高潮面在当地痕迹线。对于决定海岸线和灯塔高度的这个基准面由于实用上影响不大，我国的书刊给它的定义迄今未统一：有的用平均大潮低潮面，有的用略最高高潮面。理论最低潮面和理论最高潮面是在观测的基础上计算出来的，各段海岸有自己的理论最低潮面和理论最高潮面。平均大潮低潮面应该接近理论最低潮面，平均大潮高潮面应该接近理论最高潮面。我国海岸带在目前条件下，三个基准面的关系如图 11.3-2 所示。

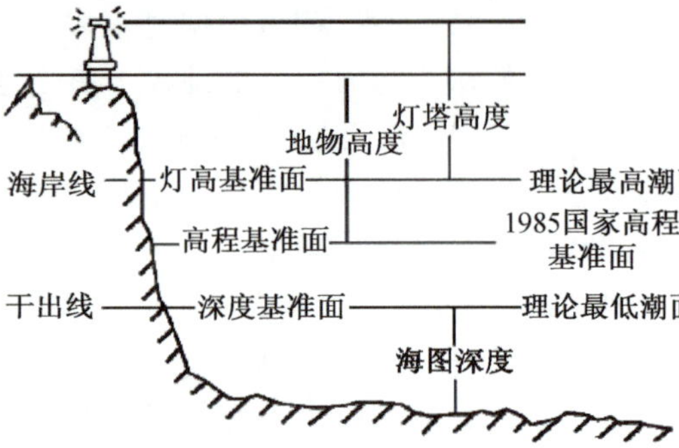

图 11.3-2　中国沿海三个基准面的关系图

理论最高潮面的定义或明确含义为由主要分潮组合所得的理论上可能最高潮高，由相对于当地平均海面的垂直差距度量，与理论最低潮面相对应。以字母 L 表达。理论最高潮面的随地变化特性使其定义以逐点计算的方式实现，因此，理论最高潮面的算法在一定程度上等价对应于中国海区海图深度基准的基本定义方式。按照上述定义，深度基准值由各分潮调和常数综合表达的潮高的可能最低值计算。通常只顾及量值较大的主要分潮，理论最高潮面采用 11 个分潮组合潮高的极值，这 11 个分潮包含天文潮 8 个：Q_1、O_1、P_1、K_1、N_2、M_2、S_2 和 K_2；浅水分潮 3 个：M_4、MS_4 和 M_6。其中 S_2 分潮以天文潮部分为主体，并包含部分气象影响。理论最高潮面算法，即弗拉基米尔法求取最高潮高的关键在于根据全日分潮和半日分潮相角的 4 对组合规律，将潮高表达模型化简为单一变量的函数，从而便于在其中的基本分潮的一个周期内，通过数值方法求解极值。在此基础上，以改正的模式附加浅水分潮与长周期分潮对最高值的贡献。

11.3.4　用理论最高潮位面替代常年平均大潮高潮面作为海陆分界标准的重要理由

长期以来，即使在国家标准已明确定义海岸线就是常年平均大潮高潮面形成的实际痕迹线并以此作为海陆分界线的情况下，围绕海岸线（岛屿岸线、明礁）及其起算面方面仍然一直存在着不同的定义和描述，以及不少异议和模糊认识。所谓的“常年平均大潮高潮线”，虽然有相应的理论公式来支撑，但在潮汐学上仍缺少严格的定义，在长期使用过程中，存在两个比较严重的不足之处：

(1) 单从字义理解，“常年平均”是多少年平均呢？是 3 年大潮平均，还是 10 年大潮平均？有的测站实测资料过少，甚至采用几个月的大潮平均。缺乏统一的标准和受实际条件限制，各处海岸线划定情况相差甚远，这无疑给各类测绘、行政管理、科学研究和海洋开发活动带来了诸多不便之处。而理论最高潮面由各分潮调和常数综合表达的潮高的可能最高值计算，准确性和稳定性都大大优于常年平均大潮高潮面的计算。

(2) 海面并不平静，由波浪影响形成上冲流，上冲流会把海陆交界线推向陆地一段距离，形成的痕迹线在大多数情况下其位置要高于大潮平均高潮位与陆地的交界线。而这条线两侧有着海洋环境和陆域环境最根本的差异。人类生活在陆地，陆地的生态环境是淡水主导的。若常有海水光顾，即便时间短暂，也难以使陆生动植物成活，故而应归于海洋的范畴。由于理论最高潮面高于常年平均大潮高潮面，与常年平均大潮高潮面时的水陆分界线相比，理论最高潮位面与陆地相交形成的界线更靠近海岸带上实际的“痕迹线”。

由此可见，这种基于潮汐观测数据的传统统计方法在实际应用中已越来越缺乏灵活性和准确性。事实上，替代平均大潮高潮面作为海陆分界线，并规避上述缺陷的最合理选择，便是以理论最高潮面时的水陆分界线作为海岸线。

1957 年以后，我国已接受了理论最低潮面，其对应的高潮面，理所当然也应采用理论最高潮面。起算海图灯塔高度的基准面也应是理论最高潮面而不应是略最高高潮面。一个国家不能采用理论最低潮面为基准面而同时却又保留平均大潮高潮面或略最高高潮面为基准面。不严肃对待我国基准面存在的问题，在消耗了人力物力之后，不仅不能收到预定效果，反而会把沿海的高度系统搞得更加混乱。

第 12 章

中国及江苏沿海理论最高潮面特征

12.1 中国沿海理论最高潮位面分布特征

12.1.1 沿海验潮站及历史资料信息

通过对中国大陆沿海(包括海南岛)的 50 个长期验潮站的历史潮位资料进行计算、统计和分析，得到了包括葫芦岛、秦皇岛、龙口、烟台、日照港、长涂、坎门、三沙、平潭、厦门和东山等验潮站的主要天文潮 Q_1、O_1、P_1、K_1、N_2、M_2、S_2、K_2 和 3 个浅水分潮 M_4、MS_4、M_6 的调和常数资料。具体测站及潮位历史资料如表 12.1-1 所示。

表 12.1-1　测站序号和数据年份表

测站序号	测站名称	数据年份	测站序号	测站名称	数据年份
1	长海	1960	19	吴淞	1970—1973
2	大连	1970—1974	20	中浚	1970—1974
3	营口	1960—1974	21	金山咀	1971—1974
4	葫芦岛	1974	22	乍浦	1970—1974
5	秦皇岛	1974	23	镇海	1971—1974
6	塘沽	1960—1974	24	长涂	1970—1974
7	龙口	1970—1974	25	绿华山	1970
8	砣矶岛	1954	26	沈家门	1970—1971
9	烟台	1970—1974	27	石浦	1964
10	成山角	1954	28	海门	1960—1961
11	石岛	1957	29	坎门	1970—1974
12	乳山口	1970—1973	30	温州	1970—1974
13	青岛	1970—1972	31	瑞安	1972
14	日照港	1971—1973	32	三沙	1970—1974
15	连云港	1970—1973	33	梅花	1972—1974
16	燕尾	1960—1961	34	平潭	1970—1973
17	吕四	1970—1974	35	厦门	1970—1974
18	佘山	1970—1971	36	东山	1974

续表

测站序号	测站名称	数据年份	测站序号	测站名称	数据年份
37	汕头	1972	44	硇洲岛	1973
38	汕尾	1973—1974	45	海口	1970
39	蛇口	1972—1974	46	清澜	1956
40	舢舨洲	1971—1973	47	三亚	1974
41	三灶岛	1970—1974	48	莺歌海	1961
42	上川岛	1958	49	东方	1973—1974
43	海陵山岛	1974	50	北海	1970—1974

依照各站在中国沿海分布的地理位置对其进行 1～50 编号，整个研究范围为 105°E～130°E，19°30′N～41°N，包括渤海、黄海、东海和部分南海。

12.1.2 实测资料潮汐调和分析及验证

对已有测站的 369 d 实测逐时潮位观测资料进行潮汐调和分析，计算各个测站的 8 个主要天文分潮 Q_1、O_1、P_1、K_1、N_2、M_2、S_2、K_2 和 3 个浅水分潮 M_4、MS_4、M_6 的调和常数。同时，为验证计算结果的准确性，根据计算出来的调和常数进行潮汐预报，并给出典型测站如葫芦岛、秦皇岛、龙口、烟台、石臼所、长涂、坎门、三沙、平潭、厦门和东山 11 个潮站自 1974 年 1 月 1 日 0 时至 1974 年 1 月 31 日 23 时共 31 d 744 个逐时潮位值以及乳山口潮站自 1964 年 1 月 1 日 0 时至 1964 年 1 月 31 日 23 时共 31 d 744 个逐时潮位值，与各测站同时期的实测潮汐资料进行比较。

具体比较结果如图 12.1-1 所示。

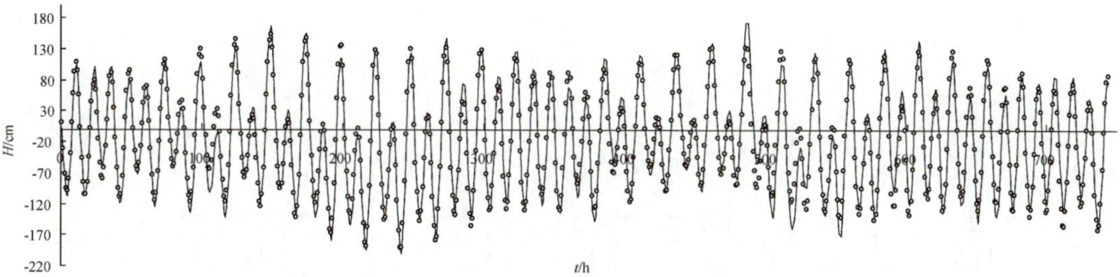

(a) 葫芦岛

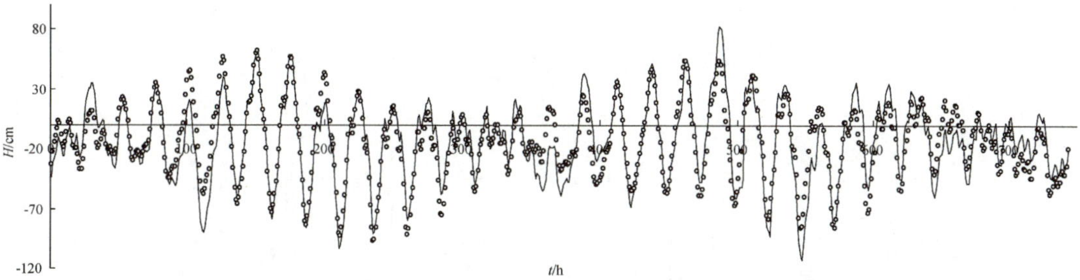

(b) 秦皇岛

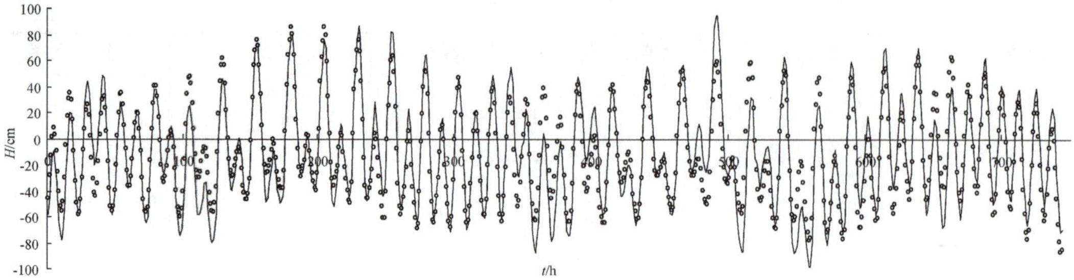

(c) 龙口

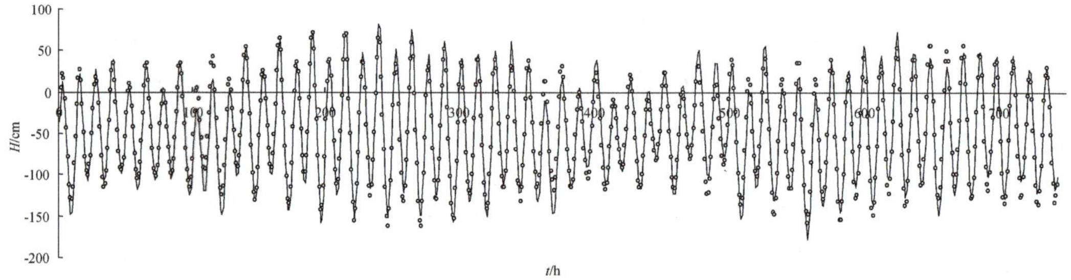

(d) 烟台

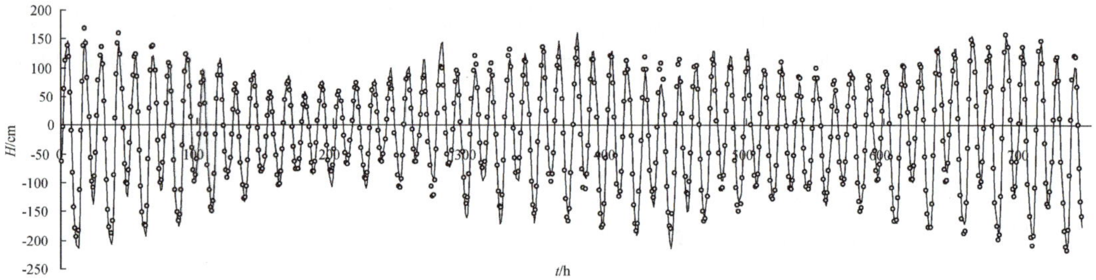

(e) 乳山口

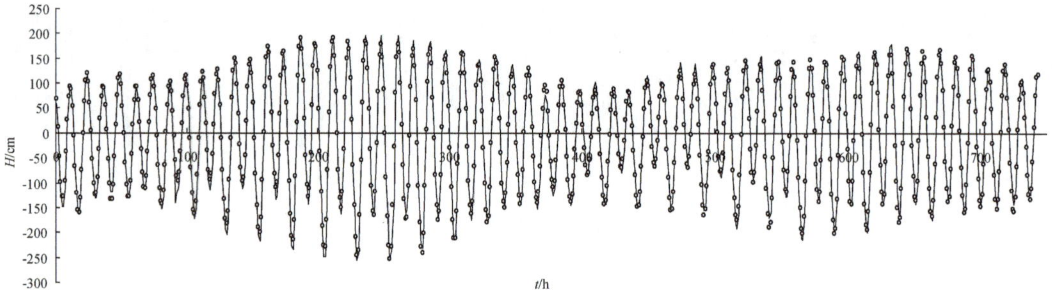

(f) 石臼所

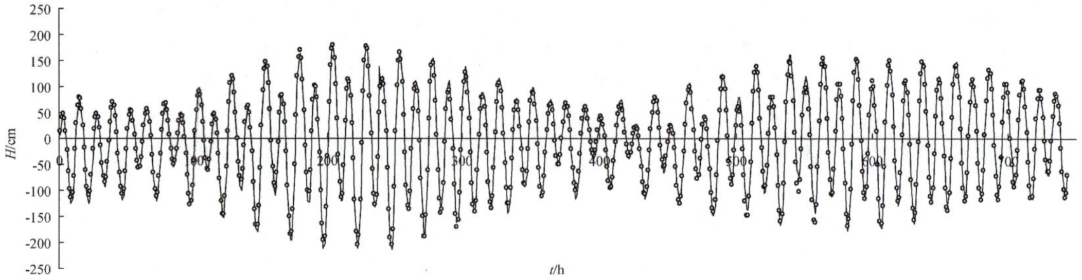

(g) 长涂

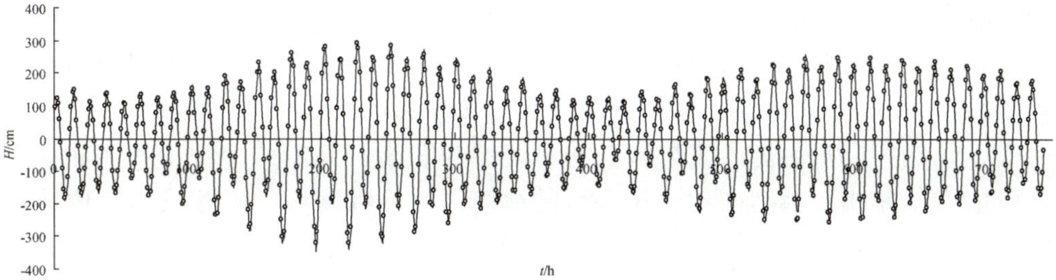

(h) 坎门

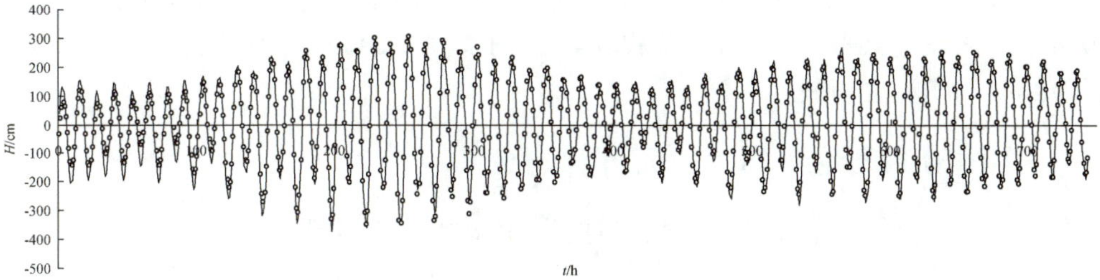

(i) 三沙

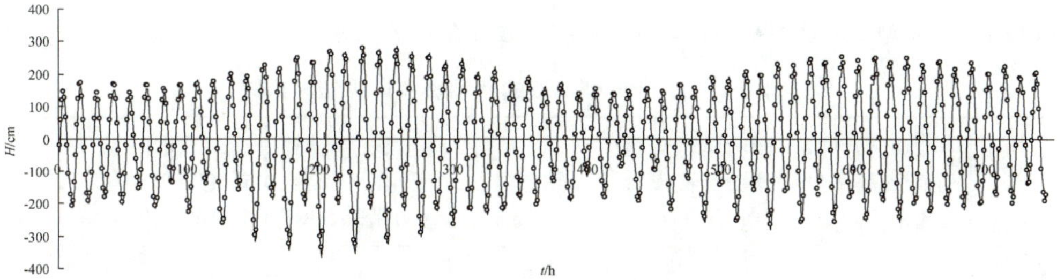

(j) 平潭

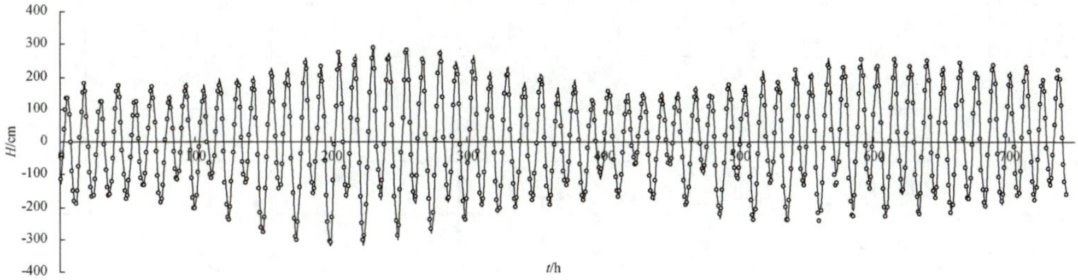

(k) 厦门

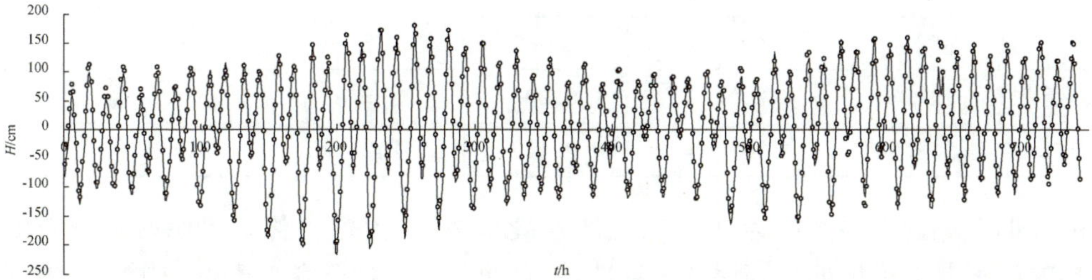

(l) 东山

图 12.1-1　典型验潮站预报潮位与实测潮位比较("—"为实测值,"。"为计算值)

由图可知，葫芦岛、烟台、日照港、长涂、坎门、三沙、平潭、厦门、东山和乳山口这 10 个测站的潮位预报值与观测资料吻合较好，而秦皇岛和龙口 2 个测站的潮位预报值与观测资料有一定程度差异。秦皇岛测站主要是该海域受以秦皇岛附近为中心的旋转潮波控制，靠近半日潮无潮点，为规则日潮区。该海域具有日潮潮汐和半日潮流的异常特征。而龙口湾位于渤海莱州湾口，是出现港湾振动比较显著的海湾之一。港湾振动一般是指港内非潮汐原因的振动，其周期可为几十分钟到几个小时，有时亦称这种振动为假潮。据调查统计，我国日照港以北的黄、渤海沿岸各港湾，只有龙口港常出现 100 cm 左右的大振幅假潮和大于 150 cm 甚至大于 300 cm 的特大振幅假潮。这些大振幅假潮是由于移动气压波扰动激起湾外长波传入湾内发生共振所引起，一定程度上影响了潮汐调和分析预报的准确性。但整体而言计算结果与实测资料较为一致。

12.1.3 中国沿海理论最高潮位面计算与分析

通过 12 个典型验潮站 369 d 实测资料的潮汐调和分析得到了 Q_1、O_1、P_1、K_1、N_2、M_2、S_2、K_2、M_4、MS_4、M_6 11 个分潮的调和常数后，计算了各站的理论最低和最高潮位值。同时利用已有的 50 个验潮站的 11 个分潮调和常数计算了各站的理论最高和最低潮位值。将其中相同的 12 个验潮站的计算结果单独列出，如表 12.1-2 所示。

表 12.1-2　12 个典型测站的两种资料计算结果比较

站名	实测资料计算理论最高潮位面结果/cm	调和常数计算理论最高潮位面结果/cm	误差/%	实测资料计算理论最低潮位面结果/cm	调和常数计算理论最低潮位面结果/cm	误差/%
厦门	314.10	309.05	1.606	−332.78	−331.10	0.504
烟台	134.72	137.05	1.700	−133.04	−131.76	0.964
坎门	318.70	320.31	0.503	−344.21	−341.23	0.865
长涂	213.39	209.46	1.842	−205.41	−200.66	2.311
东山	186.76	189.13	1.257	−214.11	−217.33	1.479
三沙	298.60	308.90	3.334	−322.05	−331.70	2.909
平潭	325.43	325.51	0.024	−362.61	−357.14	1.509
秦皇岛	55.28	53.76	2.754	−76.64	−74.33	3.018
葫芦岛	225.36	227.60	0.984	−166.30	−163.72	1.550
龙口	92.71	94.66	2.069	−87.08	−89.54	2.743
石臼所	241.25	240.75	0.206	−287.82	−291.64	1.310
乳山口	198.65	199.54	0.449	−242.27	−244.57	0.941

由表知，各站误差最大仅为 3.3%（三沙），最小为 0.02%（平潭），表明两种资料的计算结果非常接近，具有高度的相容性和一致性，混合使用这两种资料来表达中国沿海的理论最低和最高潮位面是合理可靠且准确的。

50 个测站的理论最高和最低潮位面计算结果如图 12.1-2 所示。

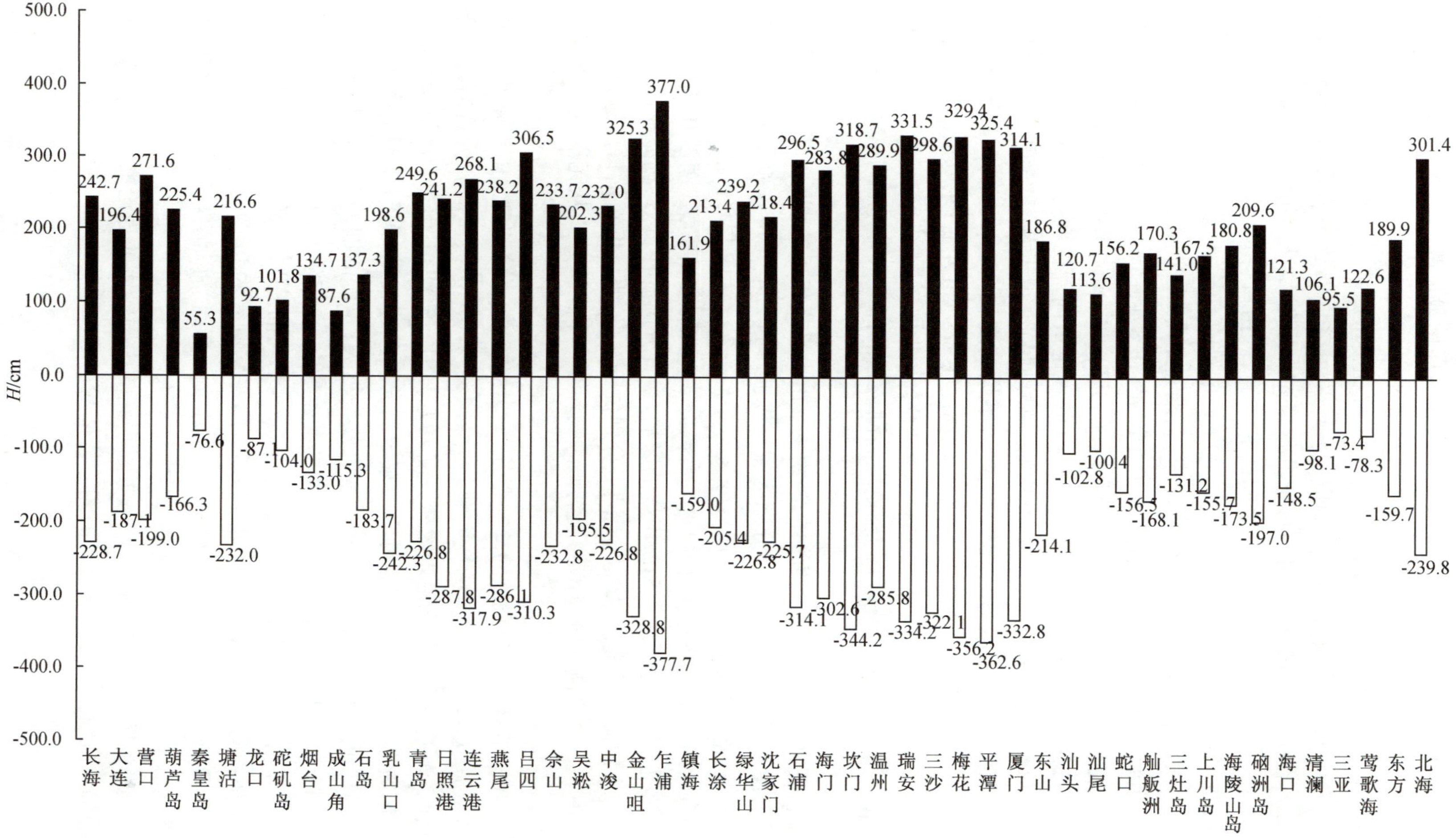

（黑柱表示各站理论最高潮位与平均海面的高度差，白柱表示理论最低潮位与平均海面的高度差。）

图 12.1-2　中国沿海理论最高和最低潮位面分布

从图中可以看出，沿海各站点的理论最高潮位面和理论最低潮位面大体呈关于平均海面对称关系，且沿海岸变化趋势一致。因此这里重点讨论理论最高潮位面的分布情况。

理论最高潮位面与平均海面距离的最小值处出现在秦皇岛站，为 63.76 cm，最大值出现在乍浦站，为 377.0 cm；理论最高潮位面值在 50～100 cm 之间的有秦皇岛，龙口、成山角和三亚共 4 个测站；在 101～150 cm 之间的有砣矶岛、烟台、石岛、汕头、汕尾、三灶岛、海口、清阑和莺歌海共 9 个测站；在 151～200 cm 之间的有大连、乳山口、镇海、东山、蛇口、舢舨洲、上川岛、海陵山岛、东方共 9 个测站；在 201～250 cm 之间的有长海、葫芦岛、塘沽、青岛、日照港、燕尾、佘山、吴淞、中浚、长涂、绿华山、沈家门、硇洲岛共 13 个测站；在 251～300 cm 之间的有营口、连云港、石浦、海门、三沙、温州共 6 个测站；在 301～350 cm 之间的有吕四、金山咀、坎门、瑞安、梅花、平潭、厦门和北海共 8 个测站；在 351～400 cm 之间的有乍浦 1 个测站。

从变化趋势来看，位于渤海湾内的测站 1～10 的理论最高潮位面与平均海面的距离大体上由大变小，平均高度在 200 cm 左右，其中秦皇岛站最低；位于黄海东面的测站 11～19 的理论最高潮位面的高度大体上由小变大再变小，平均高度在 250 cm 左右；有同样变化趋势的测站段有：位于杭州湾内的测站 20～23，平均高度在 280 cm 左右；东海东面到南海北面的测站 24～38，平均高度在 320 cm 左右；以及南海东北面的测站 39～47，平均高度在 160 cm 左右；北部湾内的测站 48～50 的理论最高潮位面的高度大体上由小变大，平均高度在 200 cm 左右。

诸多观测和模拟研究表明，中国近海的潮汐主要由太平洋传入的潮波引起，潮汐类型大致可分为全日分潮和半日分潮，以半日分潮为主。潮波经过日本九州岛和我国台湾岛之间的水域，越过琉球群岛，进入东中国海，而后分为两支。一支继续向西北传播，进入黄海和渤海，引起黄、渤海的潮振动，另一支则转向进入台湾海峡，之后进入南海。潮波在传播过程中由于受到地转偏向力以及海底地形和海岸线的影响，半日分潮波在黄海、渤海形成了 4 个绕无潮点按逆时针方向旋转的潮波系统。无潮点分别位于秦皇岛外、旧黄河口岸边、成山头以外以及苏北外海。日分潮波在黄海南部及渤海海峡各有一个无潮点。从无潮点向外潮汐的振幅逐渐增大。

受此影响，我国沿海潮差分布总的趋势是东海最大，黄海、渤海次之，南海最小，总体有由北向南逐渐增加趋势。渤海沿岸的最大潮差为 2.45～4.37 m；秦皇岛和废黄河口位于半日分潮无潮点区，潮差最小。黄海沿岸的最大潮差为 1.81～9.28 m；山东半岛沿岸自烟台向成山角潮差逐渐减小，从成山角向南，再沿山东半岛向西至连云港，潮差逐渐增大。从连云港向南至射阳河口附近潮差又逐渐减小，向南又逐渐增大；东海的潮差普遍较大，最大潮差为 3.16～8.87 m。长江口附近潮差较小，杭州湾潮差最大，平均潮差为 5.54 m；浙江宁波以南潮差由北向南逐渐增大，至福建三都澳潮差达最大，平均潮差为 5.35 m，再向南潮差又逐渐减小，至东山平均潮差为 2.29 m。南海潮差较小，平均潮差为 0.73～2.48 m。汕头至湛江潮差由东向西逐渐增大，平均潮差为 0.90～2.17 m。海南岛以清澜为最小，平均潮差为 0.73 m。北部湾沿岸潮差由南往北逐渐增大，湾顶最大。

根据中国近海潮汐特点资料对比可知，本书得到的中国沿海的理论最高最低潮位面所呈现的变化趋势和量级特征与中国近海的潮汐特征基本是一致的。

12.2　江苏沿海理论最高潮位面特征

根据江苏沿海潮流数学模型，得到了2007年1月1日0时至2007年1月31日23时的江苏沿海潮流模拟资料，通过进一步的潮汐和潮流特征分析，并与前人结果比较可知，该模拟资料的正确性较为令人满意。

本研究在江苏沿海选取了地形特征较为显著的共36个河口和港口作为站点，对站点处一个月的模拟潮位过程资料进行调和分析，得到8个主要天文分潮 Q_1、O_1、P_1、K_1、N_2、M_2、S_2、K_2 和3个浅水分潮 M_4、MS_4、M_6 的调和常数值，并计算其理论最高潮位与理论最低潮位值，据此研究江苏沿海的理论最高潮位面分布特征。

这36个站点分别为：绣针河口、柘旺河口、兴庄河口、青口河口、临洪口、埒子口、燕尾港、灌河口、中山河口、废黄河口、扁担河口、夸套河口、双洋河口、运粮河口、射阳河口、新洋港、斗龙港、四卯河口、大丰港、竹港口、川东港、东台河口、梁垛河口、方塘河口、新川港、小洋口港、掘苴口、洋口港、东凌港、遥望港、大洋港、大唐电厂、塘芦港口、协兴港、圆陀角和崇明东滩。

具体站位分布情况如图12.2-1所示。

江苏沿海36个站点的理论最高和最低潮位计算结果如图12.2-2所示。

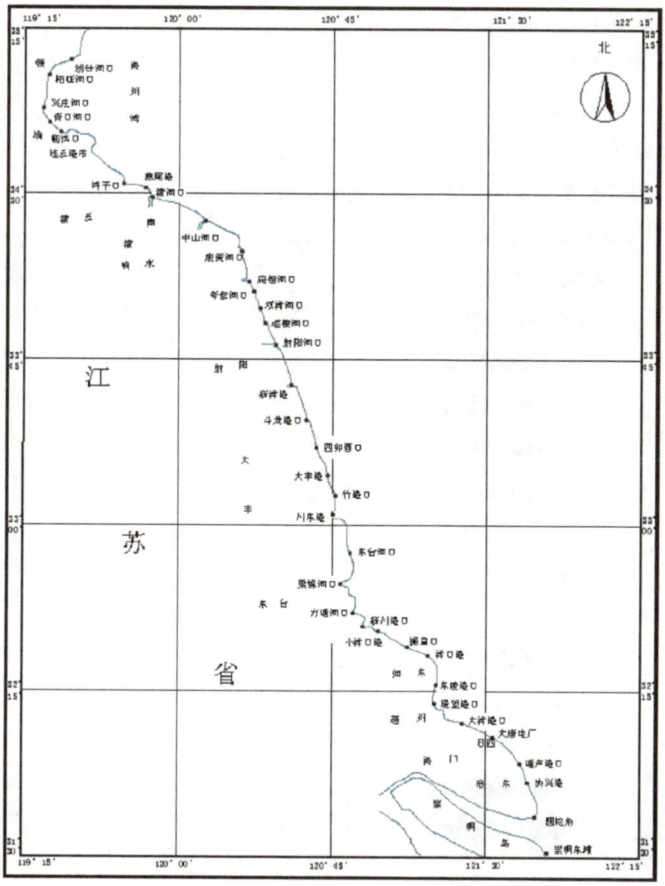

图12.2-1　江苏沿海站点示意图

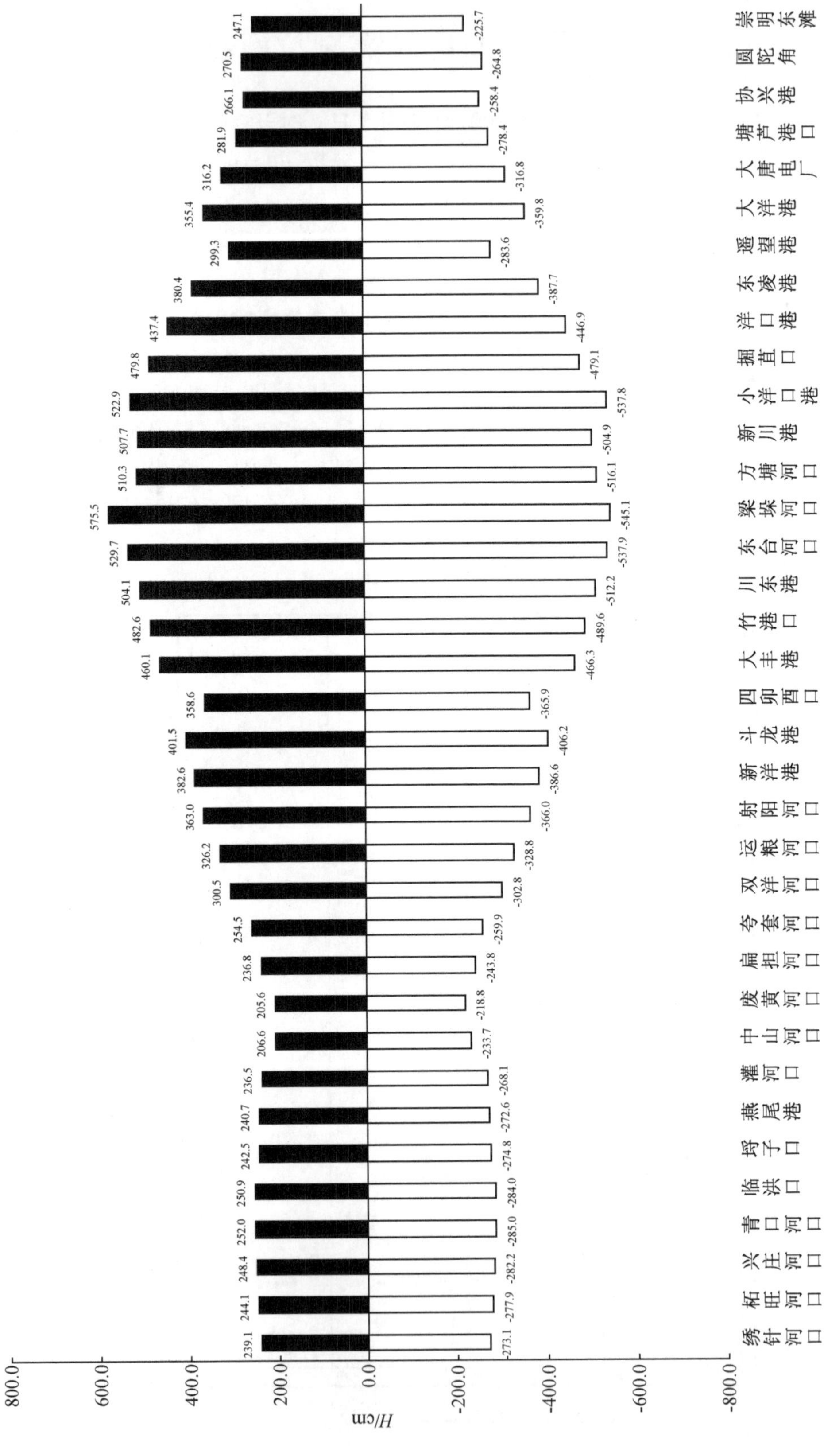

（图中黑柱表示各站理论最高潮位与平均海面的高度差，白柱表示理论最低潮位与平均海面的高度差。）

图 12.2-2 江苏沿海理论最高和最低潮位面分布

从图中可以看出，沿海各站点的理论最高潮位面和理论最低潮位面大体呈关于平均海面对称关系，且沿海岸变化趋势一致。其中，理论最高潮位与平均海面距离的最小值处出现在废黄河口，为 205.6 cm，最大值出现在东台河口，为 529.7 cm；理论最高潮位面值在 201～250 cm 之间的有绣针河口、柘旺河口、兴庄河口、埒子口、燕尾港、灌河口、中山河口、废黄河口、扁担河口和崇明东滩共 10 个站点；在 251～300 cm 之间的有青口河口、临洪口、夸套河口、掘苴口、遥望港、塘芦港口、协兴港和圆陀角共 8 个站点；在 301～350 cm 之间的有双洋河口、运粮河口、方塘河口和大唐电厂共 4 个站点；在 351～400 cm 之间的有射阳河口、新洋港、四卯酉口、梁垛河口、东凌港和大洋港口共 6 个站点，在 400～450 cm 之间有斗龙港和洋口港 2 个站点，在 450～500 cm 之间的有大丰港和竹港口 2 个站点，在 500～550 cm 之间的有川东港、东台河口、新川港和小洋口港共 4 个站点。

从变化趋势来看，江苏沿岸从绣针河口到废黄河口一段，理论最高潮位呈略微增大再慢慢减小的趋势，平均高度在 270 cm 左右，其中废黄河口最低，为 205.6 cm；由废黄河口开始，到崇明东滩站点，理论最高潮位呈现变化较明显的增大再减小趋势，平均高度在 400 cm 左右，在梁垛河口达到最大值，为 575.5 cm。这种分布情况是由于江苏近海海域是南黄海的一部分，具有独特又相对稳定的潮汐动力环境，其潮汐与潮流反映出外围南黄海带来的一种响应潮波系统和响应潮流场特征，此响应潮波系统为由东海前进潮波和黄海旋转潮波辐聚而成的移动性驻潮波。

江苏海岸线大致可分成 3 个岸段，即北部的海州湾和废黄河三角洲岸段，中部的射阳河口至弶港岸段，南部的辐射沙洲岸段。江苏沿海主要受两大潮波系统支配，在江苏沿海南面，太平洋潮波经东海以前进波的形式，继续由南向北推进，而在江苏沿海北部，由于受南黄海西部旋转潮波系统的制约，其波峰线由北向南传播。这两股运动方向大致相反的潮波在弶港至庄家沙一带海域辐合，形成一二分水，此处潮差最大。辐合潮波能量集中，振幅、潮差增大，落潮时，自弶港向外海呈放射状辐散。这个辐合潮波系统塑造了水下浅滩，使浅滩成为辐射状沙洲及水下沙脊。

江苏海岸是我国淤泥质潮滩分布最为集中的地区之一，而浅海则是我国最为复杂的南黄海辐射沙脊群分布区之一。南黄海辐射沙洲位于江苏海岸以东，自射阳河口向南至长江口北部的蒿枝港，南北范围界于 32°00′N～33°48′N，长达 199.6 km，东西范围界于 120°40′E～122°10′E，是世界上唯一以海岸浅湾为顶点向海呈辐射状分布的潮流沙脊。自长江口至射阳河口之间存在 70 多条水下沙脊，其长短为十几公里至几十公里，甚至上百公里，宽窄为几公里至十几公里，基本上以港为中心向北、东北、东及东南方向延伸，在圆心角约 160°的扇面内呈辐射状分布，其南北长约 200 km，东西宽约 90 km，脊槽相间，形态特殊、地形复杂是南黄海独特的地貌类型。这些陆架浅海海底为基本平行于最大潮流方向的大量沙脊及其间的沟槽。涨潮时，潮流自北、东北、东和东南方向涌向港海岸；落潮时，潮流以港为中心，呈 150°的扇面向外逸散，形成以港为中心的放射状潮流场。脊槽相间，地形和水动力情况异常复杂。

根据江苏沿海潮流特点对比可知，江苏沿海的理论最高、最低潮位所呈现的变化趋势和量级特征与江苏沿海的潮流特征基本一致。

第 13 章

中国东部沿海理论最低潮面特征

13.1 理论最低潮面与平均潮差关系

13.1.1 资料及理论方法

根据《海道测量规范》中对理论最低潮面的定义，13 个分潮组合下的理论最低潮面的原始表达式为

$$L = -\min\left[\sum_{i=1}^{13} f_i h_i \cos(\sigma_i t + V_{0i} + u_i - g_i)\right] \tag{13.1-1}$$

式中：L 为理论最低潮面在平均海平面以下的距离；h_i、g_i 分别为分潮的振幅和迟角，即调和常数；f_i 为分潮的交点因子；σ_i 为分潮的角速率；$(V_{0i}+u_i)$ 为分潮的初相角。

由式(13.1-1)可知，L 的变化受多个天文因素的影响，其中 $\cos(\sigma_i t + V_{0i} + u_i - g_i)$ 是引起分潮周期性波动的项，各分潮的叠加效应引起潮差随时间的变化，$f_i h_i$ 则决定着潮差的大小。

由此可见，理论最低潮面的大小主要取决于各分潮的振幅大小，各分潮的叠加结果的外在表现就是潮差，即理论最低潮面与潮差之间有内在联系，并且理论最低潮面位于平均海平面以下，即 L 的大小与半潮差直接相关。一般情况下，L 大于年平均潮差的一半。

利用我国东部沿海地区 17 个验潮站(图 13.1-1)连续 1 年以上的逐时潮位观测资料，运用潮汐调和分析方法对各个验潮站逐时潮位资料进行调和分析，计算对应分潮 M_2、S_2、N_2、K_2、K_1、O_1、P_1、Q_1、M_4、MS_4、M_6、S_a、S_{Sa} 的调和常数(振幅 h 及迟角 g)以及相应的平均海平面。借此，根据《海道测量规范》中给出的方法，利用得到的 13 个分潮的调和常数推算相应验潮站的平均海平面下的理论最低潮面的值。

由于理论最低潮面与半潮差直接相关，即与潮差也是直接相关的，因此，根据实测资料统计年平均潮差及月平均潮差，由此，利用回归分析的方法，就理论最低潮面和平均潮差之间的关系进行统计，给出理论最低潮面和平均潮差之间的函数关系，并就理论最低潮面和不同时间间隔内的潮汐特征值之间的相关程度进行比较分析。

13.1.2 理论最低潮面与平均潮差关系

13.1.2.1 理论最低潮面与年平均潮差关系

利用我国东部沿海地区 17 个验潮站连续 369 d 的逐时实测潮位资料，运用调和分析法

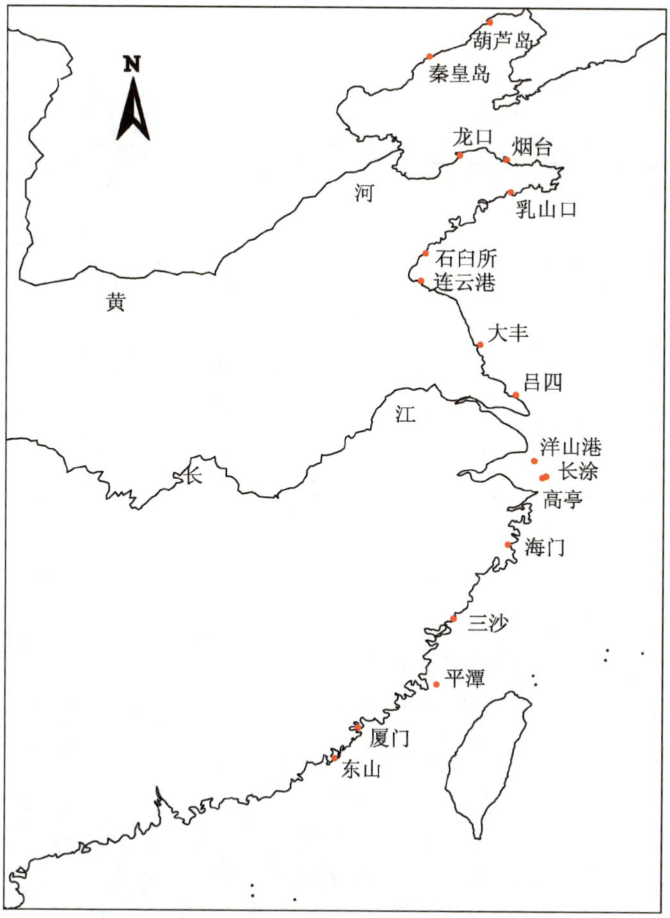

图 13.1-1　我国沿海验潮站分布示意图

得到各个验潮站 13 个分潮的调和常数，并由此推算理论最低潮面在当地平均海面下的值。同时，根据相应实测资料推求各个验潮站的年平均潮差及各月平均潮差。

计算过程中均以当地平均海平面作为基准面，结果见表 13.1-1，其中，各站月平均潮差仅列出冬季 2 月份和夏季 8 月份的结果。

表 13.1-1　各验潮站的理论最低潮面与平均潮差

验潮站	理论最低潮面/m	平均潮差/m		
		1 年	2 月	8 月
葫芦岛	1.344	2.024	1.978	2.036
秦皇岛	0.580	0.458	0.417	0.549
龙口	0.751	0.839	0.842	0.888
烟台	1.004	1.576	1.584	1.578
乳山口	2.333	2.378	2.324	2.418
石臼所	2.817	2.945	2.976	2.926

续表

验潮站	理论最低潮面/m	平均潮差/m		
		1年	2月	8月
连云港	3.250	3.467	3.500	3.357
大丰	2.131	3.040	2.691	3.373
吕四	3.049	3.764	3.722	3.802
洋山港	2.039	2.683	2.706	2.760
长涂	2.046	2.174	2.268	2.132
高亭	1.745	2.075	2.063	2.155
海门	2.900	3.825	3.762	3.853
三沙	3.590	4.162	4.196	4.207
平潭	3.629	4.186	4.160	4.214
厦门	3.036	3.931	3.917	3.974
东山	1.973	2.247	2.228	2.276

由表可以看出，以平均海面为基准，我国的理论最低潮面总体呈现“南低北高”的趋势，但受地形等各方面因素的影响，各地理论最低潮面值的差异还是较大的。年平均潮差及月平均潮差的分布也总体呈现南部大、北部小的态势，与理论最低潮面的变化趋势基本一致，秦皇岛、龙口、烟台由于受渤海半封闭式型态及分潮无潮点的影响，潮差与其他区域相比明显偏小，且潮型规律性亦相对较差。

进一步根据得到的理论最低潮面和年平均潮差的值，对我国东部沿海17个验潮站的理论最低潮面与年平均潮差进行回归分析，结果如图13.1-2所示。

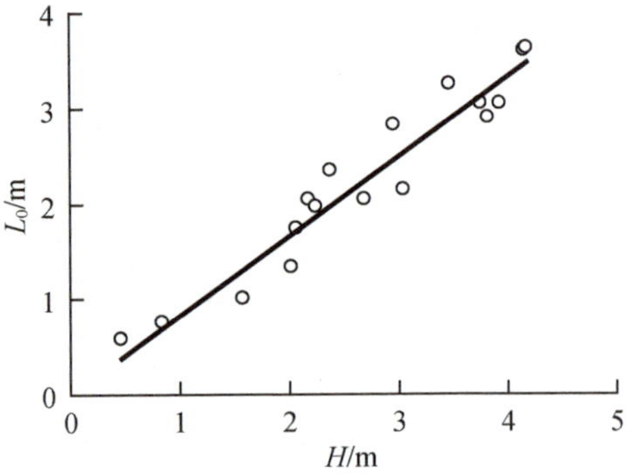

图 13.1-2　理论最低潮面与年平均潮差的关系

考虑当年平均潮差为0时，海面没有升降，因此回归分析式中截距设为0，即理论最低潮面与平均海平面重合。

由此，得理论最低潮面与年平均潮差的关系为

$$L_0 = 0.832H, R = 0.962 \tag{13.1-2}$$

式中：L_0为理论最低潮面在年平均海平面以下距离，m；H为年平均潮差，m；R为相关系数。

由上式可以看出，理论最低潮面与年平均潮差H的相关性很强，相关系数R在0.96以上。因而，实际的工程应用中，若不知道当地理论最低潮面的位置，则可根据上式由年平均潮差快速地推算当地理论最低潮面的位置。

13.1.2.2　理论最低潮面与月平均潮差关系

海洋工程建设中，1年潮位资料的获取相对较为困难，短期如1个月的潮位资料往往相对较为容易获取，由此，便可推求相应的月平均潮差。

与上述同理，可得理论最低潮面与月平均潮差的关系，由于不同季节的潮汐过程往往存在差异，因此，表13.1-2分别给出了理论最低潮面与各月平均潮差的关系。

表 13.1-2 理论最低潮面与各月平均潮差拟合公式

月份	拟合关系/m	相关系数 R	月份	拟合关系/m	相关系数 R
1月	$L_0=0.855H_1$	0.968	7月	$L_0=0.840H_7$	0.954
2月	$L_0=0.841H_2$	0.970	8月	$L_0=0.820H_8$	0.948
3月	$L_0=0.841H_3$	0.970	9月	$L_0=0.817H_9$	0.950
4月	$L_0=0.845H_4$	0.966	10月	$L_0=0.831H_{10}$	0.945
5月	$L_0=0.842H_5$	0.961	11月	$L_0=0.842H_{11}$	0.958
6月	$L_0=0.837H_6$	0.956	12月	$L_0=0.849H_{12}$	0.967

注:式中 $H_i(i=1,2,\cdots,12)$分别为 i 月平均潮差。

与式(13.1-2)比较,同时,综合表 13.1-2 中各月平均潮差与理论最低潮面的相关性可知,理论最低潮面与春、冬季 12 月至来年 4 月期间的月平均潮差的相关性最高,与年平均潮差的相关性次之,与夏、秋季 5 月至 11 月的相关性最低。分析原因,主要是由于理论最低潮面反映的是某个地区一个相当长时期内理论上可能出现的最低潮位,其是一个相对较为稳定的面。然而,由于我国东部沿海属于亚热带季风气候区,夏季及秋季期间,沿海潮汐过程易受气象因素变迁的影响,如风暴增减水作用等,而春季及冬季期间,沿海潮汐过程受外界因素的干扰作用相对较弱,因此,冬季及春季的潮汐特性更接近于理论最低潮面所反映的可能最低潮位的内涵,而年平均潮差虽然能反映潮汐过程的长期变化,但受夏季及秋季潮汐过程的影响,年平均潮差与理论最低潮面的相关性有所弱化。

此外,由表 13.1-2 还可知,虽然理论最低潮面与各月平均潮差的相关性存在一定差异,但相关系数 R 均达 0.948 以上,相关性较高。因此,工程实际中,在缺少 1 年潮位资料的前提下,利用表 13.1-2 给出的月平均潮差与理论最低潮面的关系式作为确定理论最低潮面的依据仍不失为一个有效的方法。

13.1.3 分析和讨论

13.1.3.1 拟合公式精度检验

由于上述采用的验潮站位置相对较为均匀地分布于我国东部沿海,因此,各式均可用于近似估算东部沿海地区理论最低潮面的位置,然而由各式的相关系数 R 可知,各式之间依然存在差异。为此,利用集中系数 b_p、偏离系数 b_x,比较由 1 年逐时潮位资料通过调和分析推算得到的理论最低潮面和利用各式估算得到的理论最低潮面之间的差异。

如果以利用 1 年实测资料通过调和分析推算得出的理论最低潮面为横坐标,对应的利用拟合公式计算得出的理论最低潮面为纵坐标建立坐标系,数据散点越靠近 45°线,说明利用调和分析得到的理论最低潮面与拟合值之间的偏差越小。集中系数用来表征两个变量总体趋于 45°线的程度,当集中系数趋近于 1 时,两者比值趋近于 1;偏离系数则表征两个变量总体偏离 45°线的程度,偏离系数愈小,两者偏差越小。

二者的计算公式分别为

$$b_p=\frac{1}{n}\sum\frac{L_{0i}}{L'_{0i}} \tag{13.1-3}$$

$$b_x = \frac{1}{n}\sum \left| \frac{L_{0i} - L'_{0i}}{(L_{0i} + L'_{0i})/2} \right| \tag{13.1-4}$$

式中：L_{0i}为利用1年实测资料推算得出的理论最低潮面；L'_{0i}为利用拟合关系计算出的理论最低潮面；n为验潮站个数。

根据式(13.1-2)及表13.1-2中的公式，分别计算出利用实测资料和公式求得的理论最低潮面的集中系数和偏离系数，结果见表13.1-3。

表13.1-3 利用实测资料和公式求得的理论最低潮面的集中系数和偏离系数

判别数	1年	1月	2月	3月	4月	5月	6月	7月	8月	9月	10月	11月	12月
集中系数	1.027	1.029	1.031	1.036	1.028	1.034	1.029	1.016	1.014	1.027	1.042	1.033	1.024
偏离系数	0.125	0.119	0.117	0.119	0.123	0.132	0.131	0.120	0.123	0.135	0.150	0.130	0.112

由表13.1-3可知，各式的集中系数变化幅度不大，均在1附近，且都大于1，说明实测资料调和分析得到的理论最低潮面总体来说略大于拟合公式推算得到结果；同时，各式的偏离系数也相对较小，均在0.1左右，这表明利用拟合公式近似估算理论最低潮面的精度均较高。

13.1.3.2 利用实测资料检验公式的合理性

为进一步检验公式的合理性，分别利用如东、响水地区两个验潮站连续369 d的实测潮位资料，通过调和分析推算得到当地理论最低潮面；同时，根据两地的年平均潮差及月平均潮差，利用本文中得到的拟合公式，也可估算出两地的理论最低潮面。由此，就二者的差异进行比较和分析。根据1年的实测潮位资料通过调和分析的方法，推算得如东和响水两站的理论最低潮面分别在当地平均海平面下2.953 m、2.262 m。

表13.1-4～表13.1-5给出了利用上述公式结合年平均潮差及月平均潮差推算得到的理论最低潮面的结果。

表13.1-4 如东验潮站利用调和分析方法和利用公式求得的理论最低潮面比较(m)

时间段	1年	1月	2月	3月	4月	5月	6月	7月	8月	9月	10月	11月	12月
平均潮差	3.633	3.510	3.460	3.708	3.544	3.535	3.534	3.653	3.731	3.812	3.613	3.562	3.522
本文公式	3.023	3.001	2.910	3.118	2.995	2.976	2.958	3.069	3.059	3.114	3.002	2.999	2.990
差值	−0.070	−0.048	0.043	−0.165	−0.042	−0.023	−0.005	−0.116	−0.106	−0.161	−0.049	−0.046	−0.037

注：差值＝利用实测资料通过调和分析得到的理论最低潮面－利用本文公式推算得到的理论最低潮面。

表13.1-5 响水验潮站利用调和分析方法和利用公式求得的理论最低潮面比较(m)

时间段	1年	1月	2月	3月	4月	5月	6月	7月	8月	9月	10月	11月	12月
平均潮差	2.392	2.391	2.387	2.456	2.374	2.385	2.335	2.362	2.395	2.420	2.391	2.303	2.329
本文公式	1.990	2.044	2.007	2.065	2.006	2.008	1.954	1.984	1.964	1.977	1.987	1.939	1.977
差值	0.272	0.218	0.255	0.197	0.256	0.254	0.308	0.278	0.298	0.285	0.275	0.323	0.285

注：差值＝利用实测资料通过调和分析得到的理论最低潮面－利用本文公式推算得到的理论最低潮面。

由表13.1-4可知，在如东验潮站，理论最低潮面的拟合结果非常好，利用拟合公式估算的结果跟利用调和分析方法得到的结果偏差很小，平均偏差仅为−0.064 m，误差保持在厘米数量级内。在拟合结果中，仅有夏季几个月的偏差绝对值超过了0.1 m，这主要是受到夏季气温高、风暴过程等因素的影响。

从统计结果还可以看出，如东站利用调和分析方法得到的理论最低潮面普遍小于利用拟合公式得到的估算值。分析原因，主要是在验潮站附近，东海前进潮波系统与黄海旋转潮波系统的波峰线交汇，引起当地潮差普遍增大，从而使拟合的理论最低潮面略偏大。拟合结果的偏大在一定程度上也增大了船只通航等的安全保证率，结果相对较为合理。

与如东站相比，响水站的拟合结果则相对较差，由表13.1-5可知，利用调和分析方法得到的理论最低潮面与利用拟合公式得到的估算值的平均偏差为0.269 m，而且大部分偏差在0.25 m以上，部分公式拟合结果偏差甚至大于0.3 m。原因主要是受到附近分潮无潮点的影响，潮波特征复杂多变，从而使估算值存在较大的误差。

因此，在无1年实测资料的前提下，用上述拟合公式估算无潮点附近海域的理论最低潮面依然具有一定的精度。

13.2 基于平均低潮位推算理论最低潮面的简便方法

海图深度基准面的确定是海洋测绘、海道测量、海洋工程设计施工等各项生产活动的基础，也是航海保证部门编制海图的重要依据，同时历史海图深度基准面也是研究河口海岸演变的重要参考资料。

合理的海图深度基准面既要保证船舶航行的安全，同时又要尽量提高航道的利用率，海图深度基准面过高或者过低都会对通航安全或航道利用产生不利影响。对于海图深度基准面的选取，世界各国根据本国沿海不同的潮汐特征而选取不同的海图深度基准面。

我国在1956年以前采用过略最低低潮面、平均大潮低潮面、可能最低低潮面、特大潮低潮面等多达十几种的海图深度基准面[3]，后因为保证率不足，同时为了统一我国沿海的海图深度基准面，1956年以后统一采用理论深度基准面作为海图深度的基准面。根据最新的《海道测量规范》中的规定，我国的海图深度基准面采用13个分潮组合的理论最低潮面，它们包括：M_2、S_2、N_2、K_2、K_1、O_1、P_1、Q_1共8个天文分潮，M_4、MS_4、M_6共3个浅水分潮以及S_a、SS_a两个长周期分潮。

尽管《海道测量规范》中对理论最低潮面的计算公式进行了说明，但是由于公式中涉及分潮调和常数的计算，8个天文分潮的调和常数利用1个月的实测资料即可求得，而对于3个浅水分潮及两个长周期分潮至少需要1年的实测资料才可将其分离出来。针对这一问题，众多学者提出了不同的算法及模型。暴景阳等[130,131]等从理论最低潮面的定义出发，对理论最低潮面模型的算法进行了研究及改进；汪家君等[132]提出了“改正数”的概念，即建立理论最低潮面与其他深度基准面的线性回归关系，得到了较好的结果，但是用上述两种方法计算至少需要1年的逐时实测潮位资料；耿凤奎等[133]对海南环岛理论最低潮面形态曲线模型方法进行了研究，初步提出一种有效的理论方法，但此研究还处于理论的阶段，实际操作中对相邻验潮站之间的距离有一定的要求，需要加设临时验潮站，短期内难以实现。并且当前对理论最低潮面的研究往往局限于某个工程海域，对于附近无常设验潮站的海域，理论最低潮面的推算仍是一个难题。

我国现阶段沿海常设验潮站数目相当有限，且受资料保密、工期等各方面因素的制约，1年以上的实测潮位资料难以获取，往往只能通过科研报告或论文获得平均高、低潮位或平均潮差等潮汐特征值，但是海洋工程中往往需要快速、准确地确定当地理论最低潮面。由此，本书利用我国东部沿海 17 个验潮站实测潮位资料进行调和分析，得到各验潮站的理论最低潮面，并对理论最低潮面与统计得到的平均低潮位之间的关系进行回归分析，探讨理论最低潮面与平均低潮位之间的相关性。

13.2.1 原理与方法

现行《海道测量规范》中对理论最低潮面的定义为 13 个分潮组合下理论上可能的潮水位最低值，若某地平均低潮位越低，则理论最低潮面相应越低，由此可得，平均低潮位这一统计量与理论最低潮面的定义具有对应性。

利用我国东部沿海地区 17 个验潮站连续 369 d 的实测潮位资料进行调和分析，得到 13 个分潮的调和常数，以此根据《海道测量规范》中的方法，计算相应各站的理论最低潮面；并由实测资料统计各站的年平均低潮位及月平均低潮位。由此，对理论最低潮面与年平均低潮位及月平均低潮位之间的关系进行回归分析，得到相应的拟合公式，并对拟合公式的适用性行了检验。

为检验本研究所用调和分析方法的合理性，利用浙江长涂验潮站 369 d 的实测潮位资料进行调和分析，预报长涂验潮站 1974 年 7 月 29 日到 1974 年 8 月 12 日的逐时潮位，然后与实测值进行对比，对比曲线见图 13.2-1。

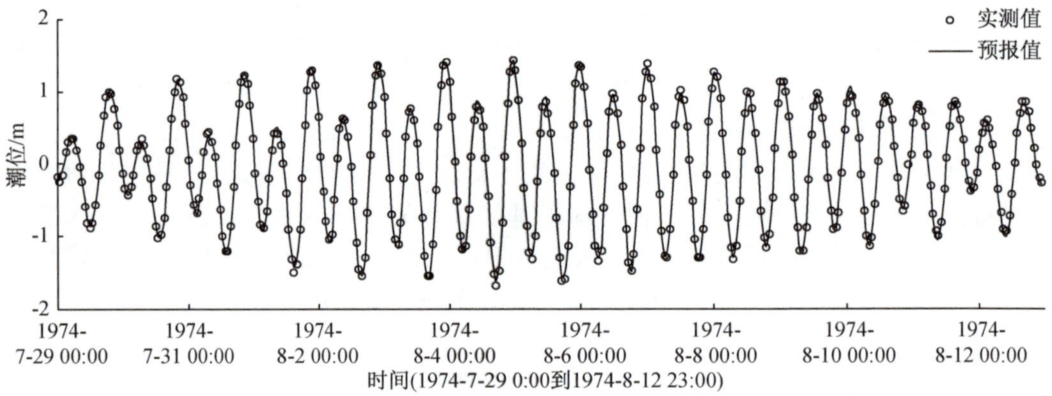

图 13.2-1　浙江长涂验潮站实测值与预报值对比曲线（基面为当地平均海平面）

由图可知，长涂验潮站潮位实测值与预报值相当吻合，说明利用该程序对潮位进行调和分析是合理的。

13.2.2 理论最低潮面与平均低潮位的关系

利用我国东部沿海 17 个验潮站连续 369 d 的实测资料，运用调和分析的方法得到相应的 13 个分潮的调和常数，然后计算当地平均海平面以下的理论最低潮面；利用实测资料统计分析得到相应验潮站的年平均低潮位及月平均低潮位，统计结果均以当地平均海平面为基准。各验潮站理论最低潮面与平均低潮位的统计结果见表 13.2-1。

表 13.2-1　各验潮站的理论最低潮面与平均低潮位[138] (m)

验潮站	理论最低潮面	平均低潮位												
		1 年	1 月	2 月	3 月	4 月	5 月	6 月	7 月	8 月	9 月	10 月	11 月	12 月
葫芦岛	−1.344	−1.026	−1.205	−1.274	−1.183	−1.017	−0.965	−0.838	−0.702	−0.745	−0.838	−1.028	−1.197	−1.277
秦皇岛	−0.580	−0.232	−0.354	−0.454	−0.373	−0.202	−0.140	−0.088	0.044	0.030	−0.048	−0.195	−0.401	−0.457
龙口	−0.751	−0.421	−0.548	−0.626	−0.640	−0.491	−0.357	−0.246	−0.153	−0.129	−0.300	−0.362	−0.532	−0.615
烟台	−1.004	−0.769	−0.828	−1.004	−0.991	−0.822	−0.733	−0.623	−0.542	−0.487	−0.650	−0.765	−0.877	−0.873
乳山口	−2.333	−1.135	−1.288	−1.391	−1.328	−1.157	−1.070	−1.010	−0.931	−0.902	−0.955	−1.067	−1.226	−1.243
石臼所	−2.817	−1.492	−1.550	−1.672	−1.700	−1.582	−1.494	−1.391	−1.229	−1.208	−1.395	−1.473	−1.553	−1.603
连云港	−3.250	−1.724	−1.937	−1.942	−1.904	−1.783	−1.691	−1.649	−1.512	−1.408	−1.514	−1.584	−1.727	−1.954
大丰	−2.131	−1.582	−1.597	−1.563	−1.609	−1.617	−1.680	−1.646	−1.581	−1.585	−1.409	−1.371	−1.593	−1.578
吕四	−3.049	−1.961	−2.065	−2.088	−2.087	−2.064	−1.938	−1.903	−1.779	−1.882	−1.858	−1.868	−1.968	−2.050
洋山港	−2.039	−1.404	−1.530	−1.696	−1.529	−1.567	−1.415	−1.376	−1.338	−1.245	−1.181	−1.243	−1.392	−1.369
长涂	−2.046	−1.147	−1.213	−1.322	−1.366	−1.349	−1.187	−1.059	−0.980	−0.966	−1.029	−1.018	−1.099	−1.163
高亭	−1.745	−1.085	−1.199	−1.269	−1.175	−1.210	−1.115	−1.018	−0.993	−1.062	−0.920	−0.997	−1.002	−1.073
海门	−2.900	−1.844	−1.868	−1.827	−1.886	−1.884	−1.825	−1.864	−1.868	−1.767	−1.699	−1.832	−1.882	−1.948
三沙	−3.590	−2.143	−2.087	−2.196	−2.297	−2.298	−2.179	−2.178	−2.193	−2.131	−2.103	−1.839	−2.108	−2.113
平潭	−3.629	−2.131	−2.075	−2.150	−2.291	−2.253	−2.263	−2.159	−2.226	−2.110	−2.057	−1.887	−2.018	−2.080
厦门	−3.036	−1.872	−1.812	−1.883	−1.987	−1.995	−1.948	−1.928	−2.008	−1.923	−1.898	−1.637	−1.675	−1.784
东山	−1.973	−1.095	−1.048	−1.078	−1.213	−1.251	−1.207	−1.180	−1.295	−1.152	−1.101	−0.804	−0.856	−0.965

注：表中理论最低潮面、平均低潮位均以当地平均海平面为基准，且向上为正。

由表 13.2-1 可知，由于受地形、潮波系统和潮差等各方面因素的影响，我国沿海各地理论最低潮面差异比较大。从实测资料分析得到，理论最低潮面与平均海平面的距离总体分布基本呈现南大北小的规律，各统计时段内平均低潮位的分布呈现南部低、北部高的态势，与理论最低潮面的分布相一致。由表还可看出，秦皇岛、龙口、烟台平均低潮位相对较高，这主要是受到渤海半封闭型态以及分潮无潮点的影响。

13.2.2.1 理论最低潮面与年平均低潮位的关系

根据表 13.2-1 得到的理论最低潮面与年平均低潮位的值，对我国东部沿海 17 个验潮站的理论最低潮面与年平均低潮位进行线性回归分析，结果如表 13.2-2 所示。

由此，得到理论最低潮面与年平均低潮位的关系为

$$L_0 = 1.617L - 0.055, R = 0.959 \qquad (13.2\text{-}1)$$

式中：L_0 为理论最低潮面，m；L 为年平均低潮位，m；R 为相关系数。

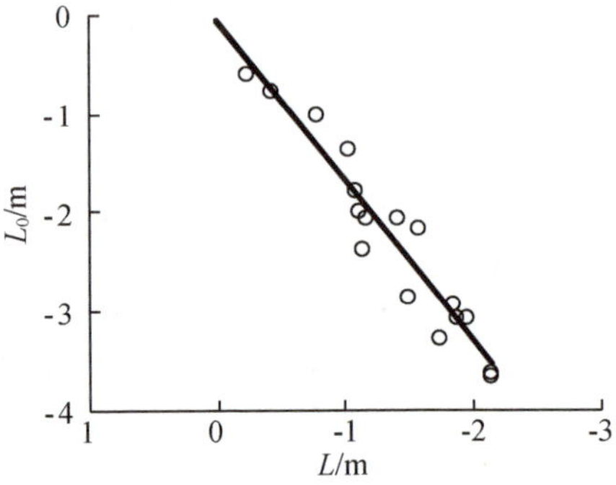

图 13.2-2　理论最低潮面与年平均低潮位的关系

由式(13.2-1)可知，理论最低潮面与年平均低潮位的拟合关系非常好，相关系数达 0.959，因此在实际工程中，若无 1 年实测潮位资料，可以利用年平均低潮位近似估算当地理论最低潮面的位置。

13.2.2.2 理论最低潮面与月平均低潮位的关系

海洋工程中，1 年以上的潮位资料获取较为困难，1 个月的资料则相对较为容易获得，由此，便可以统计各月平均低潮位。然后对理论最低潮面与各月平均低潮位之间的关系进行回归分析，结果如表 13.2-2 所示。

同时，表 13.2-2 给出了理论最低潮面与各月平均低潮位的拟合公式、对应相关系数。

表 13.2-2　理论最低潮面与各月平均低潮位拟合公式

月份	拟合关系/m	相关系数	月份	拟合关系/m	相关系数
1 月	$L_0=1.712L_1+0.189$	0.953	7 月	$L_0=1.329L_7-0.583$	0.934
2 月	$L_0=1.771L_2+0.402$	0.952	8 月	$L_0=1.368L_8-0.585$	0.930
3 月	$L_0=1.686L_3+0.286$	0.969	9 月	$L_0=1.539L_9-0.351$	0.958
4 月	$L_0=1.536L_4-0.030$	0.957	10 月	$L_0=1.726L_{10}-0.120$	0.942
5 月	$L_0=1.500L_5-0.200$	0.952	11 月	$L_0=1.719L_{11}+0.088$	0.934
6 月	$L_0=1.440L_6-0.371$	0.950	12 月	$L_0=1.724L_{12}+0.200$	0.947

式中：L_i(i=1,2,…,12)分别为 i 月平均低潮位，单位为 m。

由表 13.2-2 统计结果，并结合式(13.2-1)可知，理论最低潮面与 3 月份平均低潮位的相关性最高，相关系数达 0.969。但理论最低潮面与其余各月平均低潮位的相关性皆低于与年平均低潮位的相关性，总体来说理论最低潮面与年平均低潮位相关性较好。分析原因，主要是因为理论最低潮面是一个长期内相对较为稳定的面，短期潮位资料容易受到气象、气压等因素的影响，难以真实地反映理论最低潮面的位置，并且建立的模型范围较广，覆盖整个

中国东部沿海地区，余水位的变化较为剧烈，亦或单个站的变化对整个模型产生影响，以上因素都能够影响到模型的精度。虽然理论最低潮面与月平均低潮位的相关性较低，但是由表 13.2-2 可知，各公式的相关系数皆在 0.930 以上。因此，实际工程中，在缺少 1 年以上实测潮位资料的前提下，利用上述关系式作为推算理论最低潮面的依据仍不失为一个有效的方法。

此外，由表 13.2-2，结合图 13.2-3 可知，11 月份到次年 3 月份，理论最低潮面与月平均

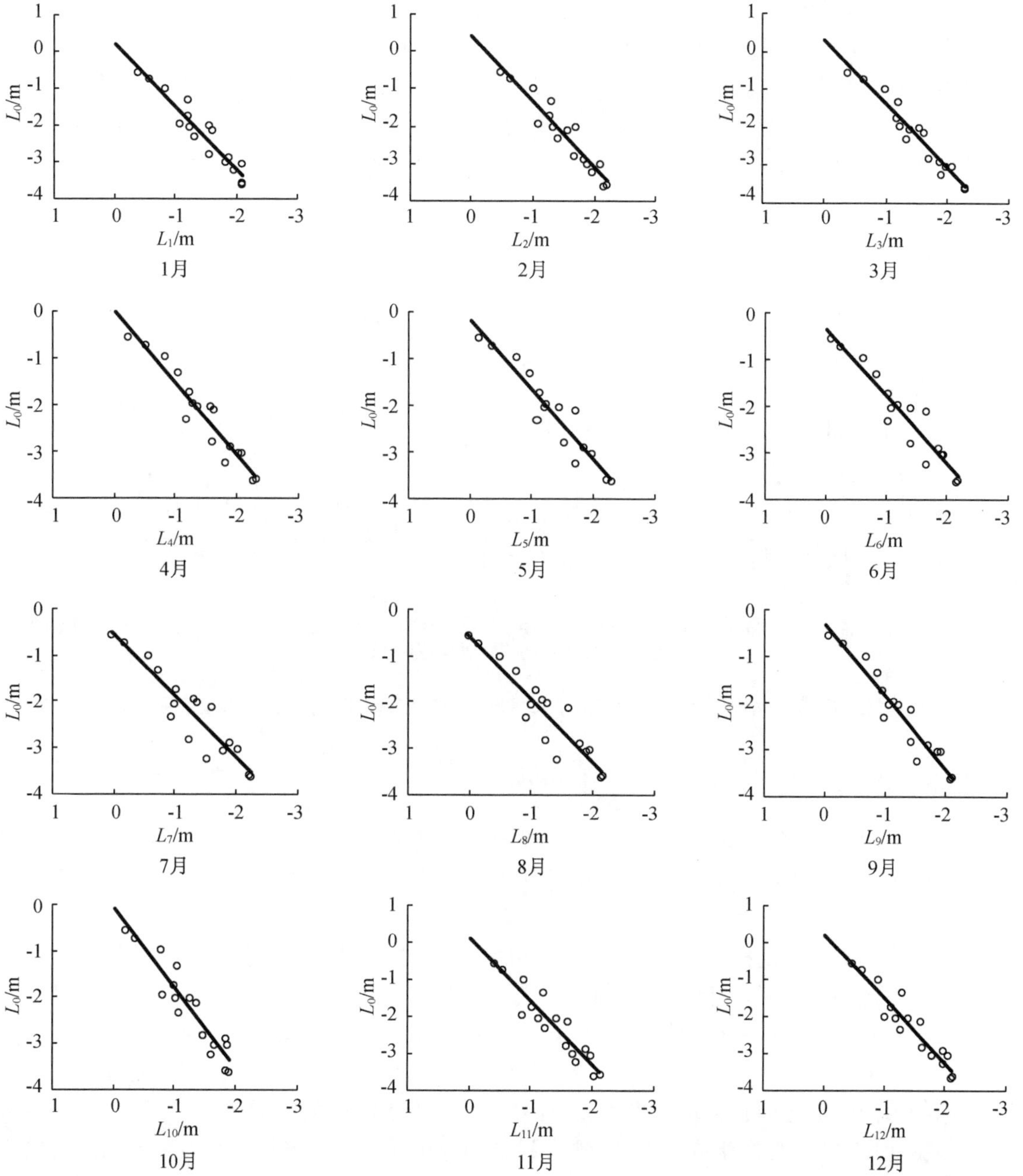

图 13.2-3　理论最低潮面与各月平均低潮位的关系

低潮位的拟合公式中截距为正值，由于平均低潮位一般均位于平均海平面以下，月平均低潮位为 0 的情况（即月平均低潮位等于平均海平面）极少发生，在实际应用中一般不考虑此种情况。

由表 13.2-2 及图 13.2-3 可知，在秦皇岛验潮站，7 月份与 8 月份的月平均低潮位为正值，即此时月平均低潮位位于当地平均海平面之上，产生这种现象的原因主要在于秦皇岛站附近存在 M_2 分潮无潮点。

结合秦皇岛验潮站 1974 年 8 月份潮位过程线（图 13.2-4）可知，该站潮位过程呈现不规则变化的形态，高低潮位过程存在不规则变动，并且潮位过程基本位于平均海平面以上，高低潮存在明显的不对称现象。分析原因，渤海大部分区域为正规和不正规半日潮类型，但是计算得出秦皇岛的潮型系数 $F=(HK_1+HO_1)/HM_2=4.95$，即受半日分潮无潮点的影响，秦皇岛潮汐已变为正规全日潮类型，因此月平均低潮位的变化规律与其余站点相比存在较大差异。

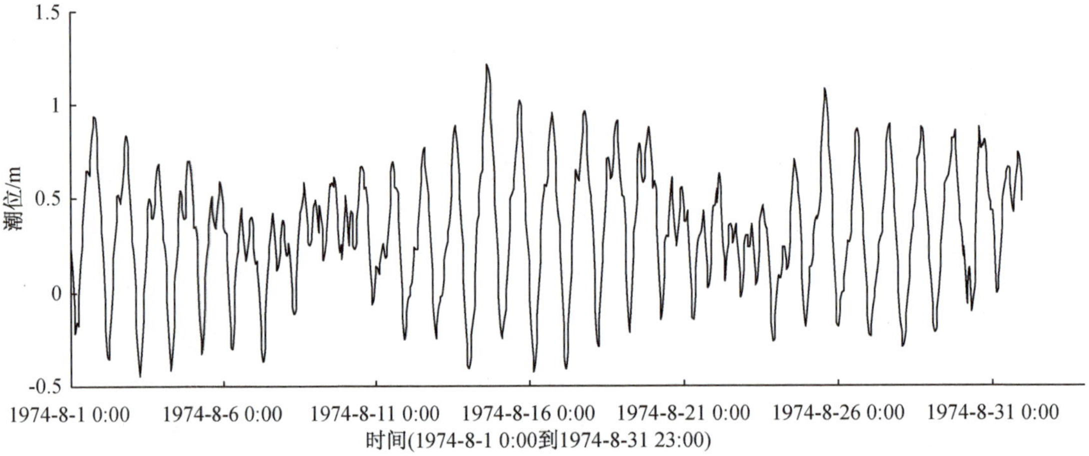

图 13.2-4　秦皇岛验潮站 1974 年 8 月份潮位过程线（基面为当地平均海平面）

13.2.3　实测资料检验拟合关系合理性

上述采用的 17 个验潮站较为均匀地分布于我国东部沿海，因此上述各拟合关系均可以用来估算我国东部沿海地区的理论最低潮面，但是由各公式的相关系数可知，各公式间依然存在差异。

为检验本文得到的拟合公式的合理性，利用如东、老虎滩两个验潮站连续 369 d 的逐时实测资料进行调和分析，得到相应当地平均海平面以下的理论最低潮面。

根据实测资料统计分析得到这两个验潮站的年平均低潮位及月平均低潮位，然后利用上述得到的平均低潮位与理论最低潮位之间的关系，结合统计得到的平均低潮位分别计算出两站的理论最低潮面在平均海平面以下高度，并就两者之间的差异进行分析。

根据如东、老虎滩验潮站 369 d 实测资料调和分析得到的以当地平均海平面为基准的理论最低潮面分别为 −2.953 m、−1.805 m。

表 13.2-3 和表 13.2-4 分别给出了两验潮站利用调和分析方法及本文拟合公式计算得

到的理论最低潮面的计算结果。

表 13.2-3　如东验潮站利用调和分析方法和利用公式求得的理论最低潮面比较(m)

时间段	1年	1月	2月	3月	4月	5月	6月	7月	8月	9月	10月	11月	12月
平均低潮位	−1.827	−1.882	−1.787	−2.043	−1.948	−1.840	−1.773	−1.772	−1.747	−1.725	−1.651	−1.803	−1.916
本文公式计算	−3.009	−3.033	−2.763	−3.158	−3.022	−2.960	−2.924	−2.938	−2.975	−3.006	−2.970	−3.011	−3.103
差值	0.056	0.080	−0.190	0.205	0.069	0.007	−0.029	−0.015	0.022	0.053	0.017	0.058	0.150

注:差值=利用实测资料通过调和分析得到的理论最低潮面−利用本文公式推算得到的理论最低潮面。

由表 13.2-3 可知,如东验潮站理论最低潮面与年平均低潮位的拟合结果非常好,利用调和分析方法和利用本文公式推算得到的理论最低潮面的差值仅为 0.056 m,偏差保持在厘米数量级以内,具有较高的精度。此外,对于理论最低潮面与各月平均低潮位的拟合关系,虽然 2 月、3 月和 12 月的偏差超过了 0.1 m,但其余各月的偏差均保持在厘米级以内。

表 13.2-4　老虎滩验潮站利用调和分析方法和利用公式求得的理论最低潮面比较(m)

时间段	1年	1月	2月	3月	4月	5月	6月	7月	8月	9月	10月	11月	12月
平均低潮位	−1.097	−1.349	−1.297	−1.209	−1.148	−1.024	−0.913	−0.856	−0.815	−0.967	−1.144	−1.185	−1.257
本文公式计算	−1.829	−2.120	−1.895	−1.752	−1.793	−1.736	−1.686	−1.721	−1.700	−1.839	−2.095	−1.949	−1.967
差值	0.024	0.315	0.090	−0.053	−0.012	−0.069	−0.119	−0.084	−0.105	0.034	0.290	0.144	0.162

注:差值=利用实测资料通过调和分析得到的理论最低潮面−利用本文公式推算得到的理论最低潮面。

由表 13.2-4 的统计可知,老虎滩验潮站理论最低潮面与年平均低潮位的拟合结果也非常好。但对于理论最低潮面与月平均低潮位的拟合关系,1 月、6 月、8 月以及 10—12 月的差值都超过了 0.1 m,1 月的偏差甚至超过了 0.3 m,误差相对较大。分析原因,主要是因为老虎滩验潮站位于渤海与黄海的交界处,同时受到两个海域潮波系统的影响,并且还受到海湾振动等非潮汐因素的作用,部分时间段内潮汐呈现不规则变化的型态,这种现象在 1 月、10—12 月尤为明显。

此外,由于月平均低潮位易受气压、气温、风暴过程等外界因素的影响,因此冬季及夏季月平均低潮位与年平均低潮位往往存在较大差异,这偏离了理论最低潮面长期、稳定的内涵,进而导致了冬季及夏季部分月份的公式计算结果与调和分析的结果存在较大偏差。

需要注意的是,利用本书的公式推算理论最低潮面时,虽然不同站位、不同时间尺度和不同月份的计算精度高低不同,但如东及老虎滩 12 个月的平均偏差仅为 0.036 m、0.047 m,误差均保持在厘米级以内,用本文拟合的公式计算我国东部沿海理论最低潮面依然是一个有效的方法。

另外,利用此关系估算理论最低潮面时需要注意,本书回归分析采用的验潮站基本分布于我国东部近海地区,对于外海理论最低潮面的计算没有涉及,因此本方法主要用于无实测潮位资料近海地区理论最低潮面的估算。

·第五篇·

江苏围垦规划工程与水沙环境变迁响应

第 14 章

江苏滩涂围垦规划

14.1 “黄海兰花”700 万亩匡围规划

“黄海兰花”匡围开发是以辐射沙脊群为中心的江苏沿海 700 万亩远景滩涂开发布局构思的总称。因其主要沿辐射状展开的 8 大沙脊匡围，逐步向海推进，其总体匡围布局形如在江苏黄海之滨大叶绽放的兰花，故名“黄海兰花”(图 14.1-1)。

“黄海兰花”匡围布局开发于 2009—2010 年期间提出构思。并列入 2010 年江苏沿海沿海滩涂围垦开发规划纲要。700 万亩远景滩涂开发由钱正英等提出。其主编的《江苏沿海地区综合发展战略研究》(中国工程院、国家开发银行、江苏省人民政府重大咨询项目)提出远景滩涂开发 700 万亩(4 667 km^2)，除近期规划围垦 270 万亩，还有 430 万亩(2 867 km^2)，即在辐射沙脊群沿海区域，在完成近期 250 万亩围垦的基础上，远景还需要围垦约 400 万亩(2 667 km^2)。

江苏沿海远景 700 万亩围垦规划是江苏沿海战略目标，是根据沿海滩涂的基本自然条件提出的大规模滩涂围垦目标。据江苏海洋“908 专项”调查，沿海海图 0 m 线以上的滩涂面积为 700 万亩(4 690 km^2)到 750 万亩(5 000 km^2)。

“黄海兰花”的基本目标是，在保护 4 万 km^2 辐射沙脊群特殊的动力地貌情势的基础上，充分利用其浅水沙脊滩涂的特色空间资源，进行科学匡围布局规划，致力于形成 8 大沙脊、9 大潮汐水道的“沙更高、槽更深、海更壮、水更蓝”的新局面，造就海洋地理新景观、地理新坐标。“沙更高”是将现在的远岸浅水沙脊逐步人工变为高滩沙脊，以现在低潮出露的浅水沙脊为核心，人工加速 8 大沙脊淤长，长大、长高，为沙脊匡围创造形成有利于沙脊匡围开发的新局面。“槽更深”是将现在大多数浅水型潮汐水道逐步刷深为深水型潮汐水道，创造出更多的深水港航资源，为辐射沙脊群深水大港开发创造条件。“水更蓝”是致力于将现在的“黄海”变为“青海”，“沙海”变为“蓝海”。“海更壮”是期望将来出现 8 大沙脊人工岛集群开发，潮汐水道百舸争流，车流、人流海上行，船、舰陆间游。

为实现 700 万亩远景围垦开发目标，如若将江苏沿海所有滩涂一网打尽地围垦，既不现实，也不科学。不现实在于沿海滩涂虽然大面积连片分布，但也有相当一部分零星分布在沿岸和岸外沙脊、沙洲之上，零星分布的滩涂不可围垦。不科学地方主要是生态环境不允许，滩涂是沿海重要的滨海湿地，是海陆交互作用最为剧烈的地带，所有滩涂围垦殆尽，将摧毁湿地的生物多样性、动植物栖息地等生态功能，严重破坏近海生态环境。由此可见，江苏沿海远景 700 万亩围垦规划需要根据沿海自然与人文条件的发展进行优化调整。

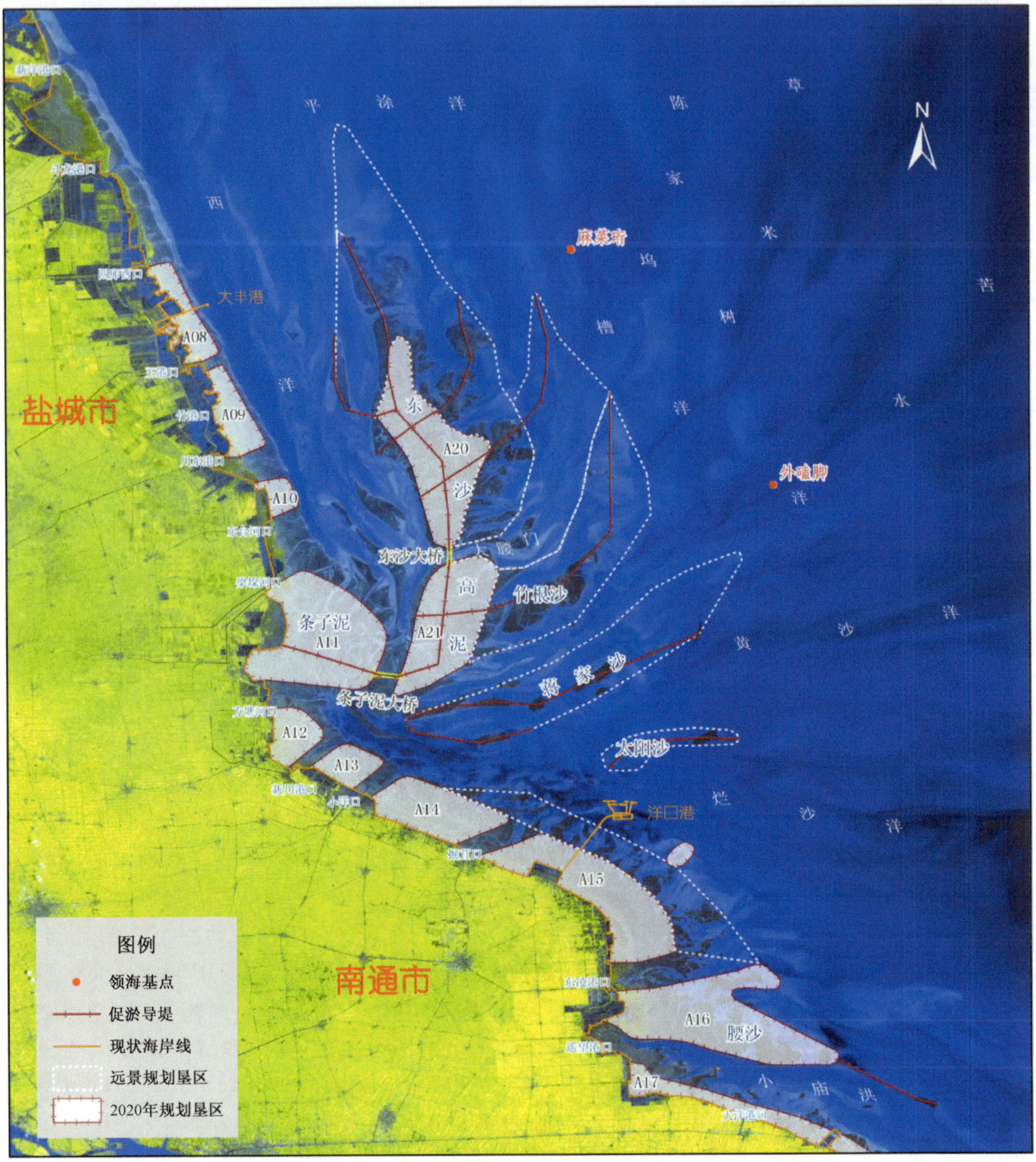

图 14.1-1　辐射沙脊群沿海滩涂围垦远景规划(黄海兰花)

远景 700 万亩围垦布局优化,建立在海上前进基地群中长期建设、海上促淤导堤群及海上地理通道中长期建设的基础上。事实上,没有海上前进基地群和海上促淤导堤群,谈不上海上远景 700 万亩围垦布局优化。需要强调的是,700 万亩远景围垦布局优化是一个辐射沙脊群远景围垦开发的愿景,一个具有辐射沙脊群空间资源可行性和环境可行性的远景围垦开发的愿景,不是现实问题。反过来说,基于可持续发展理念,辐射沙脊群现阶段总体 250 万亩,或者核心区 100 万亩的围垦布局规划,应充分考虑未来海上远景 700 万亩围垦布局问题,这才是一个现实问题。

14.2 近期270万亩围垦规划

江苏省政府2010年颁布了《江苏沿海滩涂围垦开发利用规划纲要(2010—2020)》(以下简称《规划》)。江苏沿海滩涂规划建设21个围区,总面积270万亩(1 800 km^2)(见表14.2-1、图14.2-1),其中连云港市4个,面积14.5万亩;盐城市9个,面积131万亩;南通市8个,面积124.5万亩。

表14.2-1 江苏省沿海滩涂围垦总体布局方案

编号	行政区	类型	岸段(沙洲)	面积(万亩)
A01	连云港市	边滩垦区	绣针河口—柘汪河口	1.5
A02			兴庄河口—临洪口	2.5
A03			临洪口—西墅	3.5
A04			徐圩港区	7
A05	盐城市		小东港口—新滩港口	2
A06			双洋港口—运粮河口	1.5
A07			运粮河口—射阳河口	2.5
A08			四卯酉河口—王港河口	9
A09			王港河口—川东港口	7.5
A10			川东港口—东台河口	3.5
A11			条子泥	40
A20		沙洲垦区	东沙	32
A21			高泥	28
A12-1		边滩垦区	方塘河口—新北凌河口(东台)	5
A12—2	南通市	边滩垦区	方塘河口—新北凌河口(海安)	3
A13			新北凌河口—小洋口	6
A14			小洋口—掘苴口	18
A15			掘苴口—东凌港口	32
A16			腰沙—冷家沙	44
A17			遥望港口—蒿枝港口	11.5
A18			蒿枝港口—塘芦港口	5
A19			协兴港口—圆陀角	5
总计				270

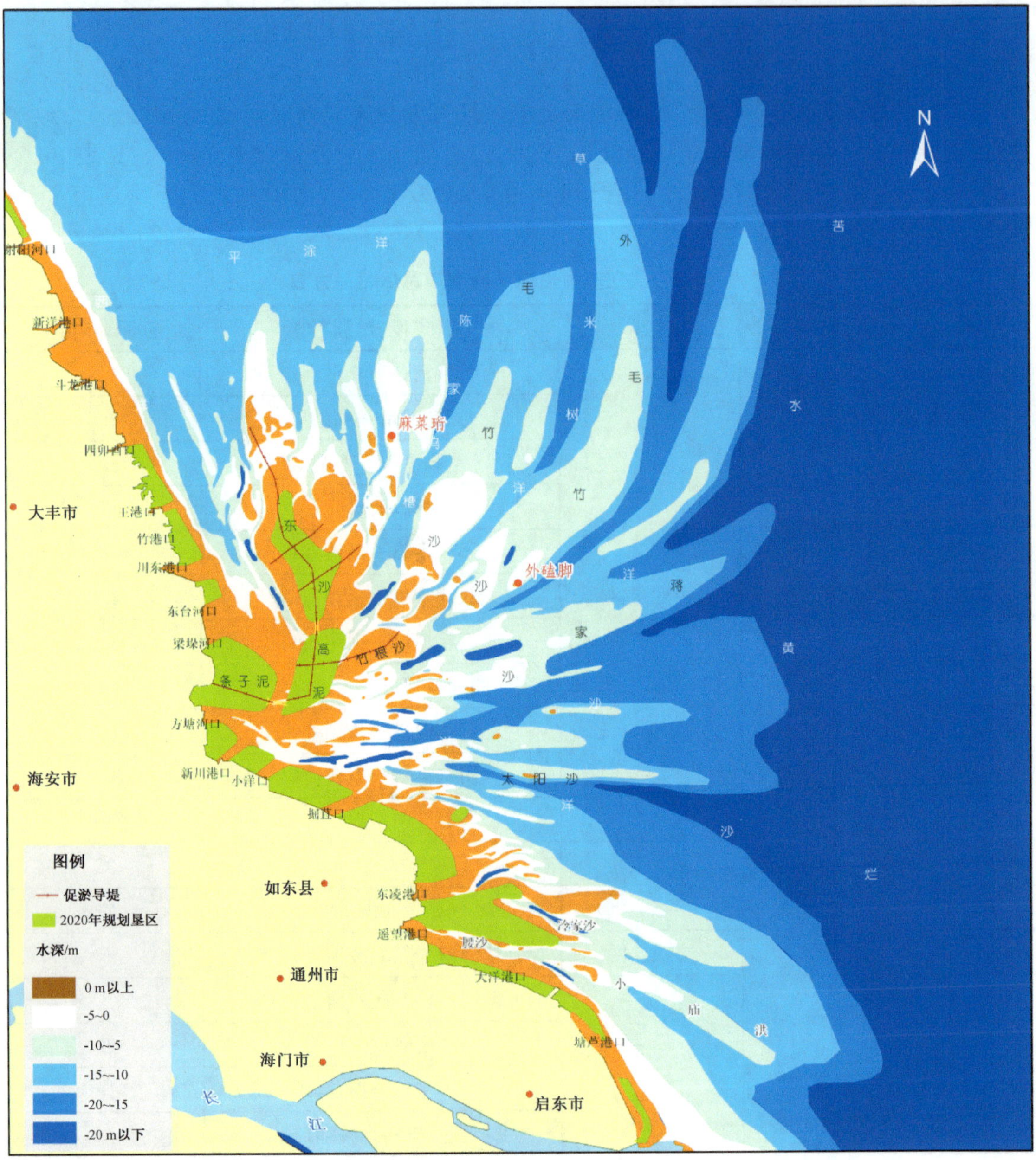

图 14.2-1　辐射沙脊群海岸围垦规划地理布局图

14.3　辐射沙脊群核心区 100 万亩围垦布局

以《规划》为基础，根据围垦的进展，在“沿海滩涂大规模围垦及保护关键技术研究”中，以辐射沙脊群 100 万亩围垦规划为基础，又提出了新的围垦布局优化方案。

围垦布局优化方案主要遵循辐射沙脊群动力地貌演变趋势，充分利用稳定高滩，核心是合理利用动力地貌形势。

辐射沙脊群核心区100万亩匡围布局分为4个方案，具体布局如图14.3-1及表14.3-1所示。

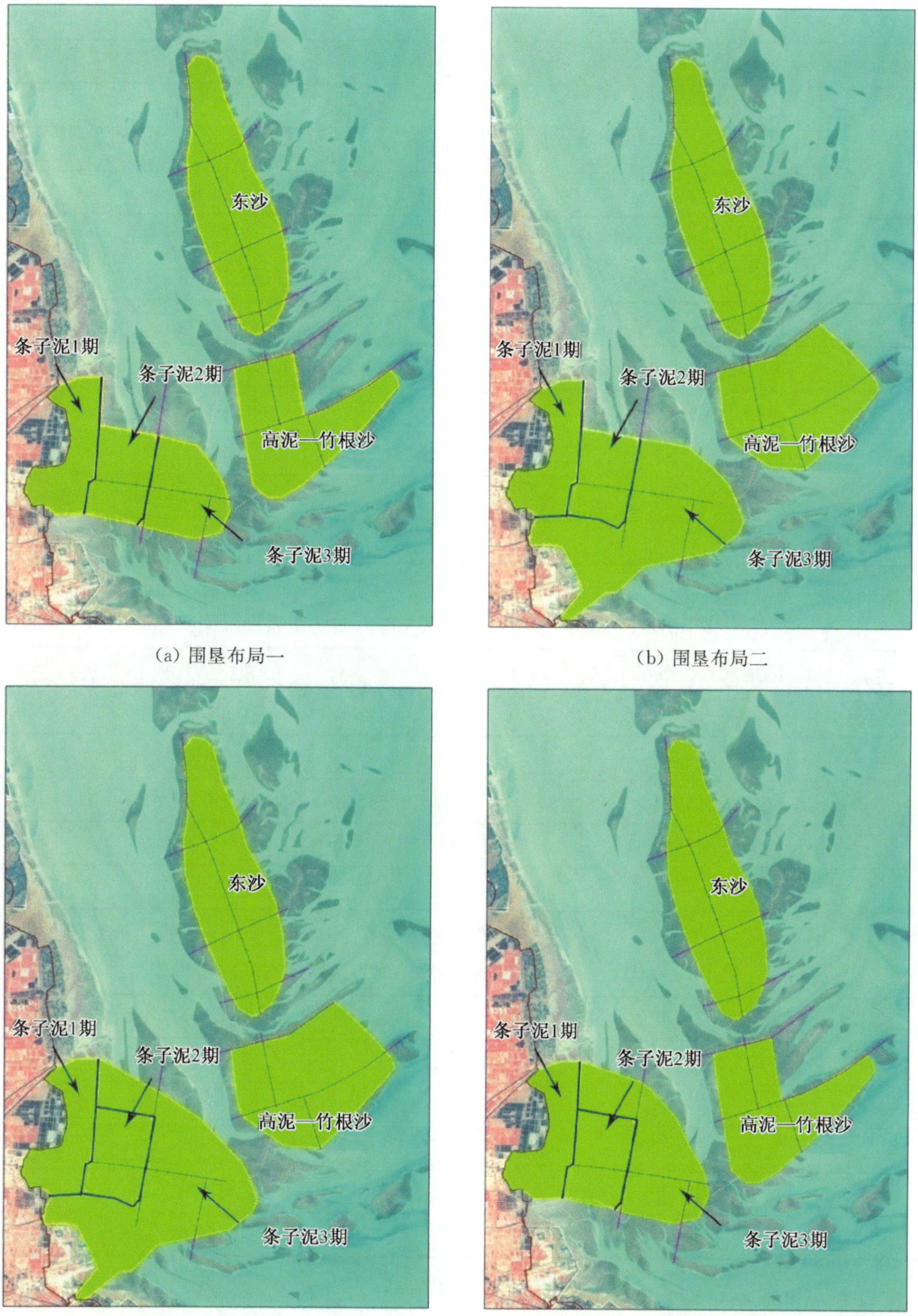

(a) 围垦布局一　(b) 围垦布局二

(c) 围垦布局三　(d) 围垦布局四

图 14.3-1　辐射沙脊群核心区 100 万亩匡围布局

表 14.3-1(a) 辐射沙脊群核心区 100 万亩匡围布局一面积

围垦规划区名称	面积(万亩)
高泥—竹根沙	29.56
条子泥一期	14.49
条子泥二期	13.16
条子泥三期	16.38
东沙	39.62

表 14.3-1(b) 辐射沙脊群核心区 100 万亩匡围布局二面积

围垦规划区名称	面积(万亩)
高泥—竹根沙	36.83
条子泥一期	14.50
条子泥二期	12.86
条子泥三期	41.67
东沙	39.62

表 14.3-1(c) 辐射沙脊群核心区 100 万亩匡围布局三面积

围垦规划区名称	面积(万亩)
高泥—竹根沙	36.83
条子泥一期	14.48
条子泥二期	12.84
条子泥三期	49.30
东沙	39.62

表 14.3-1(d) 辐射沙脊群核心区 100 万亩匡围布局四面积

围垦规划区名称	面积(万亩)
高泥—竹根沙	29.56
条子泥 1 期	14.48
条子泥 2 期	13.16
条子泥 3 期	25.64
东沙	39.62

围垦布局的 4 个方案，主要区别在于条子泥二期、三期以及高泥—竹根沙围垦区划定的不同，其中方案一、四总体比较接近，方案一及四之间的主要区别在于条子泥上方小区域。而方案二及三比较接近，其之间的主要区别也是在条子泥上方。

14.4 滩涂围垦开发关键科学问题

14.4.1 沿海匡围布局的规划

江苏沿海的动力格局决定了复杂的动力环境及地貌型态演化，沿海粉砂淤泥质潮滩及离岸沙洲的底质特征更提升了潮滩、沙洲地貌演变过程的复杂性和突发性。随着沿海滩涂的大规模匡围，围垦中如何做到维持现有潮汐动力格局，维持与之动力相适应的潮滩-水道-沙洲地貌体系，避免沿海潮滩、沙洲尤其是辐射沙脊群因大范围匡围而发生大规模地形调整，是大规模滩涂围垦开发将面临和亟待解决的关键科学问题。

14.4.2 围垦对港口航道资源影响

江苏沿海沿江港口众多，尤以连云港、大丰港、洋口港为著。其中，连云港是全国十大海港之一；大丰港是国家交通部规划的港口项目和国家一类口岸；洋口港是中国东部地区“外引西进”的理想桥头堡。然而，依据《规划》，江苏沿海匡围的区域及分布与周边港区相邻者众多。沿海大范围匡围可能引起局部甚至较大范围的动力地貌过程的响应，进而引发固有港口、航道的地貌调整和演化，这可能造成固有港口、航道面临废弃的不利境地，同时，也可能减少围垦区周边可开发深水岸线及航道资源。因此，目前沿海匡围是否会对周边港口及航道产生不利影响将是决定匡围科学建设实施的关键。

14.4.3 围垦对岸滩沙脊群冲淤演变规律影响

以弶港为顶点的辐射状潮滩-沙洲系统是江苏沿海地貌形态的独特之处，受南北两大潮波系统的综合作用，潮滩-沙洲系统始终处于动态演化的过程。同时，粉砂淤泥质海岸组成在复杂动力环境作用下，形成了近岸网络状潮沟系统周期性频繁摆动、迁移的特点(图 14.4-1～图 14.4-2)。

图 14.4-1　2001 年 4 月条子泥地形

图 14.4-2　2002 年 10 月 9 日条子泥地形

然而，受资料采集困难、演化速率快等方面因素及条件的制约，目前对于沿海岸滩潮沟系统与近岸沙洲潮沟系统的地貌动力过程与动态演变机制的解释依然不足。而大规模沿海滩涂的围垦，势必改变固有潮滩-沙洲的水沙环境格局，进而引发海岸线冲淤趋势的变迁、沙洲潮沟系统的摆动等问题，因此，深入揭示粉砂淤泥质海岸泥沙运动规律及大规模海岸线调整对海岸演变机制的影响是现阶段亟待解决的关键科学问题。

14.4.4 海堤工程风险

江苏东部沿海匡围海堤直接面向毫无掩护的开敞海域，堤身抗滑稳定性及抗浪能力显得尤为重要。从近年来拟围区附近主要潮沟动态变化看，总体趋势是潮沟摆动频繁、水下地形调整剧烈。历史表明，潮沟摆动是滩涂围垦工程的最大威胁。如 1979 年渔舍垦区破堤、1998 年三仓片垦区东南角破堤以及 2008 年方塘河闸北侧小围区破堤（图 14.4-3）均与近岸潮沟摆动导致海堤下蚀，造成海堤基础失稳进而溃堤。

因此，现阶段滩涂围垦堤线的布置及护岸工程很大程度上将决定潮沟活动对海堤的威胁程度，合理、顺应潮沟走势的堤线布置方案对于减少潮沟摆动对围堤安全的威胁至关重要。

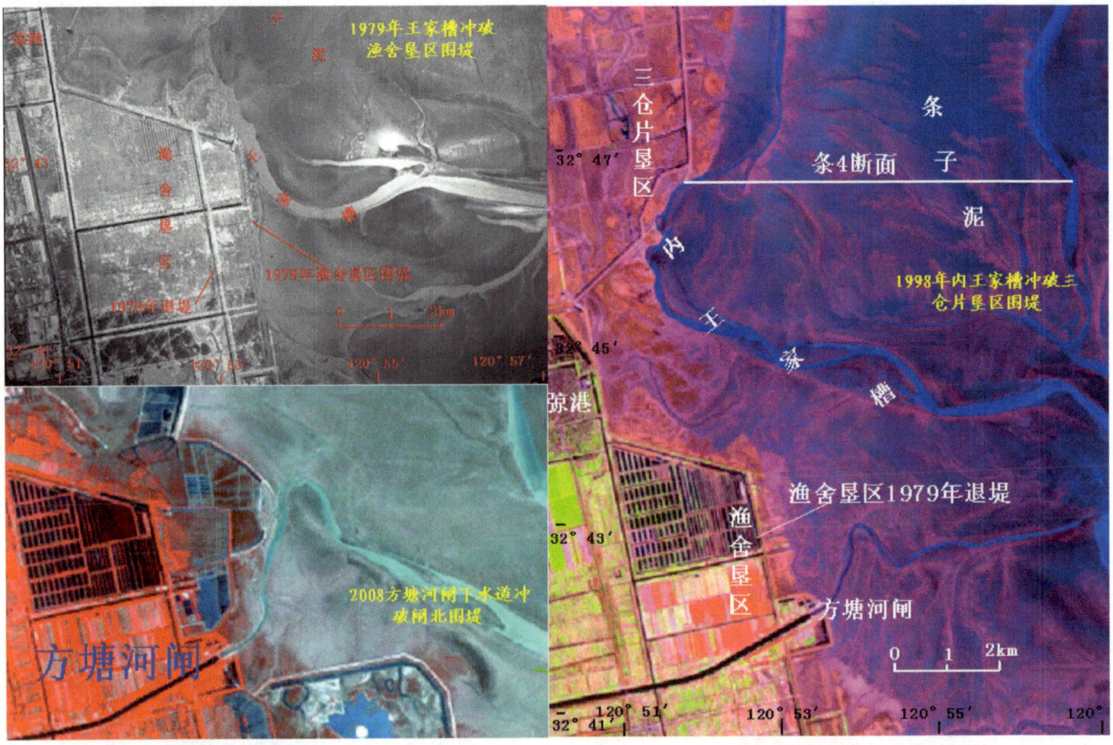

图 14.4-3　条子泥岸段 30 年来三次潮沟活动冲破海堤事件

14.4.5 围垦区水资源保障

根据 2007 年江苏沿海地区各市工农业生产、生活用水及生态需水统计结果，预测 2020 年江苏沿海地区各行业及各市需水量将发生 1.5～2 倍以上的增长调整（表 14.4-1）。然而，江苏虽属于温带向亚热带的过度性气候，境内水系发达，水网密集，但由于土层以深厚的第四纪松散堆积物为主，持水能力不足，过境淡水在缺乏或拦蓄不当的背景下，淡水资源难以全面满足沿海地区发展的需要。而随着江苏沿海的大范围匡围，垦区开发利用必将进一步增大淡水资源的需求度，这将使得现阶段沿海地区淡水资源缺乏、拦蓄不当的困境面临更加严峻的形势，也使得沿海地区水资源保障问题成为未来大规模滩涂围垦、开发及生态环境保护的重要制约因素。

表 14.4-1　江苏沿海地区各市需水成果表[139,140]（亿 m^3）

地区	水平年	工业	生活(含建筑业、三产)	河道外生态环境需水量	农业		合计	
					50%	75%	50%	75%
南通	2007	5.3	3.6	0.2	24.6	28.5	33.7	37.6
	2020	8.7	6.3	0.6	26.5	31.4	42.0	47.0
连云港	2007	3.3	2.1	0.1	23.5	28.0	29.0	33.4
	2020	8.8	3.1	0.3	21.6	25.3	33.8	37.5
盐城	2007	6.0	3.7	0.2	43.3	48.4	53.2	58.3
	2020	10.2	6.0	0.4	46.1	50.6	62.6	67.1

14.4.6　围垦筑堤新材料与新工艺需求

江苏沿海石料极其缺乏，由外地运石料进场，所需工程费用较高，急需进行新材料、新工艺的研究与开发。

同时，江苏沿海历史上大多数的匡围均属于边滩小规模匡围，施工难度相对较小，而未来的围垦面积较大，垦区外堤线尤其是远离岸线的沙洲垦区堤外水深更深，水下地形更加复杂，潮汐、波浪等水动力条件比较恶劣，因此，对围垦工程中的堤线布置、海堤设计、施工材料、施工工艺等提出了严峻的挑战。

14.4.7　垦区生态环境修复

滩涂湿地是自然界最富生物多样性、生态功能最全面、生产力最高的生态系统(图 14.4-4)。然而，围垦工程将在短时间、较大范围内改变自然海岸格局，对沿海滩涂系统产生干扰，造成新的不平衡。不合理的滩涂围垦开发活动更会对沿海地区的生态环境造成严重破坏，如滩涂湿地减少、生态功能退化、环境污染、物种入侵以及对滩涂植物、底栖生物、浮游动物、近海鱼类等产生较大的影响，这些生态环境问题将反过来制约江苏沿海地区经济和社会可持续发展。同时江苏沿海滩涂围垦区环境动力条件复杂，物种丰富，生态环境敏感，在这种情况下，迫切需要开展江苏沿海滩涂围垦区生态环境保护的关键技术研究，以尽可能地减少对围垦区域生态环境的负面影响。

14.4.8　垦区开发利用和保护

江苏沿海围垦与资源高效利用是投资大、施工难、历时长、投资回收慢、社会效益明显的系统工程，国内外尚无成功经验可资借鉴，因此，大范围匡围规划、设计、建设及管理均面临诸多全新的问题。如：

图 14.4-4　江苏沿海滩涂湿地

(1) 江苏沿海垦区成陆时间相对较短、土壤盐碱重，严重制约未来农业和药用植物等资源的高效与可持续开发利用。

(2) 江苏围垦区的水产养殖多以自然滩涂养殖为主，集约化程度低、技术落后、效益差，大规模滩涂匡围之后，水产养殖模式和技术的改革创新直接关系到匡围区水产养殖潜力的最大化发挥。

(3) 江苏沿海新能源的开发主要还是以风能发电为主，太阳能、海洋能的利用效率极低，滩涂匡围之后，新能源产业化利用、改造和升级将面临诸多难题。

(4) 大规模滩涂围垦开发和保护中存在的管理体制、运行机制、政策保障、产业布局、金融支撑、法律法规、项目管理、土地利用以及与区域经济社会协调发展等经济开发和管理方面的问题均难以在国内外找到可资借鉴的先例或经验。

第 15 章

270 万亩围垦规划与水沙环境变迁响应

15.1 潮动力环境影响

15.1.1 潮流场变迁

利用数学模型对江苏沿海海域的原始流场及江苏沿海滩涂围垦布局实施后对流场可能产生的影响进行了推算。由于现阶段江苏沿海滩涂围垦布局涉及的面比较广，难以确定围垦区的具体实施次序，且江苏沿海滩涂围垦布局远大于分区布局，因此，从极限的角度考虑，这里主要就江苏沿海滩涂匡围布局总体实施之后的潮流场进行计算和分析。

图 15.1-1～图 15.1-8 给出了江苏省沿海滩涂围垦布局实施前后的流场及变化。

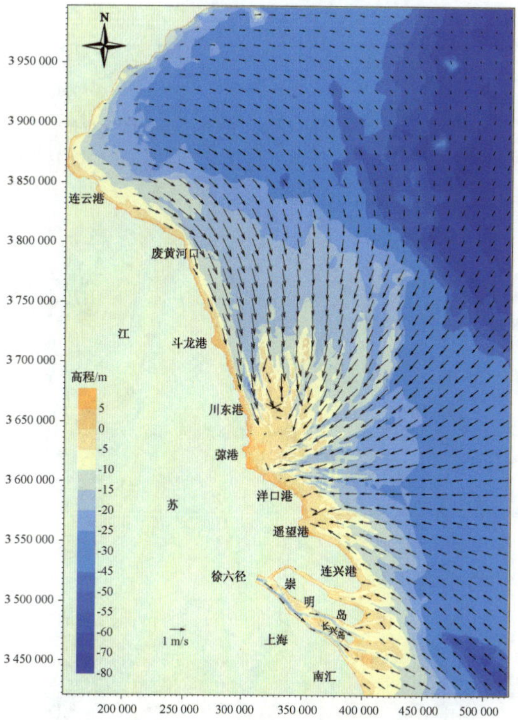

图 15.1-1　工程前涨急流场图(大潮)

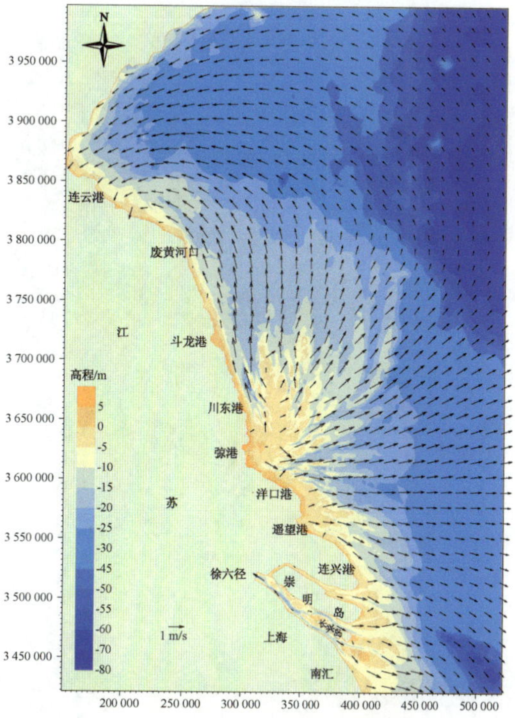

图 15.1-2　工程前落急流场图(大潮)

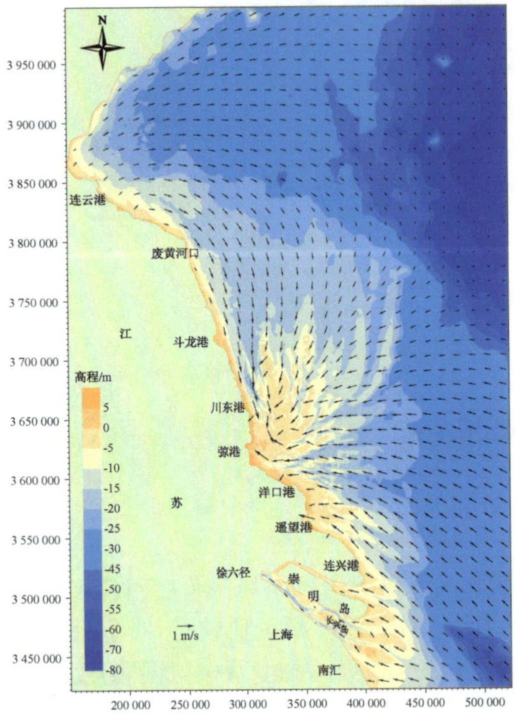

图 15.1-3　工程前涨急流场图(小潮)

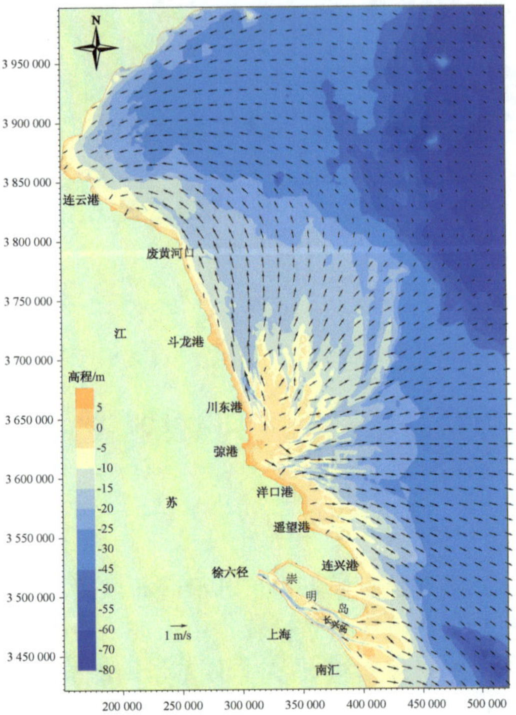

图 15.1-4　工程前落急流场图(小潮)

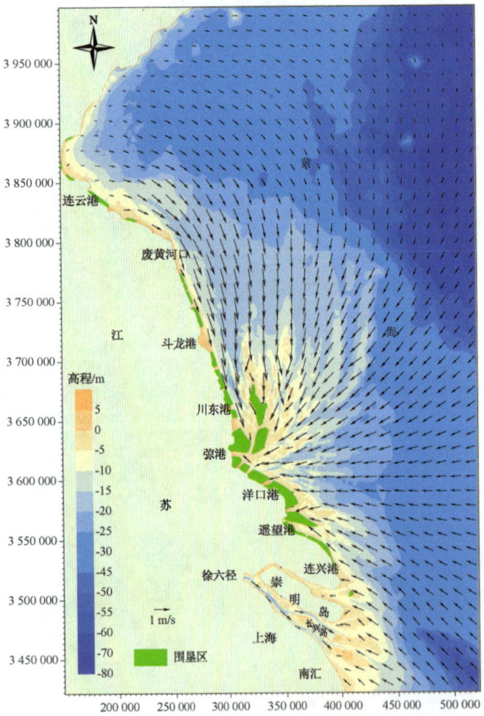

图 15.1-5　工程实施后涨急流场图(大潮)

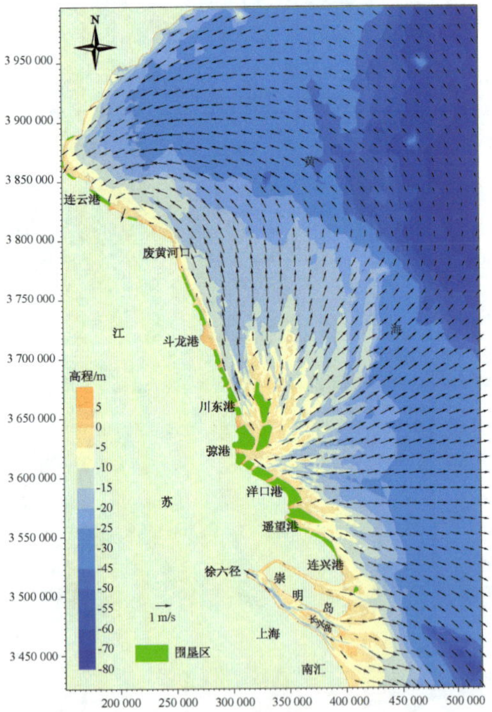

图 15.1-6　工程实施后落急流场图(大潮)

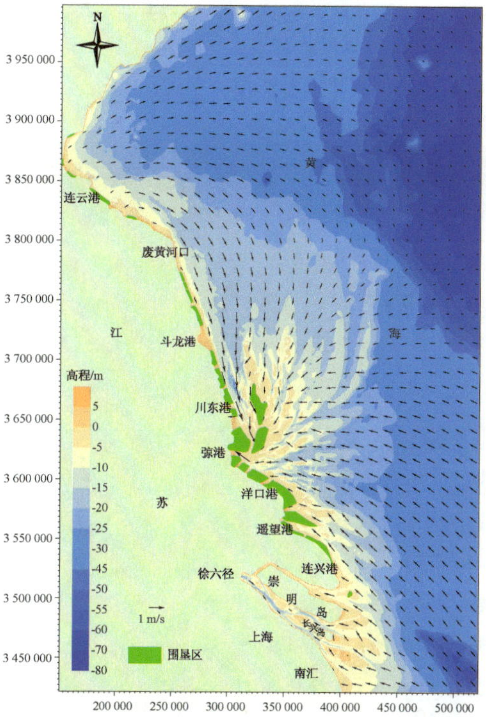

图 15.1-7　工程实施后涨急流场图(小潮)

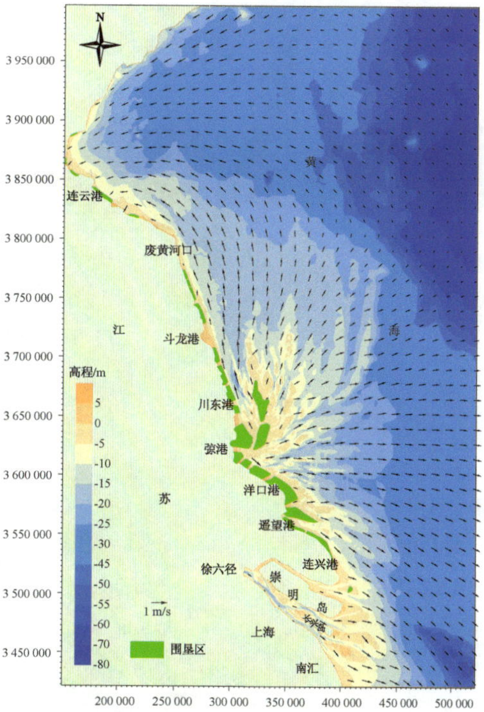

图 15.1-8　工程实施后落急流场图(小潮)

由图可知，工程前辐射沙洲周边水域的潮流场呈现较为明显的南北差异。辐射沙洲北部水域由于受黄海旋转潮波的影响，涨潮时，涨潮流主要沿着辐射沙脊群之间的西洋、平涂洋、陈家坞槽、草米树洋及苦水洋等水道进入条子泥及高泥附近水域，涨潮流流向以偏西南方向为主；而辐射沙洲南部水域的涨潮流则由于受东海前进潮波的顶托作用，涨潮时，涨潮流主要沿辐射沙脊群南部的烂沙洋、黄沙洋等水道进入条子泥及高泥附近水域，涨潮流流向以偏西北方向为主。而落潮期间，由于受黄海潮波及东海潮波的共同作用，辐射沙洲水域的落潮流主要呈现北部以北向及偏东北向为主，南部则以偏东南向为主。

总体而言，辐射沙洲水域涨落潮由于受辐射沙脊群之间潮汐通道的限制，涨落潮以弶港为顶点，呈现较为明显的往复流形态，而辐射沙脊群外部水域的潮流场则呈现较为明显的旋转流形态。同时，由于工程区附近海域近岸大多为宽阔的淤泥质滩涂，因此，涨落潮期间，高滩区域露滩及漫滩的现象较为明显。

江苏省沿海滩涂围垦布局实施后，由于围堤的存在，围垦工程附近水域的涨落潮流场发生了一定的变化，较为明显的变化主要出现在工程区围堤前沿附近水域。

总体而言，涨潮和落潮期间，由于围堤的存在，围垦区围堤附近的涨潮或落潮流向有趋于与围堤走向一致的变化趋势。同时，由于工程所在区域主要为高滩区域，工程区在围垦工程实施之前的原始底高程相对较高，因此工程实施之后，工程区围堤的建设对工程所在区域的漫滩流和归槽流存在相对较为明显的影响。

15.1.2　涨落潮流速变化

从流速的变化来看(图 15.1-9～图 15.1-12)，落急时刻，工程的实施对流速的影响程度

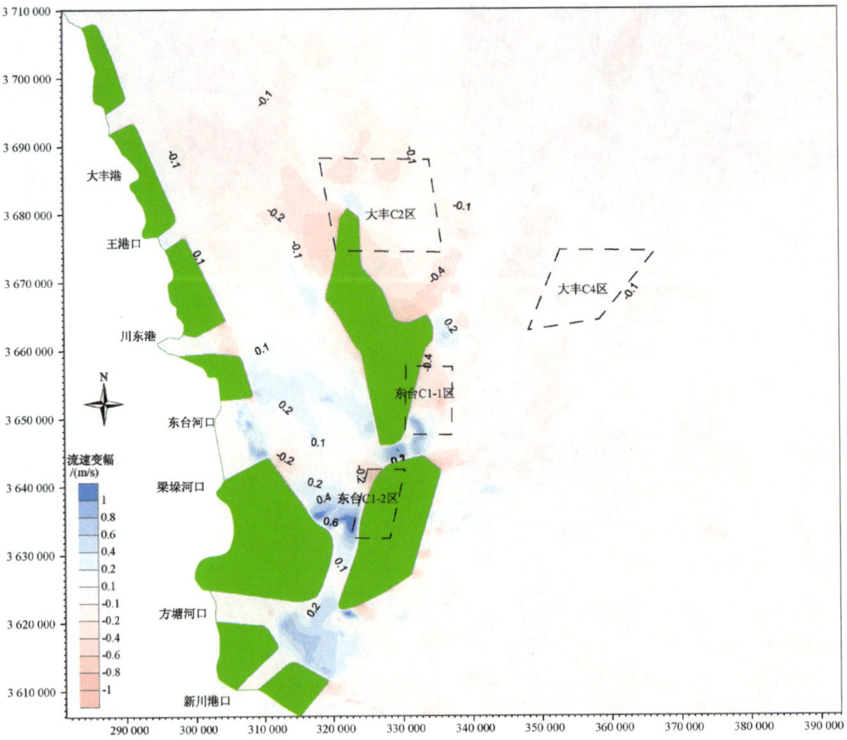

图 15.1-9　工程后大潮涨急流速变化分布图

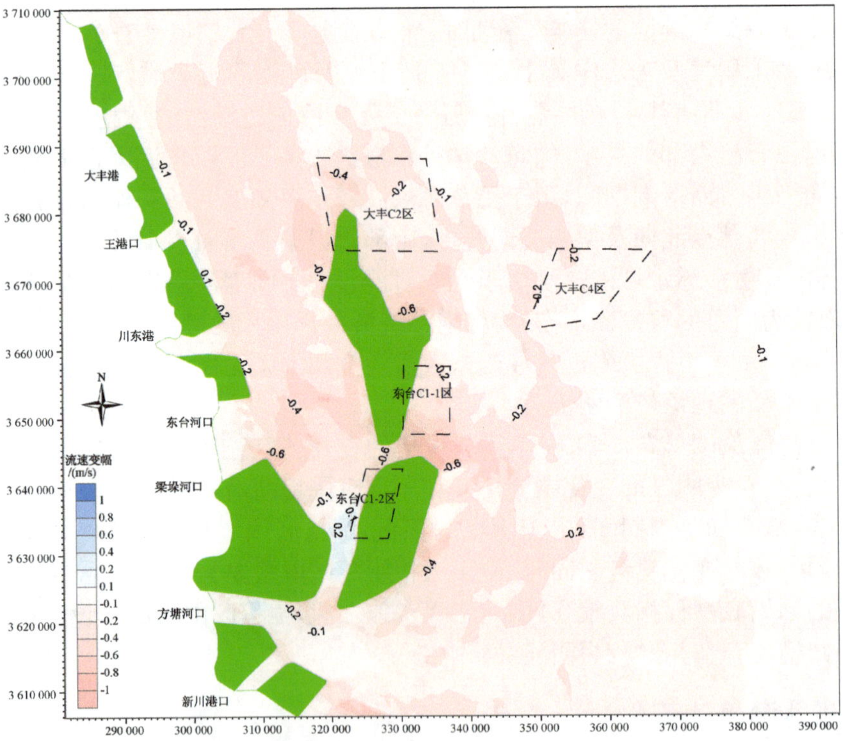

图 15.1-10　工程后大潮落急流速变化分布图

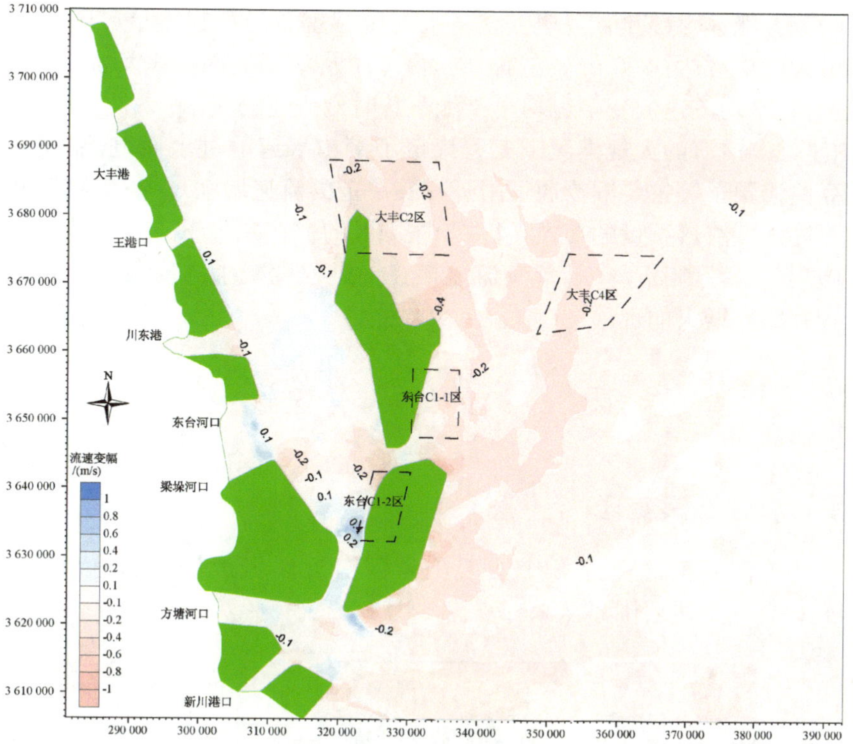

图 15.1-11　工程后小潮涨急流速变化分布图

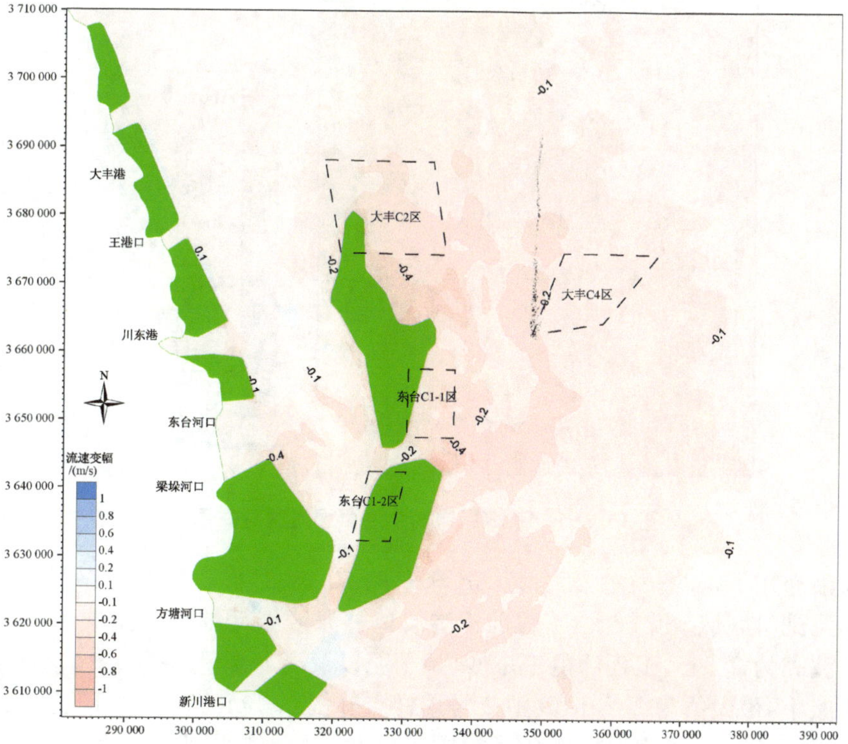

图 15.1-12　工程后小潮落急流速变化分布图

略大于涨急时刻。涨、落潮期间，流速变化较大的区域主要出现在围垦区附近的水道附近，涨落急流速最大变幅可达 0.90 m/s 左右，同时，涨潮及落潮期间的平均流速基本小于涨落急时刻的流速，且平均流速的变幅也均小于涨落急时刻流速的变幅。

并且，由于江苏沿海的大规模匡围工程束窄了潮汐水道的过水通道，涨潮期间，西洋水道、东大港、豆腐渣腰子等主要潮汐通道附近存在一定的流速增大现象；落潮期间，由于围垦工程阻碍了不同水域涨落潮量的交换，且由于匡围区的存在减少了工程海域的纳潮量，因此围垦工程实施后，工程区附近海域，落潮流速存在一定程度减小的现象，而东大港附近海域流速则依然存在略有增大的现象。

15.2 波浪环境变迁

15.2.1 多年一遇波浪变迁

这里重点讨论江苏沿海滩涂 8 个主要围垦区对近岸风浪场的影响(图 15.2-1～图 15.2-5)，因此设置 8 个主要围垦区采样点。

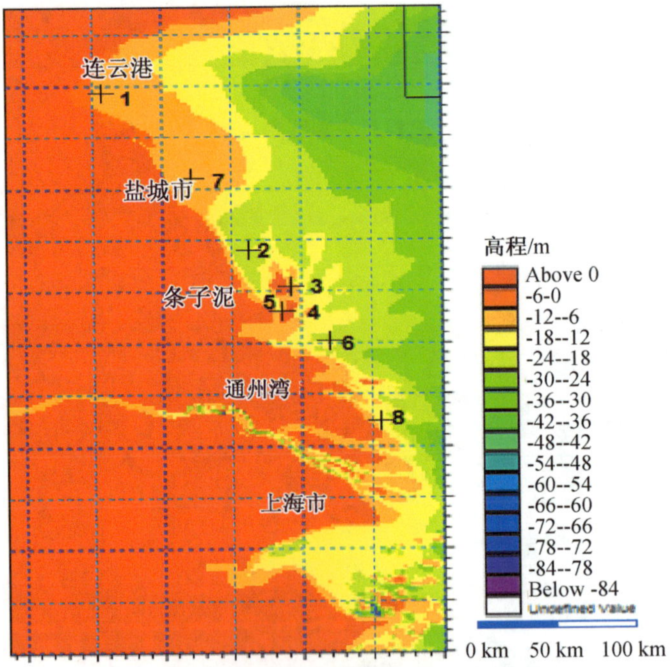

图 15.2-1　江苏近岸 8 个主要围垦区分布图

在台风浪作用下，如图所示，工程后 SE-SSE 向 50 年、2 年一遇设计有效波高在东沙、条子泥以及高泥围垦区域变化较大，工程前王港河口外海区域无围垦区掩护，该区域内最大 2 年一遇有效波高为 2.6 m，工程后由于东沙、条子泥以及高泥围垦区的掩护，该区域内 2 年一遇有效波高减小，最大值为 2.2 m，其中 2 号采样点降幅 0.3 m(表 15.2-1～表 15.2-4)。同王港河口外海区域，5 号采样点位于条子泥围垦区北，受到周边围垦区的掩护，50 年一遇有效波高降幅为 1.05 m。而在东沙、高泥围垦区的迎浪侧，2 年一遇有效波高有所增大，增幅为 0.3 m 左右，其中 4 号采样点增幅 0.3 m。掘苴—东凌港口围垦区外海工程后最大 50 年一遇有效波高减小，降幅为 4.5 m，6 号采样点波高降幅为 0.2 m。其他围垦区域采样点处 50 年、2 年一遇有效波高几乎维持不变。

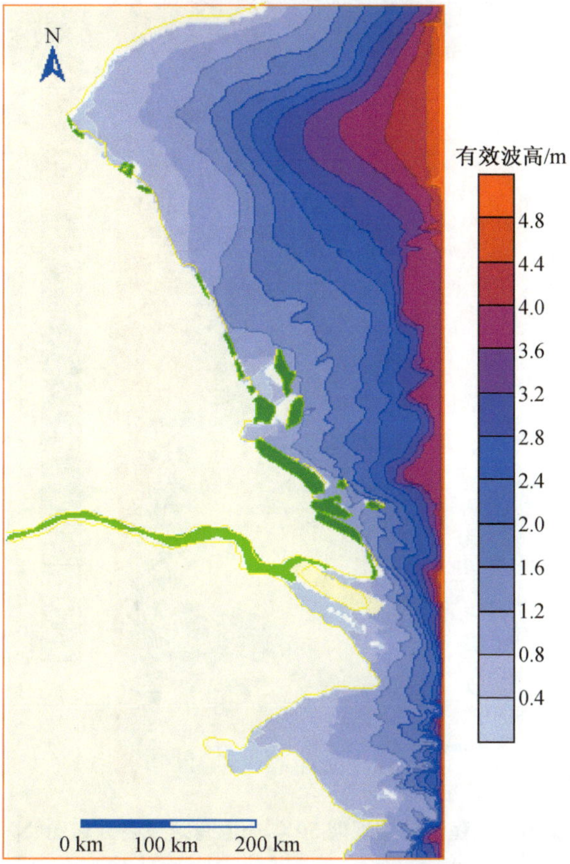

图 15.2-2　工程后重现期 50 年一遇有效波高分布图(E 向)

表 15.2-1　E-ESE 向采样点 50 年一遇设计有效波高(m)

波向	采样点序号	工程前有效波高(H_S)	波向	采样点序号	工程后有效波高(H_S)
E-ESE 向	1	3.9	E-SSE 向	1	3.7
E-ESE 向	2	3.4	E-SSE 向	2	3.8
E-ESE 向	3	3.6	E-SSE 向	3	3.7
E-ESE 向	4	3.8	E-SSE 向	4	2.9
E-ESE 向	5	3.7	E-SSE 向	5	3.6
E-ESE 向	6	3.8	E-SSE 向	6	3.7
E-ESE 向	7	4.8	E-SSE 向	7	3.7
E-ESE 向	8	4.7	E-SSE 向	8	4.8

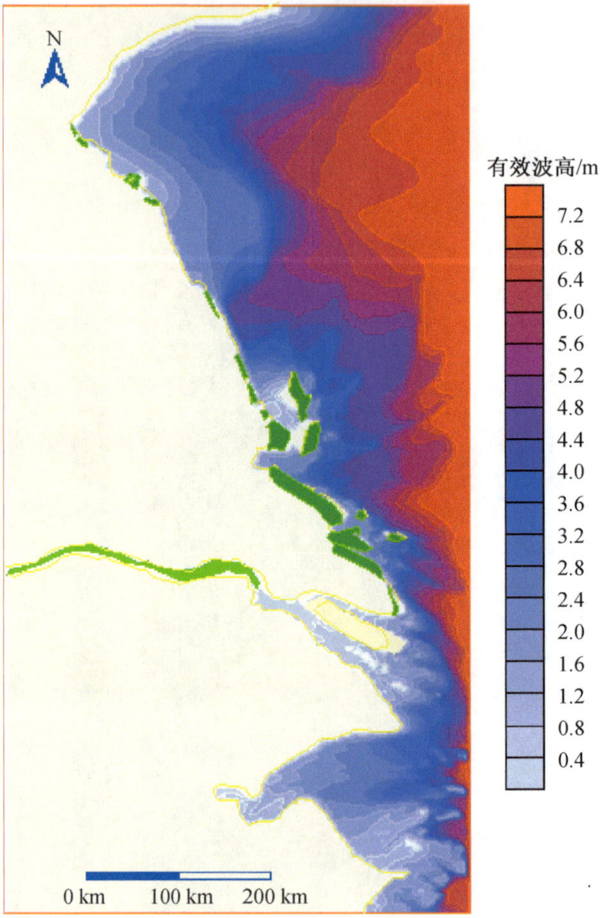

图 15.2-3　工程区域重现期 50 年一遇有效波高分布图(NNE 向)

表 15.2-2　N-NNE 向采样点 50 年一遇设计有效波高(m)

波向	采样点序号	工程前有效波高(H_S)	波向	采样点序号	工程后有效波高(H_S)
N-NNE 向	1	5.1	E-SSE 向	1	5.3
N-NNE 向	2	4.5	N-NNE 向	2	4.8
N-NNE 向	3	4.1	N-NNE 向	3	4.9
N-NNE 向	4	4.6	N-NNE 向	4	3.0
N-NNE 向	5	4.5	N-NNE 向	5	4.7
N-NNE 向	6	4.5	N-NNE 向	6	4.7
N-NNE 向	7	3.0	N-NNE 向	7	4.6
N-NNE 向	8	3.0	N-NNE 向	8	3.1

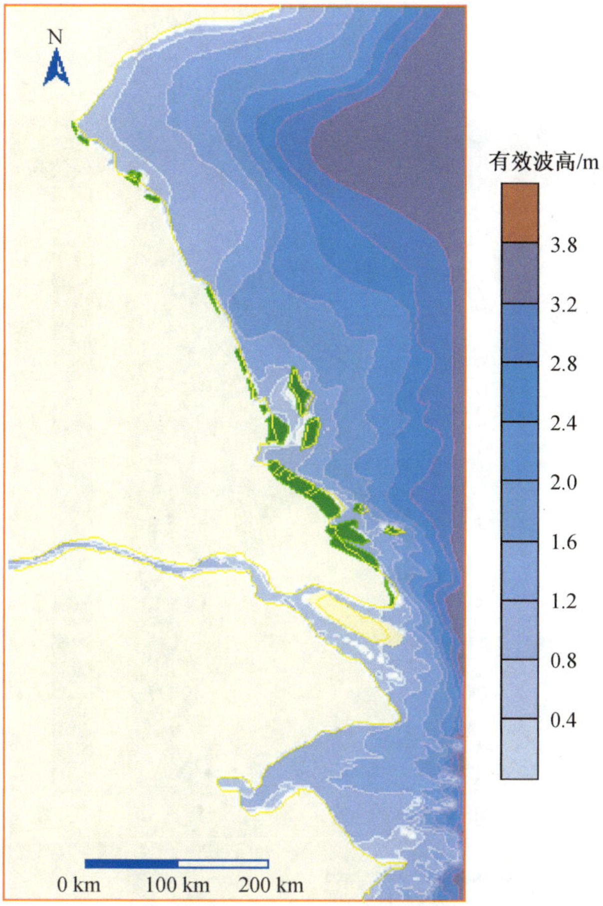

图 15.2-4　工程后重现期 2 年一遇有效波高分布图(E-SSE 向)

表 15.2-3　围垦区 2 年一遇设计有效波高(m)

波向	采样点序号	工程前有效波高(H_S)	波向	采样点序号	工程后有效波高(H_S)
E-SSE 向	1	2.1	E-SSE 向	1	2.1
E-SSE 向	2	2.5	E-SSE 向	2	2.2
E-SSE 向	3	2.4	E-SSE 向	3	2.3
E-SSE 向	4	1.9	E-SSE 向	4	2.2
E-SSE 向	5	2.1	E-SSE 向	5	1.4
E-SSE 向	6	2.3	E-SSE 向	6	2.1
E-SSE 向	7	2.2	E-SSE 向	7	2.2
E-SSE 向	8	2.3	E-SSE 向	8	2.2

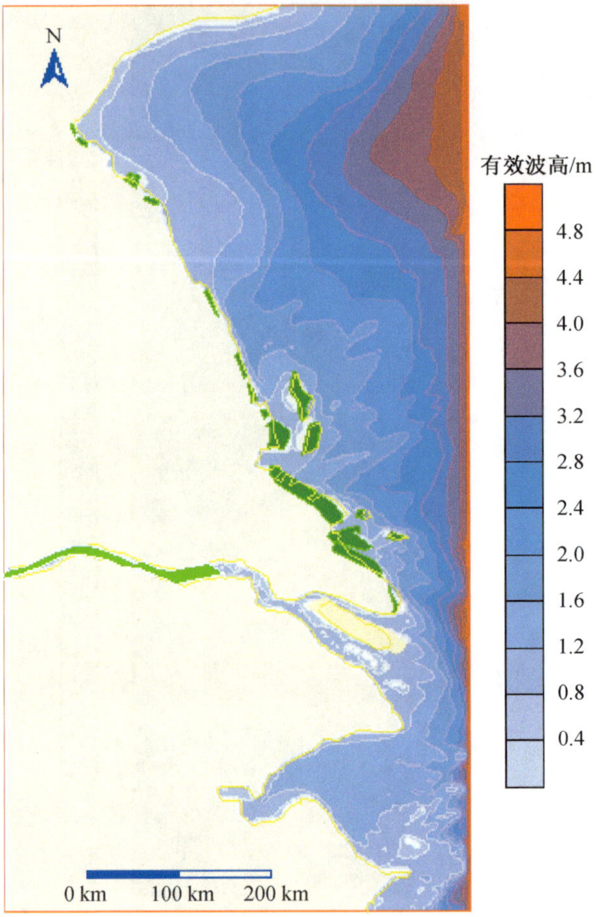

图 15.2-5　工程后重现期 2 年一遇有效波高分布图(N-NNE 向)

表 15.2-4　围垦区 2 年一遇设计有效波高(m)

波向	采样点序号	工程前有效波高(H_S)	波向	采样点序号	工程后有效波高(H_S)
N-NNE 向	1	3.3	N-NNE 向	1	3.3
N-NNE 向	2	3.2	N-NNE 向	2	3.2
N-NNE 向	3	3.6	N-NNE 向	3	3.3
N-NNE 向	4	3.0	N-NNE 向	4	3.4
N-NNE 向	5	2.6	N-NNE 向	5	1.5
N-NNE 向	6	3.1	N-NNE 向	6	3.2
N-NNE 向	7	3.0	N-NNE 向	7	3.2
N-NNE 向	8	3.0	N-NNE 向	8	3.1

15.2.2 季风浪变迁

季风波浪场的变化直接反映风能在全年的主要配和变化，对工程实施和管理决策具有重要的意义。

从图 15.2-6 可知，东南季风波浪场在工程实施后除工程区域外，围垦引起的江苏沿海波浪场变化不大；从图 15.2-7 可知，东北季风波浪场在工程实施后除工程区域外，围垦引起的长江口风浪入江波能有减弱趋势，沿长江下游的上溯小风区波浪能减弱。

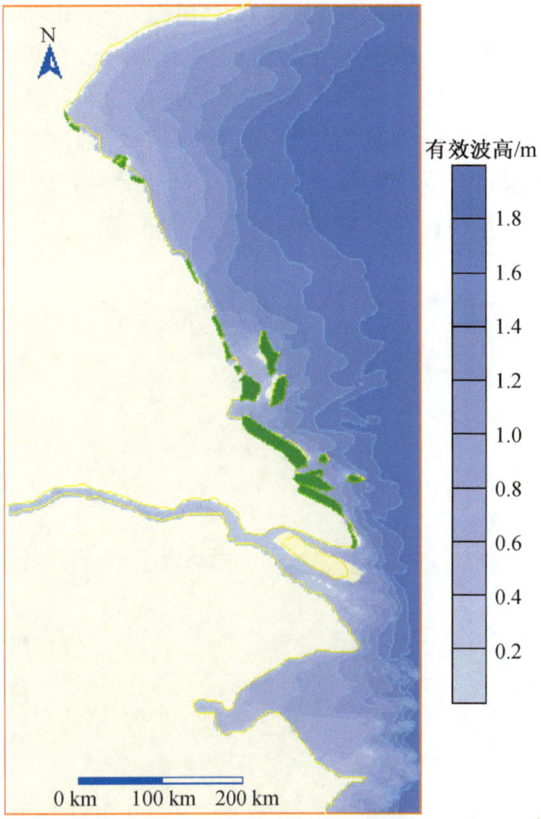

图 15.2-6 工程后季风有效波高分布图（South-East 季风）

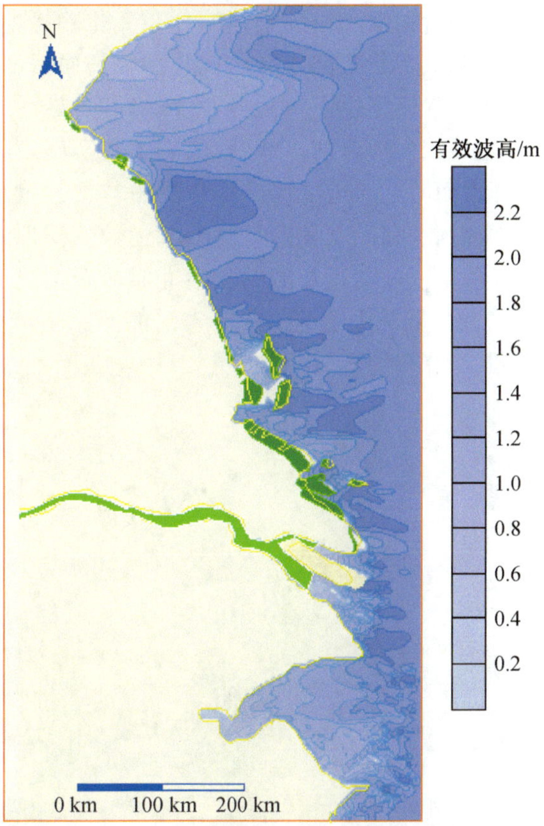

图 15.2-7 工程后季风有效波高分布图（North-East 季风）

总的来说，围垦工程实施后，从整个江苏沿海水域来说，影响有利有弊。有利的方面表现为滩涂围垦工程对风浪的重现期波高影响不大，北部海域近岸处设计波高等值线有右移趋势，南部海域近岸围垦区设计波高变小。东沙、条子泥工程后有高泥围垦区的掩护，适合建港及发展航运。不利的方面表现为长江口附近及入江波能有减弱趋势，尤其是冬季季风条件下，沿长江下游的上溯小风区波浪能减弱。

15.3 水下地形冲淤演变

江苏省沿海滩涂围垦布局的实施，引起工程附近水域的水动力条件及泥沙运动发生变化，由此造成工程区域附近水下地形发生冲淤变化。根据水文泥沙测验资料和工程海域水下地形演变分析，多年淤积区域的悬移质与床沙质泥沙颗粒均较细，泥沙落淤主要以悬沙落淤为主。

为就江苏省沿海滩涂围垦布局实施后，围垦工程区附近水域的悬沙浓度场进行分析，在利用悬沙输运数值模拟的方法对悬沙浓度过程进行验证取得满意结果的基础上，计算了大潮和小潮条件下工程区附近水域的潮平均悬沙浓度场。

结果表明，工程的实施对工程区附近的含沙量场有一定影响，工程前后，工程区附近海域大潮含沙量和小潮含沙量的分布总体较为相似，但大潮较小潮含沙量大，大潮潮平均最大含沙量可达 1.0 kg/m³ 左右，而小潮含沙量最大亦可达 0.8 kg/m³ 左右。

分析大潮和小潮整体的分布变化趋势可知，二者含沙量的平面分布较为相似，围垦工程所在海域南北方向总体呈现北部较高而南部较低的特点。这种变化趋势与条子泥附近海域泥沙在水流作用下，容易发生沉降和再悬浮运动，并由此使得条子泥潮沟频繁变动的实际情况还是较为吻合的。此外，匡围工程实施之后，工程区附近海域潮平均含沙量有一定幅度的降低，而海上风电场区水体中潮平均含沙量也有所降低，变化的幅度可达 0.2 kg/m³ 左右。

由此，利用工程前后泥沙输运数值模拟的结果，可得到江苏省沿海滩涂围垦布局实施之后，围垦区域附近海域的泥沙冲淤分布情况。

图 15.3-1 给出了江苏省沿海滩涂围垦布局建成之后，工程区周边重点关注水域的年回淤强度分布情况。

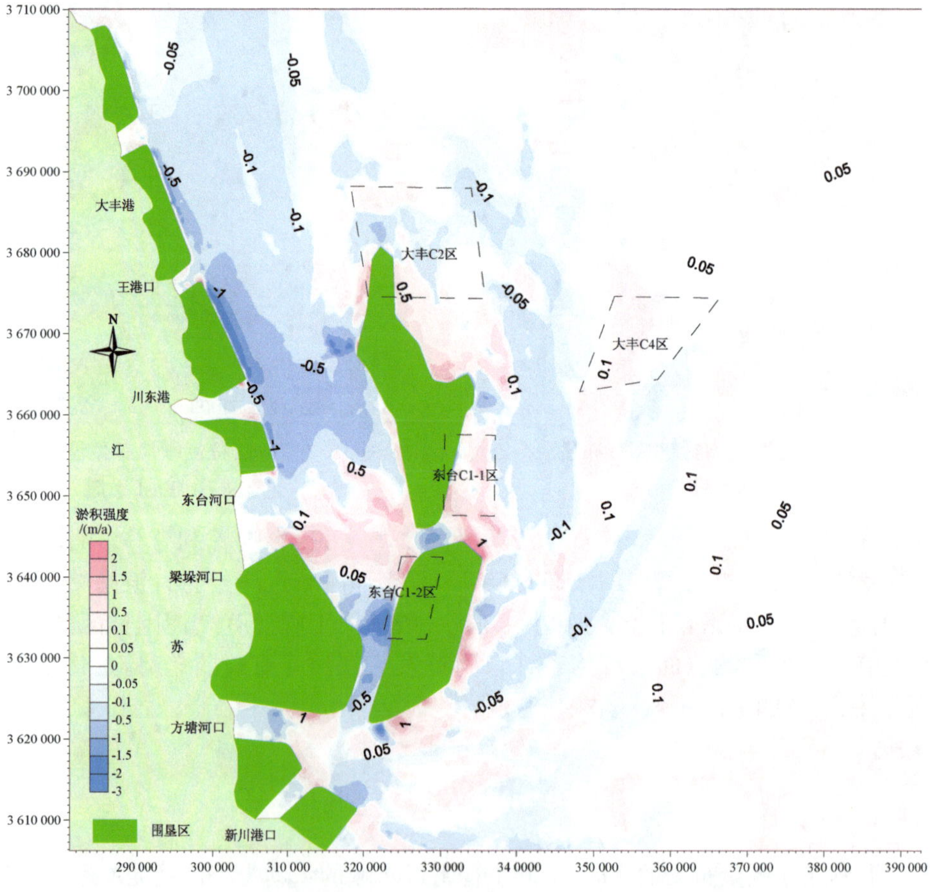

图 15.3-1　工程实施之后周边重点水域泥沙冲淤强度分布图(m/a)

江苏省沿海滩涂围垦布局实施之后，工程区附近海域出现一定范围泥沙回淤和部分区域冲刷的现象，其中西洋水道北部主要以冲刷为主，深槽平均冲刷深度可达 0.35 m/a 左右。同时，工程实施后，东大港成为辐射沙洲南北部水体交换的主要通道，因此，随着匡围工程的实施，该区域也出现了较为明显的冲刷现象，最大冲刷深度可达 0.9 m/a 左右。

第 16 章

百万亩核心区围垦规划与水动力环境变迁响应

16.1 近海潮波演化

16.1.1 东中国海潮波变迁

将辐射沙脊群核心区百万亩围垦布局的四个方案，通过数学模型计算模拟围垦后海域潮位情况，再通过调和分析方法计算围垦后几个主要分潮的分布情况。

图 16.1-1～图 16.1-4 给出了辐射沙脊群核心区百万亩围垦布局变迁条件下东中国海海域的天文分潮同潮图。

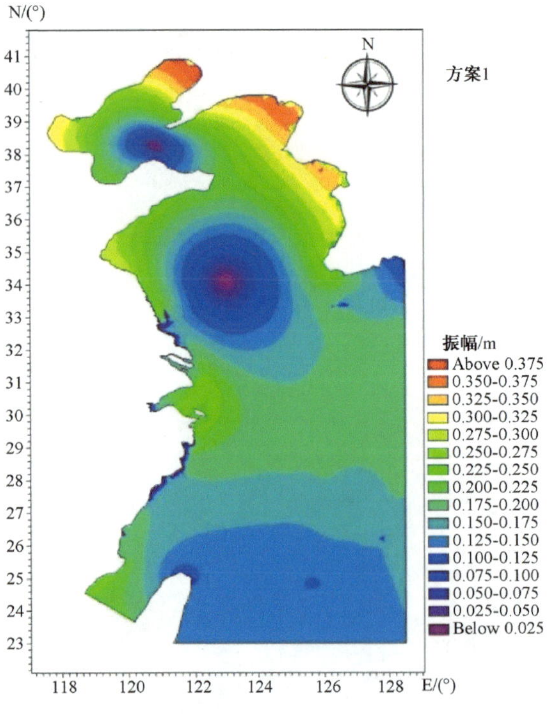

(a) K_1等振幅图

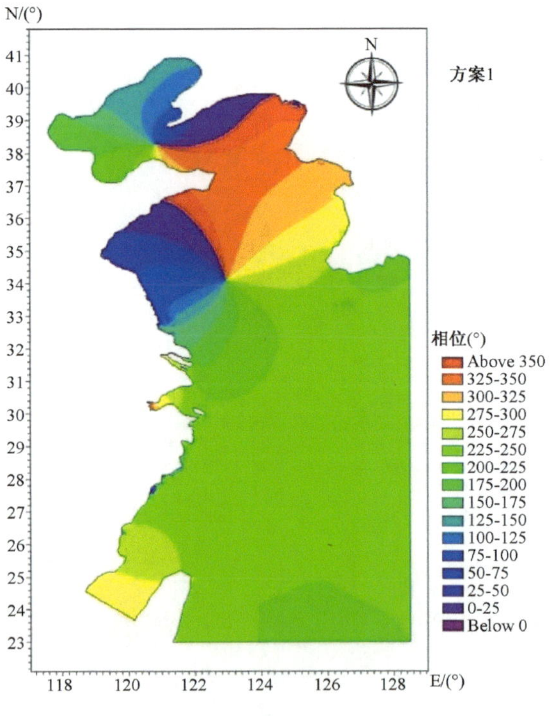

(b) K_1同潮时图

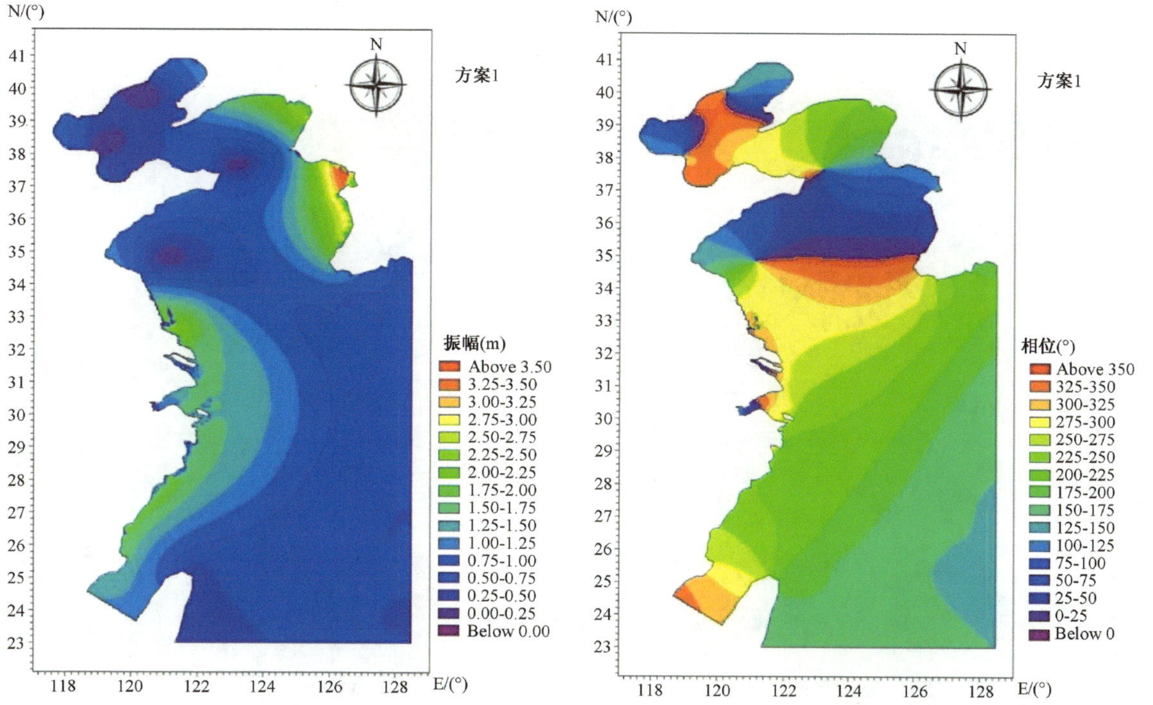

(c) M_2等振幅图　　(d) M_2同潮时图

图 16.1-1　辐射沙脊群核心区百万亩匡围布局一实施后中国东海海区天文分潮同潮图特征

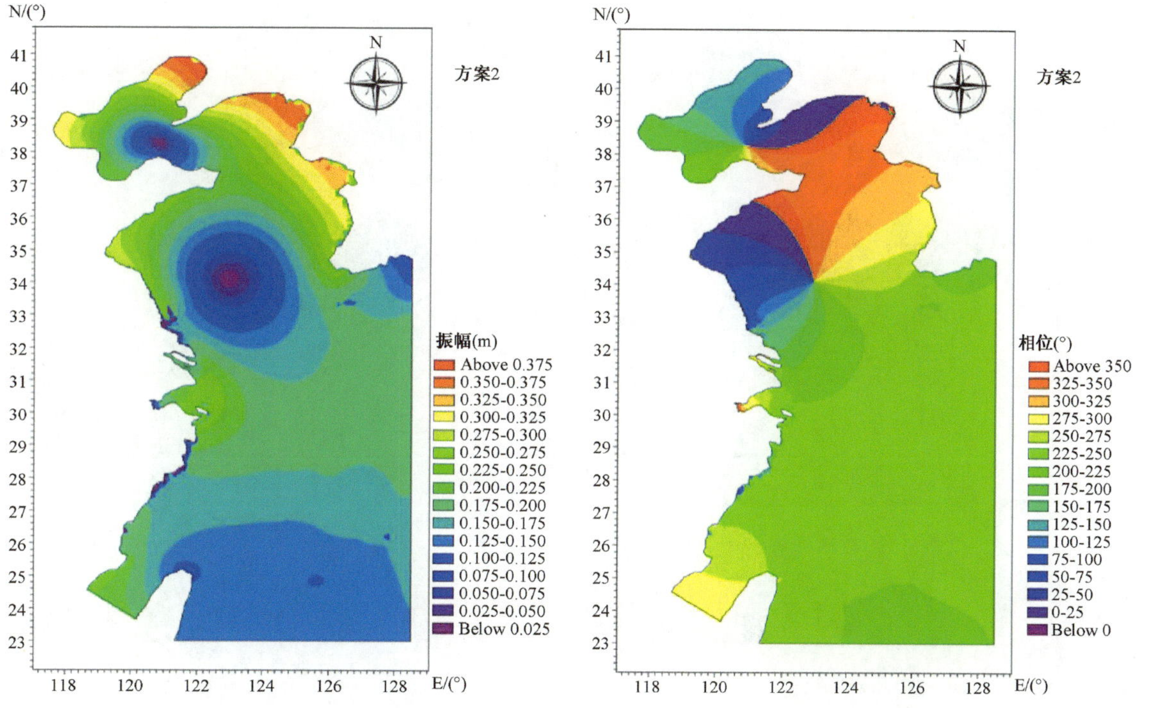

(a) K_1等振幅图　　(b) K_1同潮时图

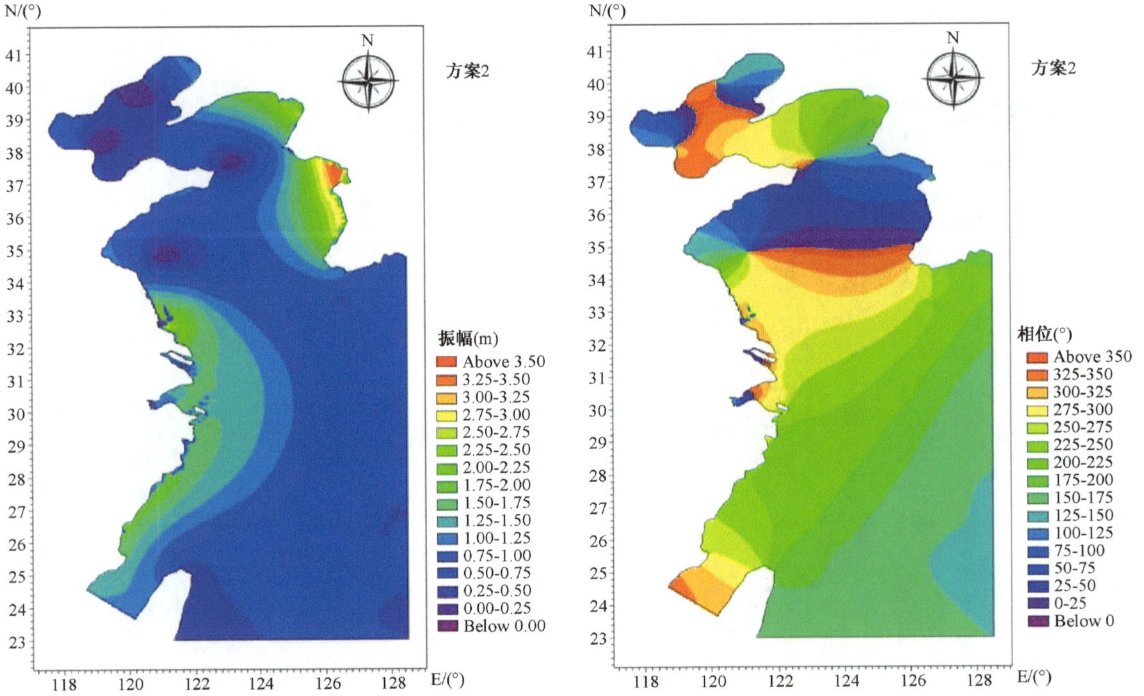

(c) M_2等振幅图　　(d) M_2同潮时图

图 16.1-2　辐射沙脊群核心区百万亩匡围布局二实施后中国东海海区天文分潮同潮图特征

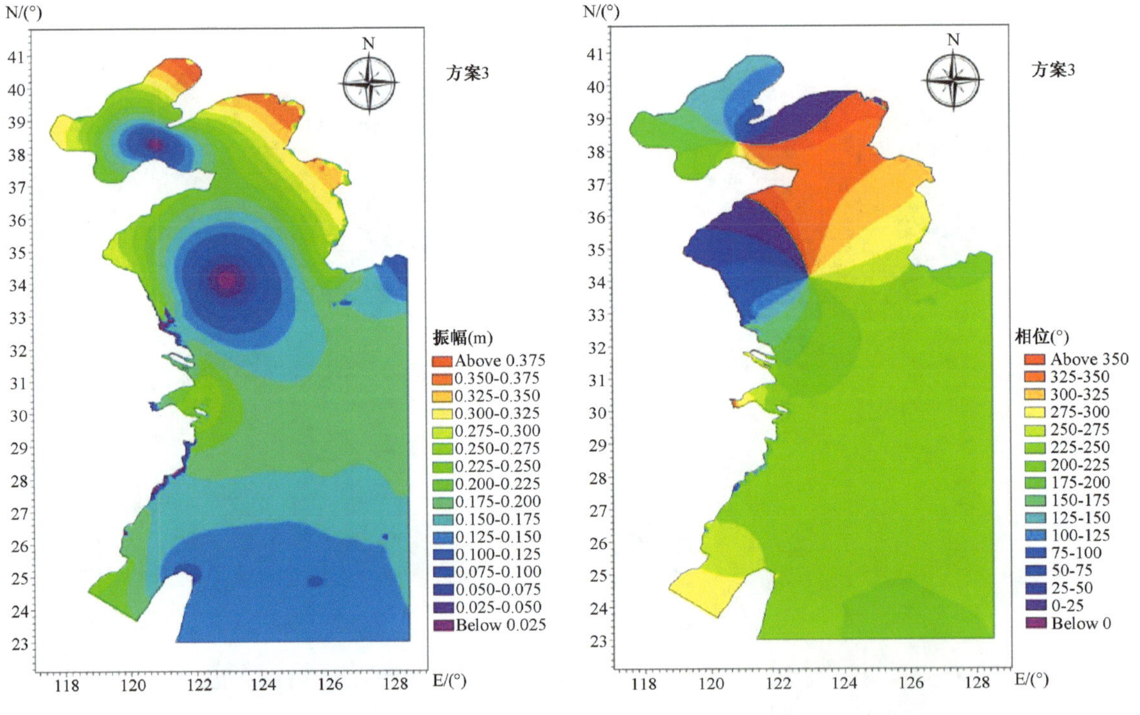

(a) K_1等振幅图　　(b) K_1同潮时图

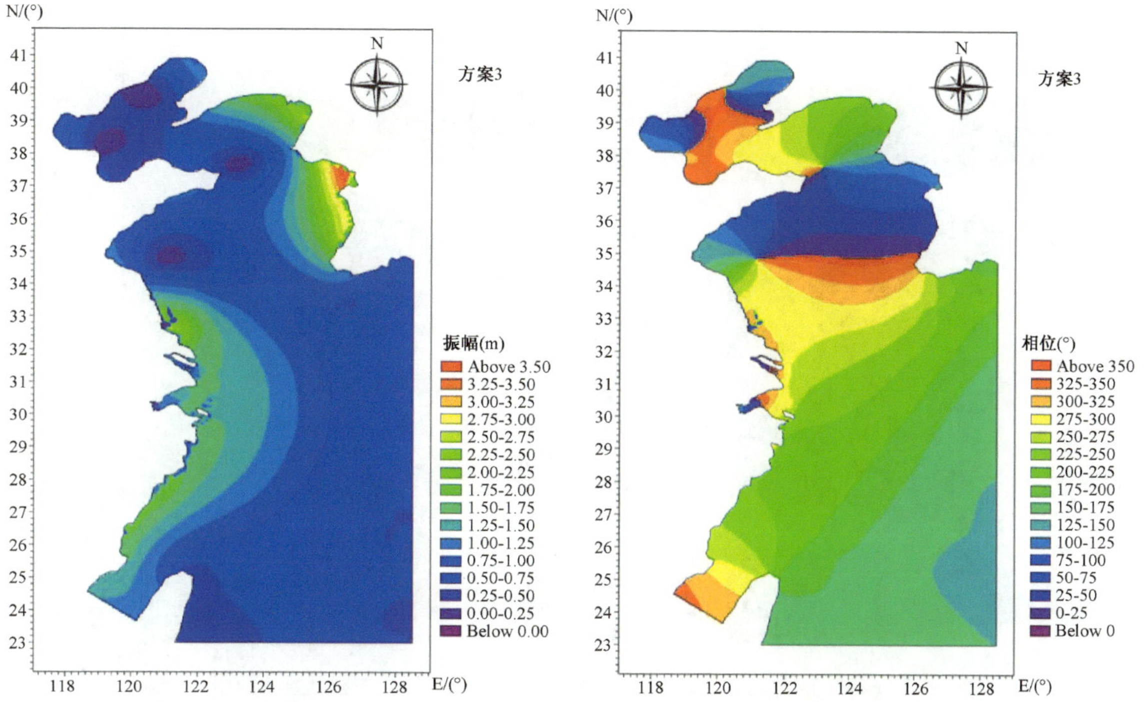

(c) M_2等振幅图

(d) M_2同潮时图

图 16.1-3 辐射沙脊群核心区百万亩匡围布局三实施后中国东海海区天文分潮同潮图特征

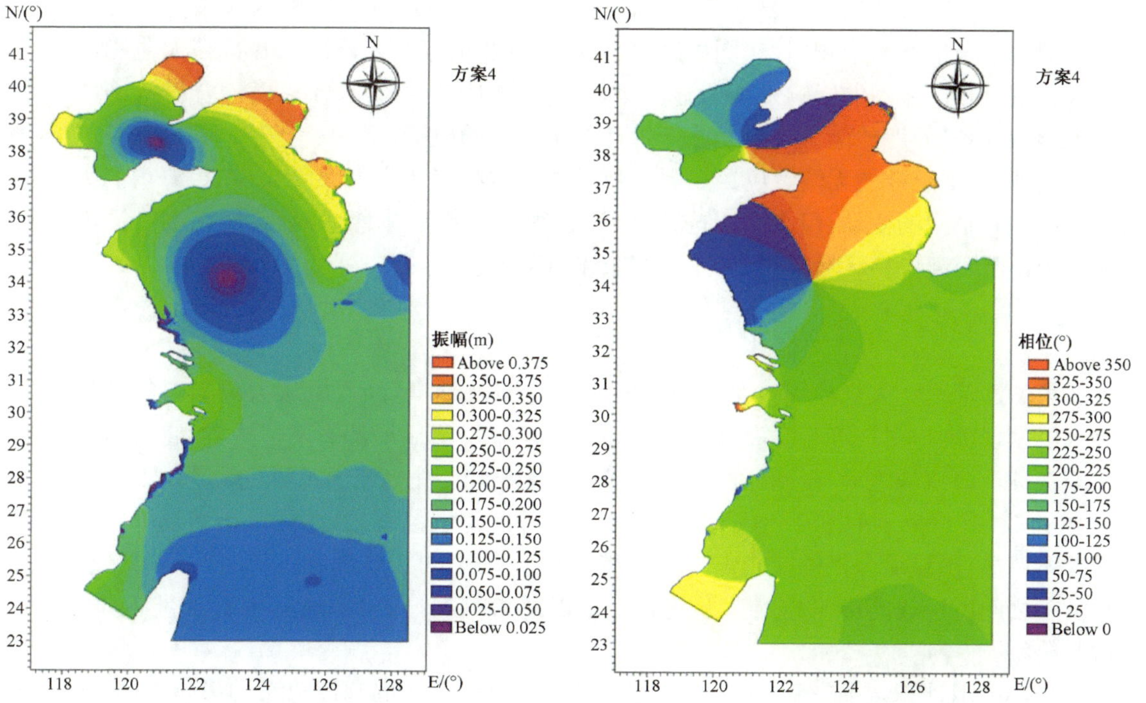

(a) K_1等振幅图

(b) K_1同潮时图

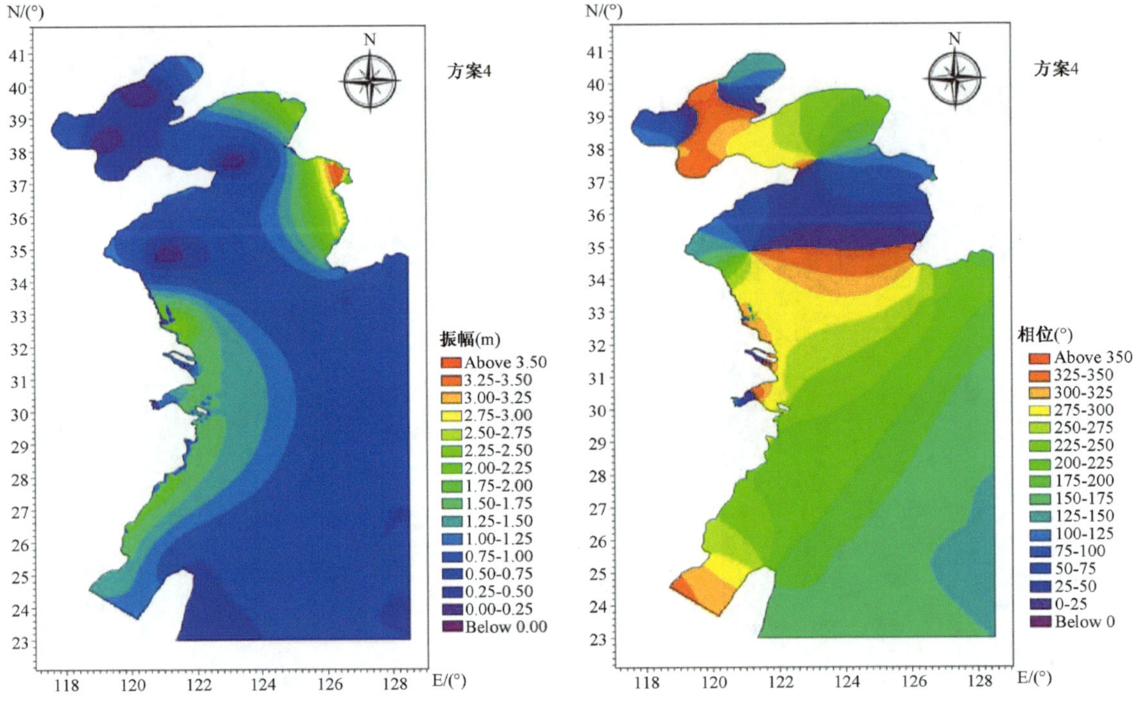

(c) M_2等振幅图　　　　(d) M_2同潮时图

图 16.1-4　辐射沙脊群核心区百万亩匡围布局四实施后中国东海海区天文分潮同潮图特征

通过 4 个围垦布局的主要分潮分布情况对比可以发现，在大范围内 4 个围垦方案围垦后的潮波系统情况基本相同，从图中很难看出相互之间有太大差别。并且在大范围内 4 个围垦方案对几个分潮的影响并不明显。虽然能在靠近围垦区域，即辐射沙脊群范围内产生一定影响，但对外海的潮波分布无法产生非常实质性的改变。

此外，几个分潮的无潮点位置在围垦前后也基本没有产生太大变化，在黄海内的无潮点位置虽然有小幅的变动，但由于所选范围较大，很难估算具体移动距离；而在渤海湾内的无潮点则由于距离围垦区域过远，围垦方案难以对其产生影响。

16.1.2　江苏东部海域潮波演变

虽然江苏沿海大规模围垦在东中国海的大范围内影响较弱，但从大范围内的结果中还是可以发现，围垦对江苏近海海域潮波分布还是产生了明显局部影响。为此，将分析范围缩小至江苏近海海域之后，得到江苏近海潮波分布，具体如图 16.1-5～图 16.1-8 所示。

从图 16.1-5～图 16.1-8 可以看出，在江苏外海海域范围内，四种围垦布局方案之间差异并不明显，围垦后分潮的无潮点、振幅、相位基本一致，可以认为在江苏外海海域范围内四种方案之间所造成的影响相同。下文分析也以此为依据，主要是对其中的围垦布局方案 4 进行分析。

从小范围计算结果来看，江苏沿海围垦对江苏沿海海域的潮波分布的影响有限，大致分布情况前后类似，影响较大的范围仅限于围垦区域附近的辐射沙脊群及其周边。其中，由于

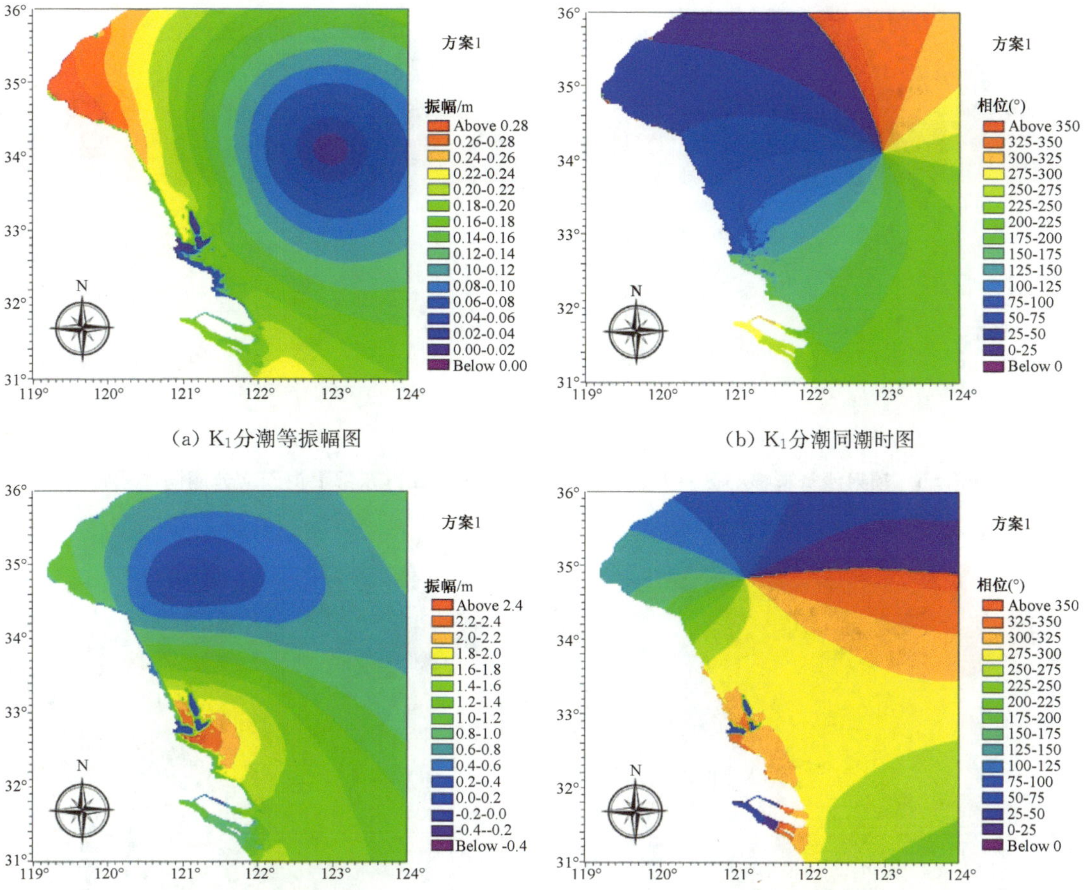

(a) K_1分潮等振幅图　(b) K_1分潮同潮时图

(c) M_2分潮等振幅图　(d) M_2分潮同潮时图

图 16.1-5　辐射沙脊群核心区百万亩匡围布局一实施后江苏东部沿海天文分潮同潮图特征

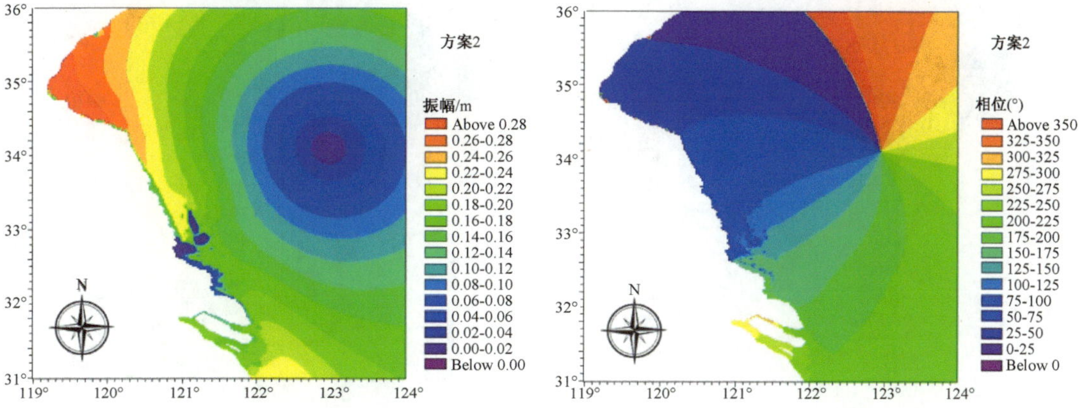

(a) K_1分潮等振幅图　(b) K_1分潮同潮时图

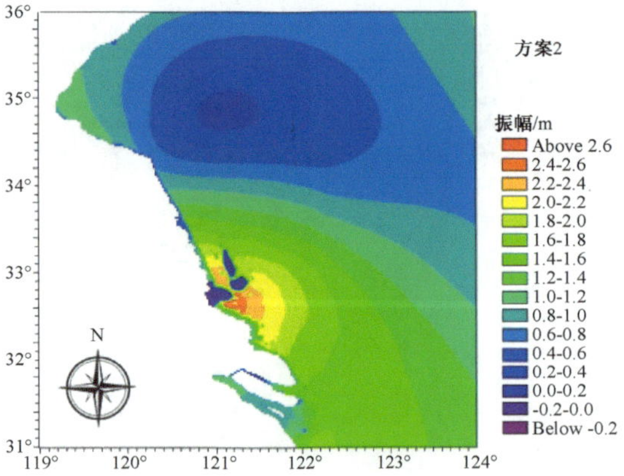

（c）M_2分潮等振幅图

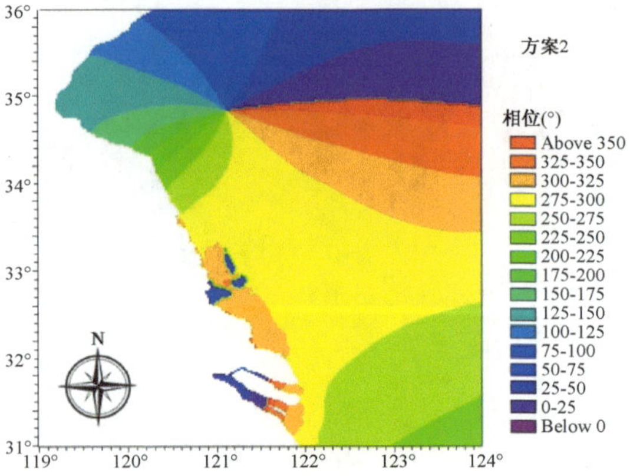

（d）M_2分潮同潮时图

图 16.1-6　辐射沙脊群核心区百万亩匡围布局二实施后江苏东部沿海天文分潮同潮图特征

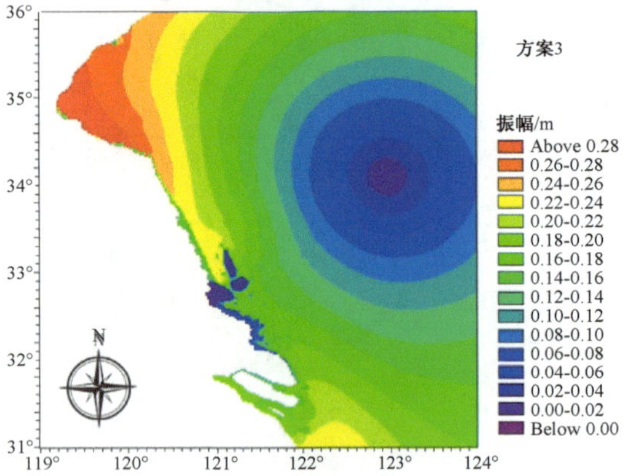

（a）K_1分潮等振幅图

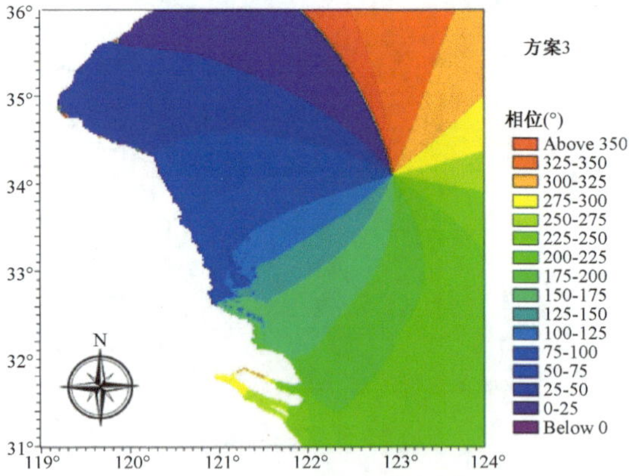

（b）K_1分潮同潮时图

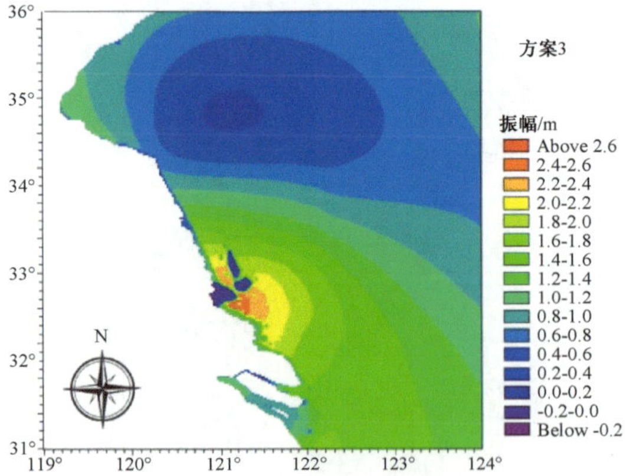

（c）M_2分潮等振幅图

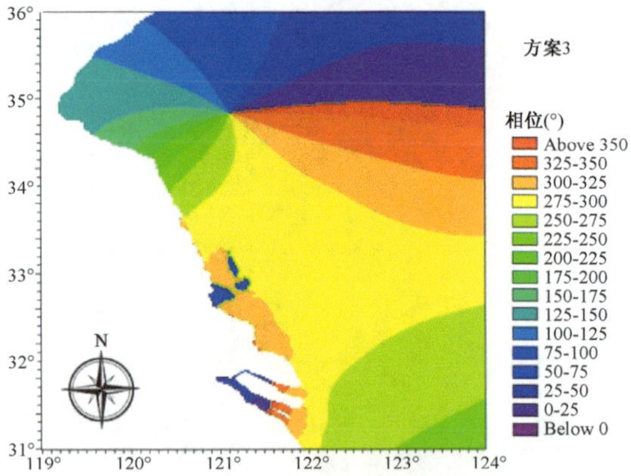

（d）M_2分潮同潮时图

图 16.1-7　辐射沙脊群核心区百万亩匡围布局三实施后江苏东部沿海天文分潮同潮图特征

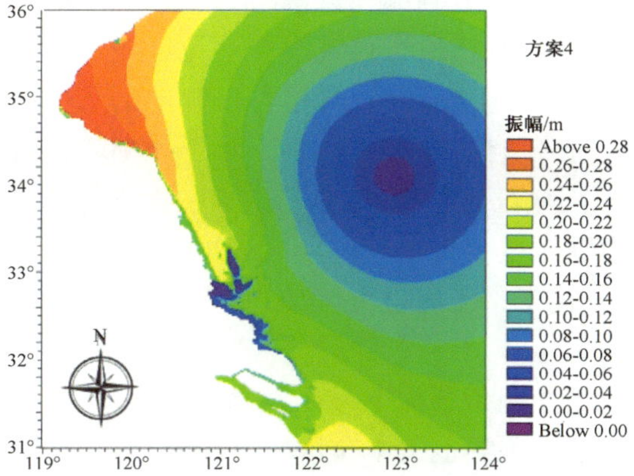

(a) K_1分潮等振幅图

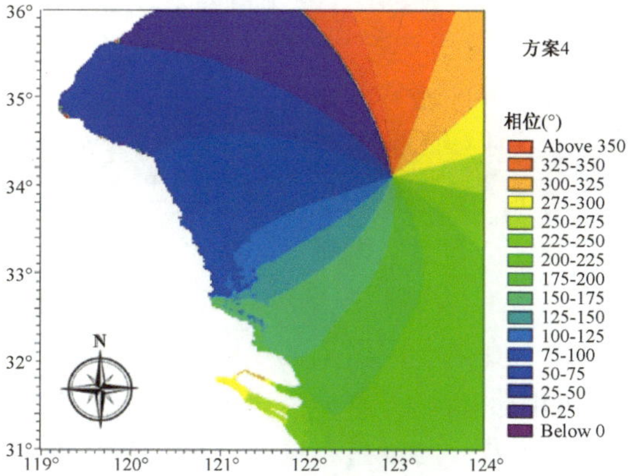

(b) K_1分潮同潮时图

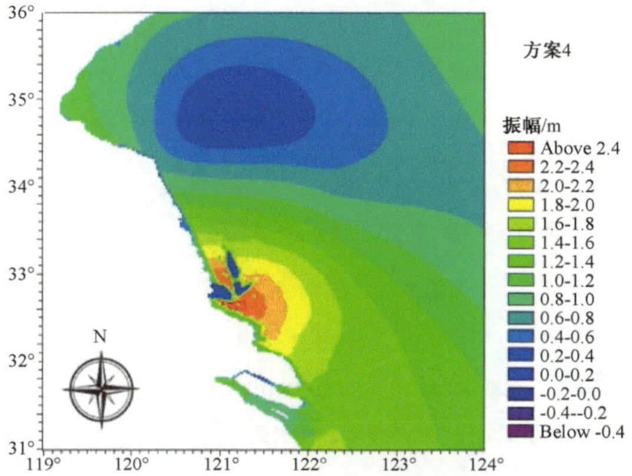

(c) M_2分潮等振幅图

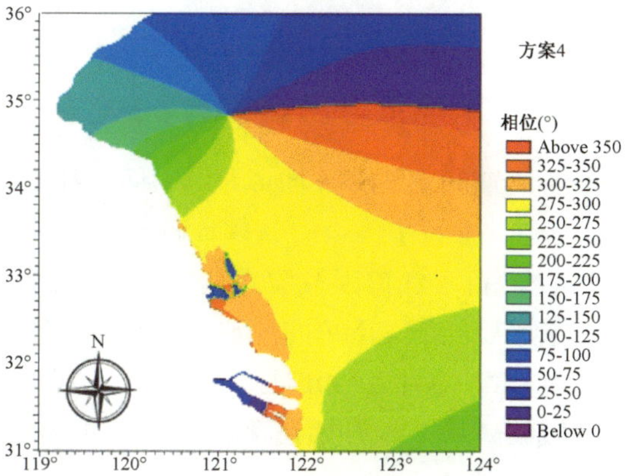

(d) M_2分潮同潮时图

图 16.1-8　辐射沙脊群核心区百万亩匡围布局四实施后江苏东部沿海天文分潮同潮图特征

M_2分潮在江苏沿海占主导，其受到的影响也最大，其次是S_2分潮，而K_1和O_1分潮由于本身振幅不大，前后的变化非常小，可以忽略。在M_2分潮中，江苏外海海域的无潮点由于江苏沿海围垦产生了略微移动，向北约移动了0.03°，大约3 km，偏移距离相对不大。潮波分布的形态在围垦区域附近有明显的改变。在围垦区域下方，即条子泥围垦区域附近，由于围垦后地形变化，在该处M_2分潮的振幅有明显的增大。而辐射沙脊群区域的同潮时线由于围垦也产生了比较明显的变化，辐射沙脊群外M_2分潮300°同潮时线明显向岸移动，原本离东沙—高泥围垦区域较远的300°同潮时线在围垦后已经基本贴近东沙—高泥围垦区域，这表明了围垦后辐射沙脊群东部的M_2分潮相角有所减小，潮位提前。

在江苏外海海域，S_2分潮振幅比M_2分潮要小，围垦后的变化也比M_2分潮要小。S_2分潮的该无潮点在围垦前后移动不是很明显，无潮点位置移动比M_2要小些，往西约移动了0.02°，约2 km。而同潮时线的变动情况也与M_2比较类似，辐射沙脊群外围的25°同潮时线向岸有所偏移。

全日分潮中，K_1分潮和O_1分潮本身十分相似，因此作为整体考虑。由于本身K_1分潮和O_1分潮在江苏沿海海域处于非主导地位，振幅较小，因此变化也明显较半日分潮M_2和S_2小很多，其无潮点位置基本没有变动，小于在这个范围内能够分析得出的移动距离。其中从小范围结果分析中得出，O_1无潮点相对于K_1无潮点约在K_1分潮无潮点偏南0.4°，偏北0.1°的位置，位置非常接近。两者在围垦前后振幅变化也基本相似，同潮时线变动也比较小，仅在辐射沙脊群区域有略微变化，围垦前后在江苏沿海所产生的变化也基本可以忽略。

综合比较表明，4个围垦布局对各个分潮所造成影响差异非常微小。对于振幅较大M_2和S_2分潮才略有差异。其中方案一与方案四由于围垦区域相似，围垦所造成的影响也相近，而方案二与方案三则相近。围垦布局之间的微小差异主要集中在围垦区域规划有差异的地方。方案二与方案三、方案一与方案四之间的差异在于条子泥上方区域，其围垦后对潮波的影响集中在条子泥以上的小区域。

而围垦布局二及三与围垦布局一及四之间的差异在条子泥下方以及高泥—竹根沙。围垦布局二及三与围垦布局一及四之间在整体上的细微差异也集中在这两个区域。

16.2 近海波浪环境响应

16.2.1 季风浪与围垦的响应

季风期间SE-SSE向风浪作用下，春夏季节江苏沿海近岸水域的一月一遇有效波高基本小于1.6 m（图16.2-1），辐射沙脊群特殊地貌的存在使得波高迅速减小，由1.6 m递减到0.6 m左右，入江口区域波高从1.6 m开始迅速递减到0.5 m，江内波高基本在0.5 m左右。

季风期间N-NNE向风浪作用下，秋冬季节江苏沿海近岸水域的一月一遇有效波高大于春夏季，基本小于2 m（图16.2-2），辐射沙脊群区域波高由2 m递减到0.6 m左右，入江口区域波高从2 m开始迅速递减到0.4 m，江内波高基本在0.4～0.5 m左右。

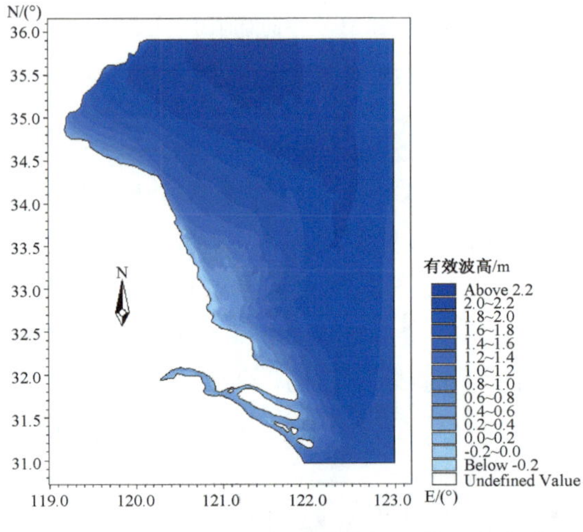

图16.2-1 SE-SSE向季风期间江苏沿海水域一月一遇有效波高分布图

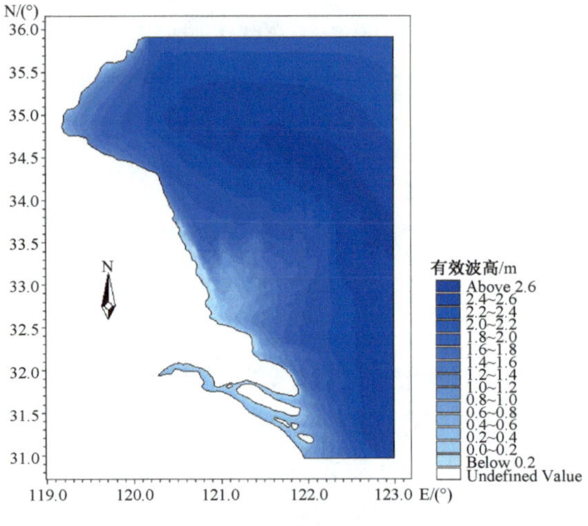

图16.2-2 N-NNE向季风期间江苏沿海水域一月一遇有效波高分布图

由图16.2-3～图16.2-6可知，春夏季季风期间SE-SSE向风浪作用下，各个围垦方案引起的工程区周边海域一月一遇有效波高有不同程度的减小，最大降幅为0.6 m左右，主要来自于围垦区域的掩护作用。而对于秋冬季季风期间N-NNE向风浪，各个围垦方案引起的有效波高最大降幅达到 0.46 m 左右，同样来自于围垦区域的掩护作用。

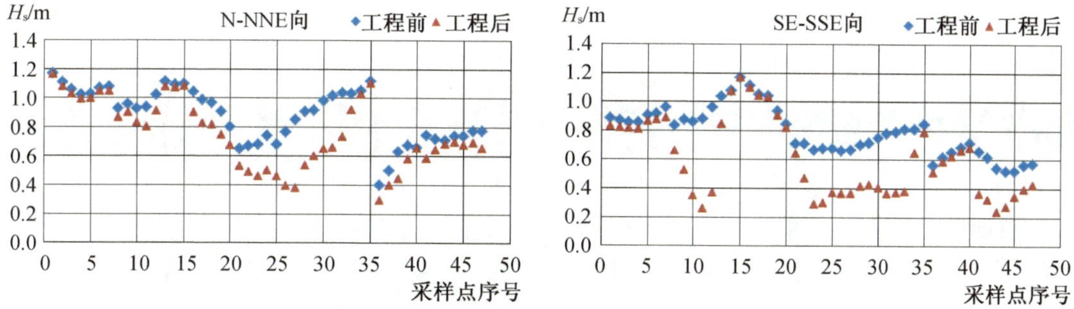

图 16.2-3　工程前后季风期间一月一遇有效波高对比图(布局一)

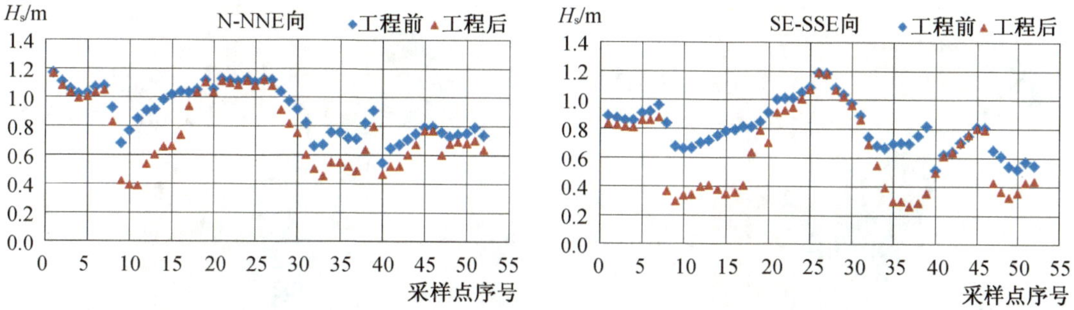

图 16.2-4　工程前后季风期间一月一遇有效波高对比图(布局二)

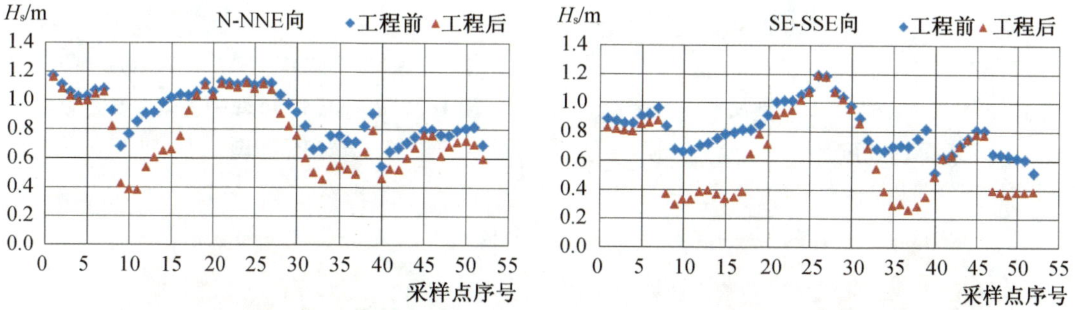

图 16.2-5　工程前后季风期间一月一遇有效波高对比图(布局三)

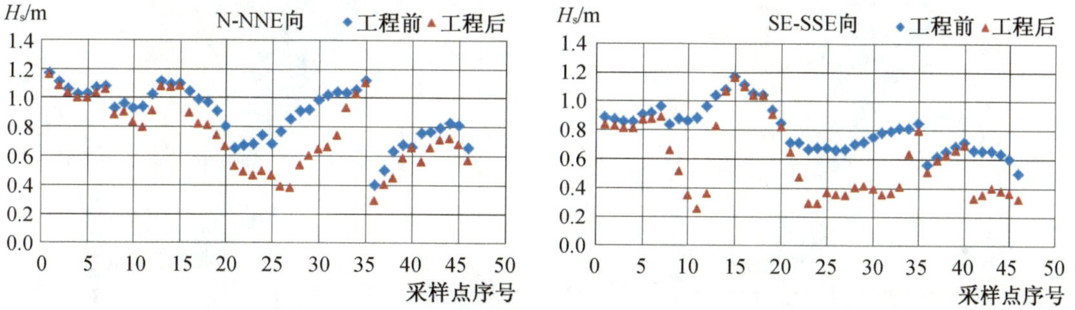

图 16.2-6　工程前后季风期间一月一遇有效波高对比图(布局四)

季风条件下，围垦工程的实施在不同程度上影响了工程区域附近的风浪波高大小，由于季风条件下的风浪代表风浪分布的一种常态，从长远角度以及能量损失角度上看，围垦工程引起了江苏近岸辐射沙脊群海域处风浪波能损失的增加。

16.2.2 极端风浪场与围垦的响应

由图16.2-7～图16.2-10可知，江苏沿海各个波向在传播到近岸时均产生了明显的辐聚、辐散现象。在波浪折射作用下，海岸处波向基本垂直岸线，北部海湾内辐散现象较明显；而南部海域尤其是吕四港附近，由于海岸线的凸起，波浪折射作用导致波浪能量聚集，产生辐聚现象。

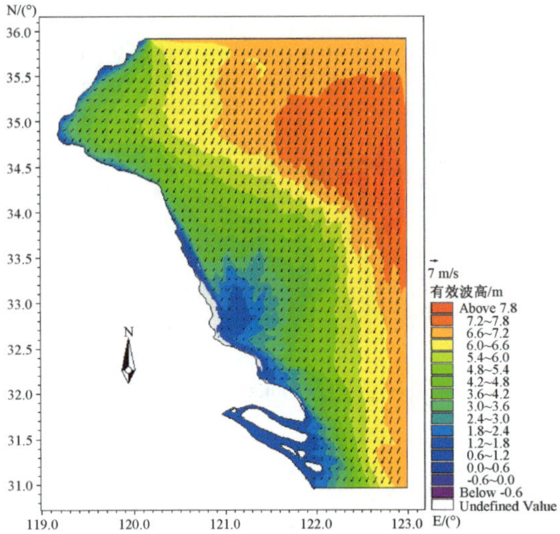

图16.2-7 NNE向50年一遇风浪有效波高、波向分布图

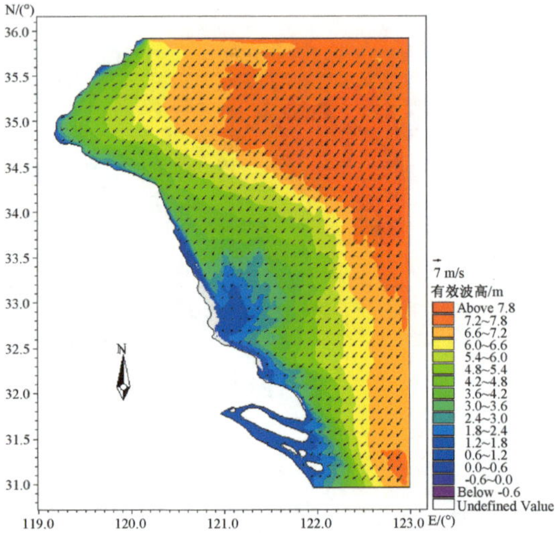

图16.2-8 NE向50年一遇风浪有效波高、波向分布图

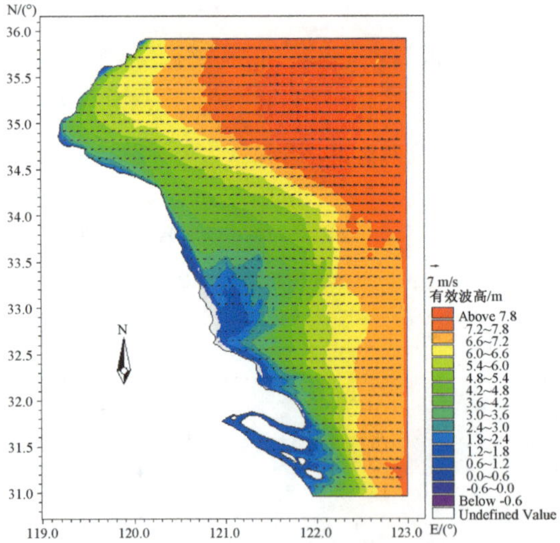

图16.2-9 E向50年一遇风浪有效波高、波向分布图

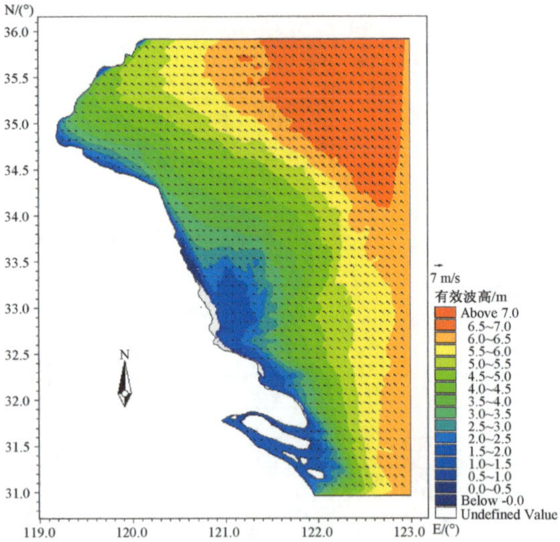

图16.2-10 SE向50年一遇风浪有效波高、波向分布图

江苏沿海近岸海域的 50 年一遇设计有效波高等值线基本上反映出了水下地形特征。在波浪折射作用下，北部海域有效波高等值线基本与海岸线平行，而南部海域水深地形复杂多变，尤其是辐射沙脊群区域，波浪传播到南部海域时大量破碎，从 12 m 等深线（85 高程基准面）处的 4 m 左右的有效波高急速减小 2 m 左右，在波浪折射作用下有效波高等值线也从一定程度上反映出了水下地形的复杂特征。

在同一风向作用下，北部近岸水域有效波高等值线梯度（传播单位距离内有效波高增量绝对值）较大，南部近岸水域有效波高等值线梯度较小，即图中所反映的北部等值线分布较密集，南部等值线分布较疏松的情况。产生这种现象的主要原因在于，南部辐射沙脊群区域地形条件复杂，辐射状沙脊的存在增强了该区域底部摩阻作用，波浪能量传播到该海域时大量破碎，波高迅速减小，有效波高等值线呈辐射状凸起，南部近岸海域整体有效波高等值线呈现稀疏状态，由此得以说明吕四海洋站 50 年一遇设计有效波高小于西连岛海洋站，更进一步说明岸线、水深地貌形态是影响重现期波高的主要因素之一。

为了分析 4 个围垦规划方案实施后对江苏沿海大范围风浪场有效波高等值线分布的影响，主要对比研究 NNE 向、NE 向、E 向和 SE 向风浪作用下 4 个围垦规划方案实施前后的有效波高分布变化规律。

图 16.2-11～图 16.2-12 分别为各方案工程前后各向采样点 50 年一遇设计有效波高对比图。

观察图可发现，对于方案一和方案四，位于公共受掩护区的海区，工程后各向 50 年一遇设计有效波高均显著减小，在 E 向和 SE 向风浪作用下，工程后的公共受掩护区有效波高减小幅度大于偏北向风浪作用的情况，减小值最大接近 1 m，说明围垦方案一和方案四中，条子泥围垦区、高泥围垦区和东沙围垦区公共掩护作用的存在导致工程后公共受掩护区各向 50 年一遇设计有效波高均有不同程度的减小，其中偏南向风浪在公共受掩护区受到周边的掩护作用更大。

高泥围垦区南侧和条子泥围垦区南侧海区，工程后有效波高仅在 NNE 向风浪作用下产生变化，50 年一遇设计有效波高减小 0.2～0.4 m 不等，原因在于，工程后南侧这些采样点仅在 NNE 向风浪作用下受到附近的高泥围垦区和条子泥围垦区的掩护作用，也同时说明，对于其他风浪向，工程后围垦区南侧海域不受到任何掩护作用。除此外，工程后，高泥围垦区凹陷区的 E 向和 SE 向有效波高也明显变小，尤其是 SE 向，减小值最大接近 1 m，原因是在偏南向风浪作用下，高泥围垦区凹陷区水域受到高泥围垦区的掩护作用，有效波高减小；而对于 NNE 向和 NE 向风浪，工程后高泥围垦区凹陷区水域不受到任何掩护作用，所以工程后该水域采样点 NNE 向和 NE 向 50 年一遇设计有效波高基本不变。

围垦方案二、围垦方案三实施后对工程海区 50 年一遇设计有效波高的影响规律和围垦方案一、围垦方案四基本一致。其中，条子泥围垦区、高泥围垦区和东沙围垦区公共掩护作用的存在，导致工程后公共受掩护区的各向 50 年一遇设计有效波高均有不同程度的减小，其中，在偏南向风浪作用下，公共受掩护区受到的掩护作用更大，最大降幅也为 1 m 左右。同时，高泥围垦区南侧和条子泥围垦区南侧海区，工程后有效波高仅在 NNE 向风浪作用下产生较大变化，50 年一遇设计有效波高减小 0.1～0.4 m 不等，原因在于，工程后南侧仅在 NNE 向风浪作用下才会受到附近的高泥围垦区和条子泥围垦区的掩护作用，也同时说明，对于其他风浪向，方案二和方案三对应的工程后围垦区南侧海域不受到任何掩护作用。此外，由工程前和围垦方案实施后对应的 50 年一遇风速和 50 年一遇水位情况下的波高分布图可发现，从大范围的有效波高等值线来看，4 个围垦规划布置方案的实施对江苏近岸海域 50 年一遇设计有效波高的分布影响不大，该水域滩涂围垦规划实施前后的 50 年一遇设计有效波高等值线与工程前几乎一致。

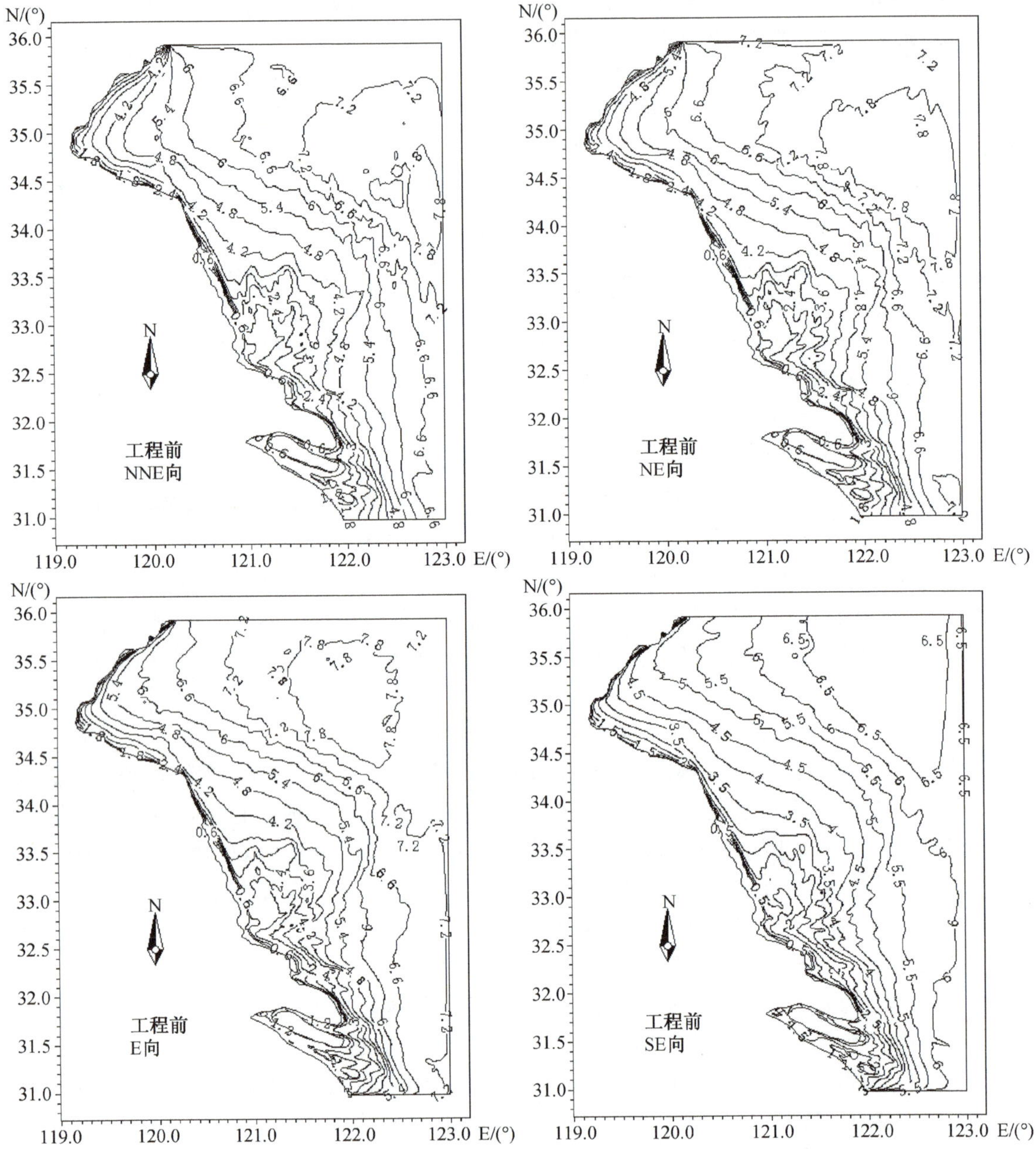

图 16.2-11　工程前 50 年一遇风速、50 年一遇水位条件下江苏近岸各向风浪波高分布图(m)

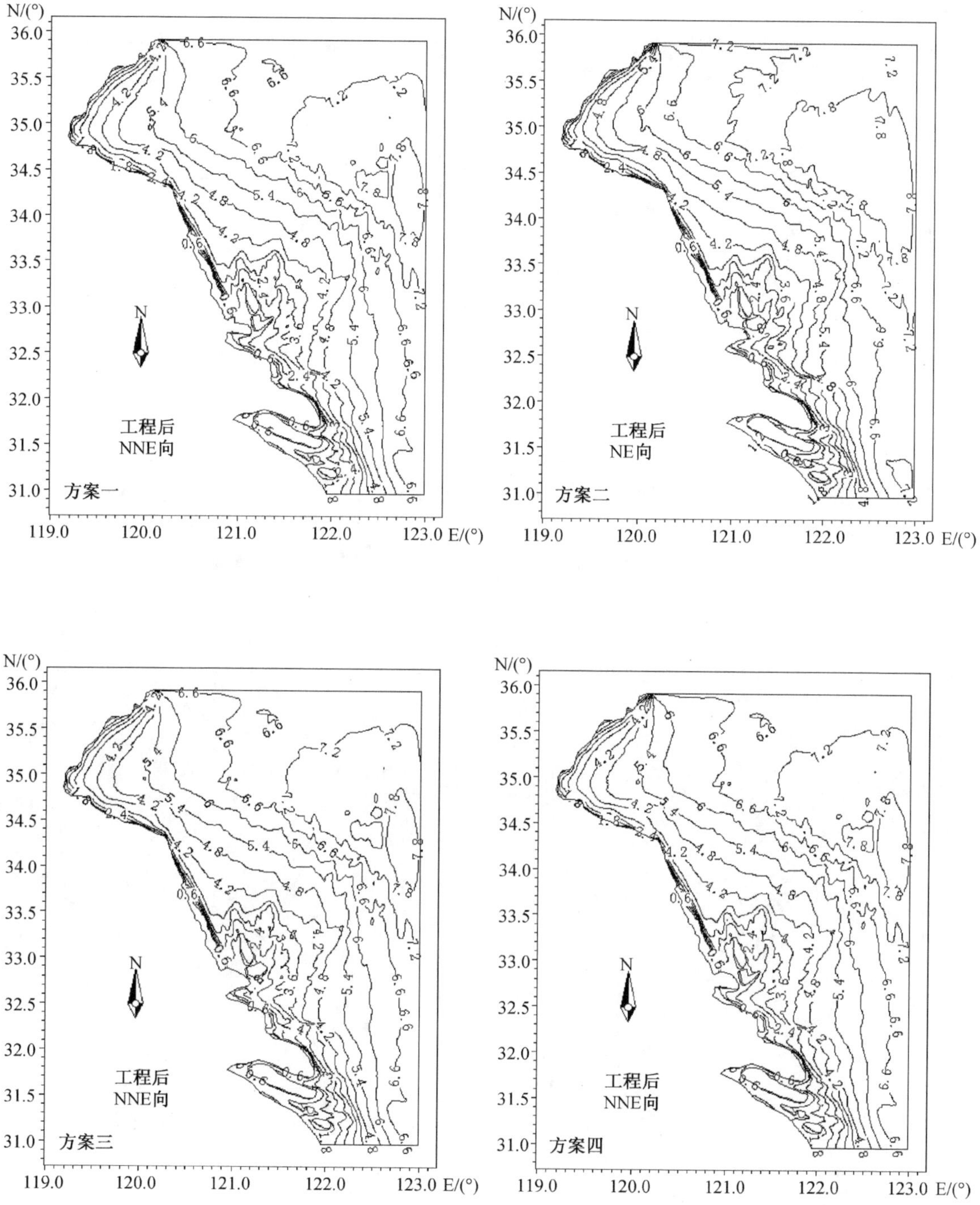
N/(°)
E/(°)
工程后
NNE向
方案一
工程后
NE向
方案二
工程后
NNE向
方案三
工程后
NNE向
方案四

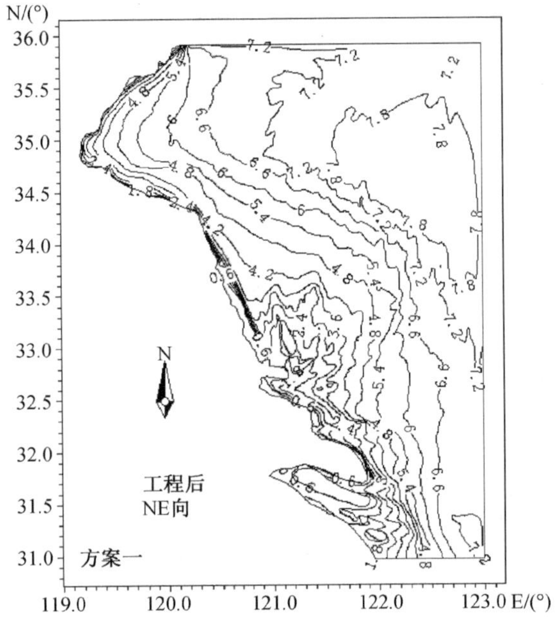
N/(°)
36.0
35.5
35.0
34.5
34.0
33.5
33.0
32.5
32.0
31.5
31.0
N
工程后
NE向
方案一
119.0
120.0
121.0
122.0
123.0 E/(°)

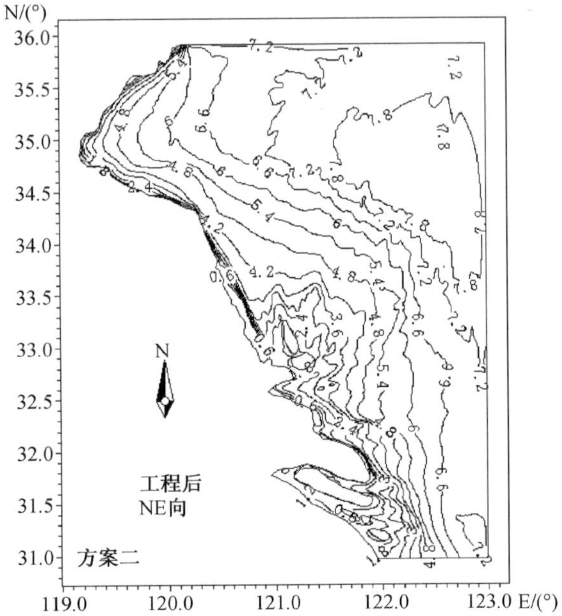
N/(°)
36.0
35.5
35.0
34.5
34.0
33.5
33.0
32.5
32.0
31.5
31.0
N
工程后
NE向
方案二
119.0
120.0
121.0
122.0
123.0 E/(°)

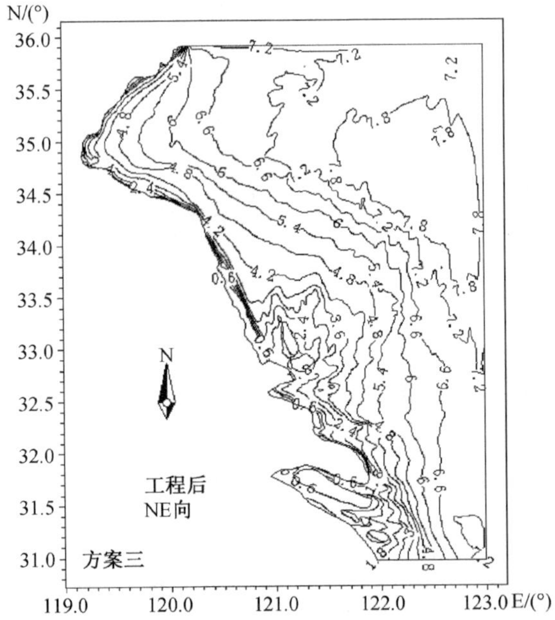
N/(°)
36.0
35.5
35.0
34.5
34.0
33.5
33.0
32.5
32.0
31.5
31.0
N
工程后
NE向
方案三
119.0
120.0
121.0
122.0
123.0 E/(°)

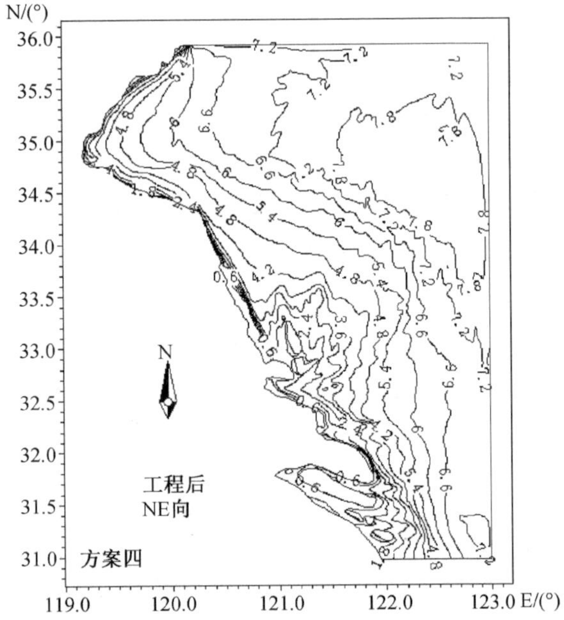
N/(°)
36.0
35.5
35.0
34.5
34.0
33.5
33.0
32.5
32.0
31.5
31.0
N
工程后
NE向
方案四
119.0
120.0
121.0
122.0
123.0 E/(°)

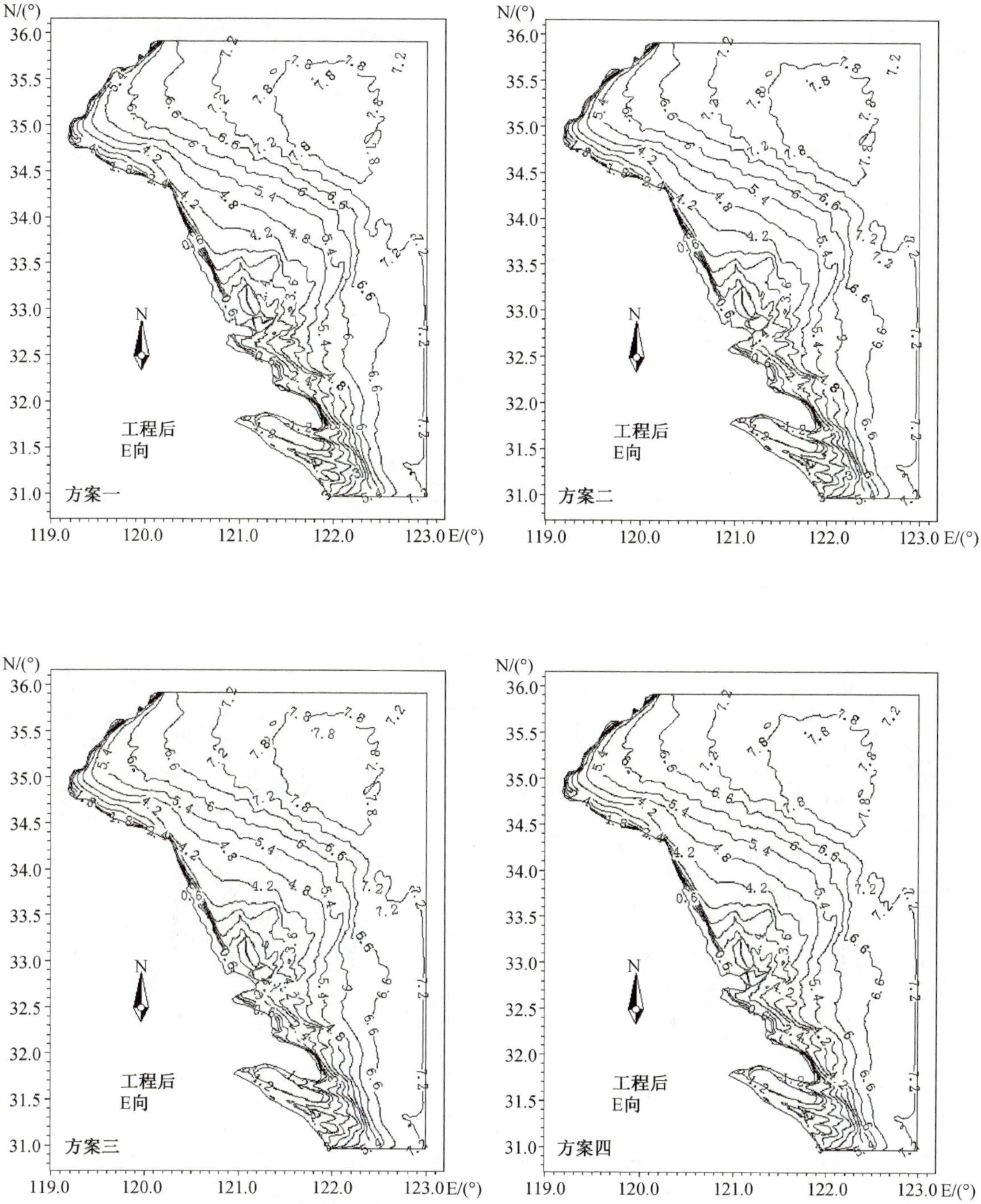
N/(°)
36.0
35.5
35.0
34.5
34.0
33.5
33.0
32.5
32.0
31.5
31.0
119.0
120.0
121.0
122.0
123.0 E/(°)
N
工程后
E向
方案一
方案二
方案三
方案四

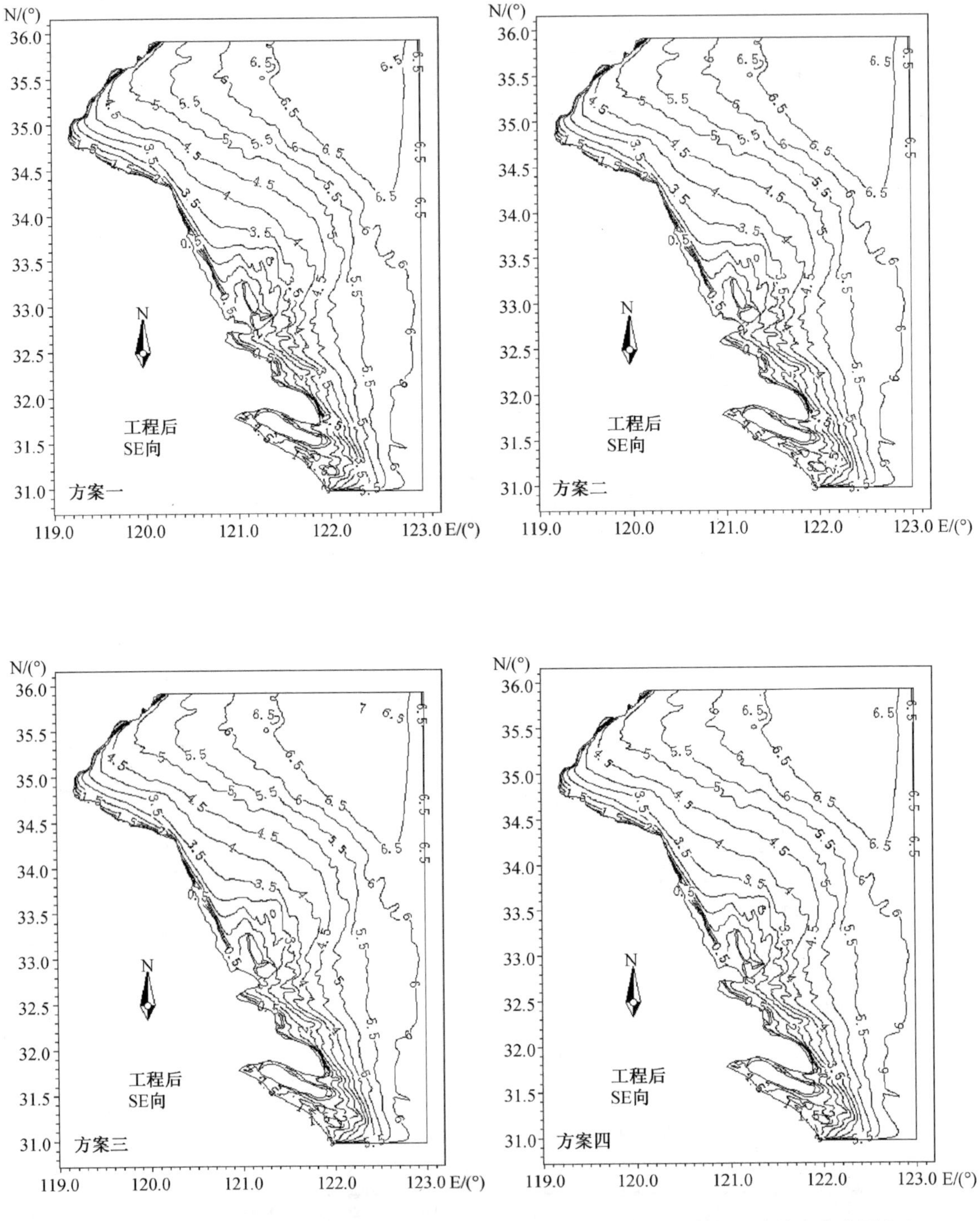

图 16.2-12　工程后 50 年一遇风速、50 年一遇水位条件下江苏近岸各向风浪波高分布图(m)

参考文献

[1] 王颖. 黄海陆架辐射沙脊群[M]. 北京：中国环境科学出版社，2002. 433.

[2] 陆丽云，张忍顺，陈君. 江苏沿海辐射沙洲开发利用的前景[J]. 南京师大学报（自然科学版），2002，25(30)：18-24.

[3] 王颖. 南黄海辐射沙脊群环境与资源[M]. 北京：海洋出版社，2014.

[4] 杨长恕. 弶港辐射沙脊成因探讨[J]. 海洋地质与第四纪地质，1985，5(3)：35-44.

[5] 王建，闾国年，林珲，等. 江苏岸外潮流沙脊群形成的过程与机制[J]. 南京师大学报（自然科学版），1998，21(3)：95-108.

[6] 陈报章. 苏北弶港地区埋藏潮沙体的发现与现代辐射状潮流沙脊群的成因[J]. 海洋通报，1996，15(5)：46-52.

[7] 李从先，范代读. 全新世长江三角洲的发育及其对相邻海岸沉积体系的影响[J]. 古地理学报，2009，11(1)：115-122.

[8] 张家强. 苏北南黄海潮成沙体的发育条件及演变过程[J]. 海洋学报，1999，21(2)：65-74.

[9] 张光威. 南黄海陆架沙脊的形成与演变[J]. 海洋地质与第四纪地质，1991，11(2)：25-35.

[10] 杨子赓. 南黄海陆架晚更新世以来的沉积及环境[J]. 海洋地质与第四纪地质，1995，5(4)：1-9.

[11] 万延森. 江苏近海辐射状沙脊地貌的发育[J]. 地理研究，1988，7(2)：41-49.

[12] 陈橙，王义刚，黄惠明，等. 潮动力影响下辐射沙脊群的研究进展[J]. 水运工程，2013(8)：17-24.

[13] 朱玉荣. 苏北滨海平原区古潮流场的数值模拟及其验证[J]. 海洋通报，1998，17(3)：1-7.

[14] 夏综万，王锺桾. 黄海 M2 分潮的数值模拟[J]. 黄渤海海洋，1984，2(1)：1-7.

[15] 朱玉荣，常瑞芳. 南黄海辐射沙洲成因的潮流数值模拟解释[J]. 青岛海洋大学学报，1997，27(2)：90-96.

[16] 诸裕良，严以新，薛鸿超. 南黄海辐射沙洲形成发育水动力机制研究——Ⅰ. 潮流运动平面特征[J]. 中国科学(D辑)：地球科学，1998，28(5)：403-410.

[17] 宋志尧，严以新，薛鸿超，等. 南黄海辐射沙洲形成发育水动力机制研究——Ⅱ. 潮流运动立面特征[J]. 中国科学(D辑)：地球科学，1998(5)：411-417.

[18] Zhang C K, Zhang D S, Zhang J L. Tidal current-induced formation—storm-induced change—tidal current-induced recovery—Interpretation of depositional dynamics of formation and evolution of radial sand ridges on the Yellow Sea seafloor [J]. Science in China Series D: Earth Sciences, 1999, 42(1): 1-12.

[19] 汪亚平，张忍顺. 江苏岸外沙脊群的地貌形态及动力格局[J]. 海洋科学，1998(3)：3-5.

[20] 赵娟，范代读，李从先. 苏北海岸带潮成辐射砂脊群的形成及其古地理意义[J]. 古地理学报，2004，6(1)：41-48.

[21] 张东生，张君伦. 黄海海底辐射沙洲区的 M2 潮波[J]. 河海大学学报，1996，22(5)：37-42.

[22] 刘振夏. 江苏潮流沙的粒度特征及其沉积环境的研究[J]. 海洋地质与第四纪地质，1983，3(4)：25-33.

[23] 陈君，王义刚，张忍顺．江苏岸外东沙沙脊群的沉积特征[J]．海洋通报，2006，25(6)：37-46.
[24] 周长振，孙家淞．试论苏北岸外浅滩的成因[J]．海洋地质研究，1981，1(1)：83-91.
[25] 李成治，李本川．苏北沿海暗沙成因的研究[J]．海洋与湖沼，1981，12(4)：321-331.
[26] 黄易畅，王文清．江苏沿岸辐射状沙脊群的动力机制探讨[J]．海洋学报：中文版，1987，9(2)：209-215.
[27] Wang Y，Zhang Y Z，Zou X Q，et al. The sand ridge field of the South Yellow Sea：Origin by river，sea interaction [J]. Marine Geology，2012，291-294(1)：132-146.
[28] 仲德林，申宪忠，夏东兴，等．全新世早期古长江海侵三角洲卫片初步解释[J]．海洋科学，1983(2)：16-17.
[29] 傅命佐，朱大奎．江苏岸外海底沙脊群的物质来源[J]．南京大学学报：自然科学版，1986，22(3)：536-544.
[30] 张光威．南黄海陆架沙脊的形成与演变[J]．海洋地质与第四纪地质，1991，11(2)：25-35.
[31] 杨长恕．弶港辐射沙脊成因探讨[J]．海洋地质与第四纪地质，1985，5(3)：35-44.
[32] 赵松龄．苏北浅滩成因的最新研究[J]．海洋地质与第四纪地质，1991，11(3)：105-112.
[33] 陈报章．苏北弶港地区埋藏潮沙体的发现与现代辐射状潮流沙脊群的成因[J]．海洋通报，1996，15(5)：46-52.
[34] 尤坤元，王颖，王雪瑜，等．江苏北部岸外辐射沙洲有孔虫分布及其沉积环境分析[J]．南京大学学报：自然科学版，1998，34(6)：650-654.
[35] 万延森，张耆年．江苏近海辐射状沙脊群的泥沙运动与来源[J]．海洋与湖沼，1985，16(5)：392-399.
[36] 王建，闾国年，林珲，等．江苏岸外潮流沙脊群形成的过程与机制[J]．南京师大学报：自然科学版，1998，21(3)：99-112.
[37] 张忍顺，王艳红，吴德安，等．江苏岸外辐射沙洲区沙岛形成过程的初步研究[J]．海洋通报，2003，22(4)：41-47.
[38] 吴曙亮，蔡则健．江苏省沿海沙洲及潮汐水道演变的遥感分析[J]．海洋地质动态，2002，18(6)：1-5+1.
[39] 吴永森，李日辉，吴隆业，等．苏北近岸水域"五条沙"侵蚀发育的卫星监测[J]．海洋科学进展，2006，24(2)：188-194.
[40] 侯庆志，徐敏，陆培东．辐射沙洲南翼"水道-沙洲"系统与西太阳沙的稳定[J]．海洋科学，2006，30(6)：16-22.
[41] 何华春，邹欣庆，李海宇．江苏岸外辐射沙脊群烂沙洋潮流通道稳定性研究[J]．海洋科学，2005，29(1)：12-16.
[42] 杨树森，杨镜吾，曹祖德．如东海岸的建港优势与深水港建设的可行性[J]．水道港口，2006，27(6)：357-360.
[43] 喻国华，陆培东．江苏吕四小庙洪淹没性潮汐汊道的稳定性[J]．地理学报，1996，51(2)：127-134.
[44] 吴德安，张忍顺，严以新，等．辐射沙洲东大港潮流水道悬沙输移机制分析[J]．河海大学学报(自然科学版)，2006，(2)：216-222.
[45] 黄惠明，刘桂平，王义刚，等．江苏沿海辐射沙脊群泥沙过程及输运模拟[J]．水利经济，2012(3)：10-14+81.
[46] 黄惠明，王义刚，张薇娜，等．辐射沙洲海域悬沙特征及悬沙浓度垂向运动规律研究[J]．浙江水利科技，2014(5)：19-21.
[47] 黄惠明，王义刚，尚进，等．冬季苏北辐射沙洲水域悬沙分布及输运特征分析[J]．河海大学学报(自然科学版)，2011(2)：201-205.
[48] 袁春光，王义刚，黄惠明，等．日本"311"海啸对江苏北部沿海影响分析[J]．海洋工程，2013(6)：68-75.

[49] Yuan C K, Wang Y G, Huang H M, et al. Propagation Mechanisms of Incident Tsunami Wave in Jiangsu Coastal Area,Caused by Eastern Japan Earthquake on March 11,2011[J]. CHINA OCEAN ENGINEERING, 2016, 30(1): 123-136.

[50] 张家强,李从先,丛友滋. 苏北南黄海潮成沙体的发育条件及演变过程[J]. 海洋学报,1999(2):65-74.

[51] Serge Berné, Pierre Vagner, Francois Guichard, et al. Pleistocene forced regressions and tidal sand ridges in the East China Sea [J]. Marine Geology, 2002, 188(3): 293-315.

[52] 周长振,孙家淞. 试论苏北岸外浅滩的成因[J]. 海洋地质研究,1981,1(1):83-91.

[53] 李成治,李本川. 苏北沿海暗沙成因的研究[J]. 海洋与湖沼,1981,12(4):321-331.

[54] 黄易畅,王文清. 江苏沿岸辐射状沙脊群的动力机制探讨[J]. 海洋学报,1987,9(2):209-215.

[55] Li Congxian, Zhang Jiaqiang, Yang Shouye, et al. Characteristic and paleoenvironmental evolution of subaerial tidal sand body in Subei coastal plain [J]. Science in China Series D: Earth Sciences, 1999, 42(1): 52-60.

[56] Wang Ying, Zhang Yongzhan, Zou Xinqing, et al. The sand ridge field of the South Yellow Sea: Origin by river - sea interaction [J]. Marine Geology, 2012, 291-294:132-146.

[57] 夏东兴,刘振夏. 我国邻近海域的水下沙脊[J]. 海洋科学进展, 1983, 1(1):45-56.

[58] 李从先,张家强,杨守业,等. 苏北陆上潮成砂体的特征和古环境演化[J]. 中国科学,1998, 28(5):418-424.

[59] 朱大奎,王颖. 工程海岸学[M]. 北京:科学出版社,2014.

[60] 王嵘, 张永战, 夏非,等. 南黄海辐射沙脊群海域底质粒度特征及其输运趋势[J]. 海洋地质与第四纪地质, 2012, 32(6):1-8.

[61] 周良勇,陈斌,刘健,等. 江苏废黄河口外夏季悬浮泥沙运动[J]. 海洋地质与第四纪地质, 2009,29(6):17-24.

[62] 沈焕庭. 长江河口物质通量[M]. 北京:海洋出版社, 2001.

[63] Rao Wenbo, Mao Changping, Wang Yigang, et al. Geochemical constraints on the provenance of surface sediments of radial sand ridges off the Jiangsu coastal zone, East China[J]. Marine Geology, 2015,359:35-49.

[64] 朱大奎,傅命佐. 江苏岸外辐射沙洲的初步研究. 江苏海岸带文集[M]. 北京:海洋出版社,1986, 28-32.

[65] 王昕,石学法,王国庆,等. 长江口及邻近海域现代沉积速率及其对长江入海泥沙去向的指示意义[J]. 地球科学:中国地质大学学报,2013,38(4):763-775.

[66] 张振克,李彦明,孟红明,等. 江苏圆陀角附近潮滩沉积岩芯粒度变化及其环境意义[J]. 第四纪研究, 2008,28(4):690-694.

[67] 邢飞, 汪亚平, 高建华,等. 江苏近岸海域悬沙浓度的时空分布特征[J]. 海洋与湖沼, 2010, 41(3):459-468.

[68] 张长宽. 江苏省近海海洋环境资源[M]. 北京:海洋出版社,2013.

[69] 朱大奎,傅命佐. 江苏岸外辐射沙洲的初步研究. 江苏海岸带文集[M]. 北京:海洋出版社,1986.

[70] 苏纪兰. 中国近海的环流动力机制研究[J]. 海洋学报,2001,23(4):1-16.

[71] 郭炳火. 黄海物理海洋学的主要特征[J]. 黄渤海海洋,1993,11(3):7-18.

[72] 林葵,汤毓祥,郭炳火. 黄海、东海表、上层实测流分析[J]. 海洋学报, 2002, 24(2):9-19.

[73] Zheng Quanan, Fang Guohong, Y Tony Song. Introduction to special section: Dynamics and Circulation of the Yellow, East, and South China Seas[J]. Journal of Geophysical Research Oceans, 2006, 111(C11):C11S01.

[74] 乔方利,王关锁,吕新刚,等. 2008 与 2010 年黄海浒苔漂移输运特征对比[J]. 科学通报, 2011,56(18):1470-1476.

[75] Qiao Fangli, Wang Guansuo, Lv Xingang, et al. Drift characteristics of green macroalgae in the Yellow Sea in 2008 and 2010[J]. Chinese Science Bulletin, 2011, 56(21):2236-2242.

[76] Young Baek Son, Byoung-Ju Choi, Yong Hoon Kim, et al. Tracing floating green algae blooms in the Yellow Sea and the East China Sea using GOCI satellite data and Lagrangian transport simulations [J]. Remote Sensing of Environment, 2015, 156:21-33.

[77] Wu Hui, Shen Jian, Zhu Jianrong, et al. Characteristics of the Changjiang plume and its extension along the Jiangsu Coast[J]. Continental Shelf Research, 2014, 76:108-123.

[78] 张忍顺,陆丽云,王艳红. 江苏海岸侵蚀过程及其趋势[J]. 地理研究,2002,21,(4):469-475.

[79] De Vriend H J, Capobianco M, Chesher T, et al. Approaches to long-term modeling of coastal morphology: a review [J]. Coastal Engineering, 1993, 21(1-3): 225-269.

[80] Hanson H, Aarninkhof S, Capobianco M, et al. Modelling of coastal evolution on yearly to decadal time scales [J]. Journal of Coastal Research , 2003, 19: 790-811.

[81] Fagherazzi S, Overeem I. Models of deltaic and inner continental shelf landform evolution [J]. Annual Review of Earth and Planetary Science, 2007, 35: 685-715.

[82] De Vriend H J, Copabianco M, Chesher T, et al. Long term modelling of coastal morphology [J]. Coastal Engineering, 1993, 21: 225-269.

[83] Latteux B. Techniques for long-term morphological simulation under tidal action [J]. Marine Geology, 1995, 126: 129-141.

[84] Roelvink J A. Coastal morphodynamic evolution techniques [J]. Coastal Engineering. 2006, 53: 277-287.

[85] Himba A, Schuttelaars H M, De Vriend H J. Initial formation and long-term evolution of channel-shoal patterns [J]. Continental Shelf Research, 2004, 24: 1637-1650.

[86] Jimenez J A, Arcilla A S. A long-term (decadal scale) evolution model for microtidal barrier systems [J]. Coastal Engineering, 2004, 51: 749-764.

[87] Karunarathna H, Reeve D, Spivack M. Long-term morphodynamic evolution of estuaries: an inverse problem [J]. Estuarine, Coastal and Shelf Science, 2008, 77: 385-395.

[88] Nicholson J, Broker I, Roelvink J A, et al. Intercomparison of coastal area morphodynamic models [J]. Coastal Engineering, 1997, 31: 97-123.

[89] Kristensen S E, Deigaard R, Taaning M, et al. Long term morphological modelling [C]// Proceedings of the 32nd International Conference on Coastal Engineering. Shanghai, 2010, ASCE.

[90] Zhang W, Schneider R, Harff J. A multi-scale hybrid long-term morphodynamic model for wave-dominated coasts [J]. Geomorphology, 2012, 149-150: 49-61.

[91] Hu K L, Ding P X, Wang Z B, et al. A 2D/3D hydrodynamic and sediment transport model for the Yangtze Estuary, China [R]. Journal of Marine Systems, 2009.

[92] Reeve D E, Karunarathna H. On the prediction of long-term morphodynamic response of estuarine systems to sea level rise and human interference [J]. Continental Shelf Research, 2009, 29: 938-950.

[93] Wang Z B, Louters T, De Vriend H J. Morphodynamic modelling for a tidal inlet in Wadden Sea [J]. Marine Geology, 1995, 126: 289-300.

[94] Van Goor M A, Zitman T J, Wang Z B, et al. Impact of sea-level rise on the morphological equilibrium state of tidal inlets [J]. Marine Geology, 2003, 202: 211-227.

[95] Kragtwijk N G, Zitman T J, Stive M J F. et al. Morphological response of tidal basins to human

interventions [J]. Coastal Engineering, 2004, 51: 207-221.
[96] Xie D F, Wang Z B, Gao S, et al. Modelling the tidal channel morphodynamics in a macro-didal embayment, Hangzhou Bay, China [J]. Continental Shelf Research, 2009, 29: 1757-1767.
[97] Grunnet N M. Process-based modelling of a shoreface nourishment [J]. Coastal Engineering, 2004, 51: 581-607.
[98] Wu C Y, Bao Y, Ren J, et al. A numerical simulation and mophodynamic analysis on the evolution of the Zhujiang River Delta in China: 6000 說 2500 a BP [J]. Acta Oceanol Sin ,2006, 28(4): 64-80.
[99] De Vriend H J, Zyserman J, Nicholson J, et al. Medium term 2-DH coastal area modeling [J]. Coastal Engineering, 1993, 21: 193-224.
[100] De Vriend H J, Capobianco M, Chesher T, et al. Approaches to long-term modeling of coastal morphology: a review [J]. Coastal Engineering, 1993, 21(1-3): 225-269.
[101] Himba A, Stive M J F. Estuarine morphodynamics [J]. Coastal Engineering. 2004, 51: 765-778.
[102] Latteux B. Techniques for long-term morphological simulation under tidal action [J]. Marine Geology, 1995, 126: 129-141.
[103] 任杰,吴超羽,贾良文. 长周期动力地形模型中代表输入条件[J]. 水科学进展, 2006,17(2): 278-282.
[104] Steijn R C. Input filtering techniques for complex morphological models [R]. Delft Hydroulics. 1992:24-53.
[105] De Vriend H J. Mathmatical modeling and large-scale coastal behavior, Part 1: Physical processes [J]. Journal of Hydraulic Research, 1991, 29(6): 727-740.
[106] 任杰,吴超羽,包芸. 长周期动力形态模型中地形演变方法探讨[J]. 海洋学报,2007,29(1):76-80.
[107] Qiao Fangli, Wang Guansuo, Lv Xingang, et al. Drift characteristics of green macroalgae in the Yellow Sea in 2008 and 2010[J]. Chinese Science Bulletin, 2011, 56(21):2236-2242.
[108] 衣立,张苏平,殷玉齐. 2009 年黄海绿潮浒苔暴发与漂移的水文气象环境[J]. 中国海洋大学学报(自然科学版), 2010, 40(10):15-23.
[109] Young Baek Son, Byoung-Ju Choi, Yong Hoon Kim, et al. Tracing floating green algae blooms in the Yellow Sea and the East China Sea using GOCI satellite data and Lagrangian transport simulations [J]. Remote Sensing of Environment, 2015, 156:21-33.
[110] 杨世伦. 风浪在开敞潮滩短期演变中的作用——以南汇东滩为例[J]. 海洋科学, 1991(02) : 59-64.
[111] Verney R, Deloffre J, Brun-Cottan J C, et al. The effect of wave-induced turbulence on intertidal mudflats: impact of boat traffic and wind[J]. Continental Shelf Research, 2007, 27(5): 594-612.
[112] 刘猛,李为华. 长江口北槽深水航道回淤量变化宏观动力原因分析[J]. 水运工程, 2013(3): 129-139.
[113] 刘家驹,喻国华. 淤泥质海岸保滩促淤计算及预报[J]. 海洋工程, 1990, 8(1): 51-59.
[114] 刘家驹. 海岸泥沙运动研究及应用[M]. 北京:海洋出版社,2009.
[115] 刘家驹,喻国华. 海岸工程泥沙的研究和应用[J]. 水利水运科学研究, 1995 (3): 221-233.
[116] 宋立松. 钱塘江河口围垦回淤过程预测探讨[J]. 泥沙研究, 1999 (3): 74-79
[117] 王义刚,林祥,吴中. 河口边滩围垦后淤积计算方法研究[J]. 海洋工程, 2000, 18(3): 67-70.
[118] 王义刚,夏雪瑾,冯媛媛. 陆海分界和河海分界探讨[J]. 海洋学研究,2009,27:47-54.
[119] 薛强. 海岸线合理利用初探[J]. 地理学与国土研究,1988,4(2):36-38.
[120] 杨世伦. 海岸环境和地貌过程导论[M]. 北京:海洋出版社,2003: 1-62.
[121] 陈吉余. 黄河河口及三角洲海岸治理问题[J]. 地球科学进展, 1988, 3(5): 21-22.
[122] 朱大奎,许廷官. 江苏中部海岸发育和开发利用问题[J]. 南京大学(自然科学版),1982,(3):799-818.
[123] 钱春林. 引滦工程对滦河三角洲的影响[J]. 地理学报,1994,49(2):158-166.
[124] 王瑾. 典型海岸带综合管理模型及其管理对策研究[D]. 北京:北京化工大学,2005.

[125] 杨世伦. 长江三角洲潮滩季节性冲淤循环的多因子分析[J]. 地理学报，1997(2)：123-130.

[126] 韩曾萃. 河海、陆海分界的科学、法律依据[J]. 海洋学研究，2009(B07)：84-89.

[127] 戴泽蘅，韩曾萃. 海域与陆域分界的探讨. 浙江水利科技，2004(6)1-4.

[128] 孙书贤. 关于海陆管理分界线的探讨[J]. 海域管理，2003(5)：15-22.

[129] 杨宝国，王颖，朱大奎. 中国海洋滩涂资源[J]. 自然资源学报，1997，12(4)：307-315.

[130] 暴景阳，黄辰虎，刘雁春，等. 海图深度基准面的算法研究[J]. 海洋测绘，2003，23(01)：8-12.

[131] 暴景阳，张明亮，唐岩，等. 理论最低潮面定义和算法的应用问题分析[J]. 海洋测绘，2009，29(4)：1-4+8.

[132] 汪家君. 浙江海区历史海图上各种深度基准面的改正数方程及其分布场[J]. 杭州大学学报(自然科学版)，1986(2)：231.

[133] 耿凤奎，麦照秋. 海南高精度高分辨率大地水准面模型[J]. 辽宁工程技术大学学报(自然科学版)，2003，22(1)：47-49.

[134] FOREMAN M G G. Manual for tidal heights analysis and prediction[R]. Sidney：Institute of Ocean Sciences，1977.

[135] GODIN G. The analysis of tides and currents [M] // Parker B B. Tidal Hydrodynamics. New York：John Wiley & Sons，Inc.，1991：675-709.

[136] CHENG An-sheng. Algorithm of tidal harmonic analysis[J]. Chinese Science Bulletin，1975(11)：524-528.

[137] Zhao You-hao，Wang Xiang-ling，Zhang Jun-lun. A practical system of astronomical tidal analysis and prediction[J]. Journal of Hohai University，1999，27(4)：73-77.

[138] 杨同军，王义刚，黄惠明，等. 我国东部沿海地区理论最低潮面与平均潮差关系研究[J]. 海洋与湖沼，2013，44(3)：557-562.

[139] 杨树滩，张文新，贾锁宝. 江苏沿海地区水资源配置探讨[J]. 人民长江，2011(18)：54-57.

[140] 杨树滩，张文新，贾锁宝. 略论江苏沿海地区水资源配置[J]. 江苏水利，2011(5)：8-11.